JN256952

神戸学院大学現代社会研究叢書　1

住民主権型減災のまちづくり

阪神・淡路大震災に学び、南海トラフ地震に備える

中山久憲［著］

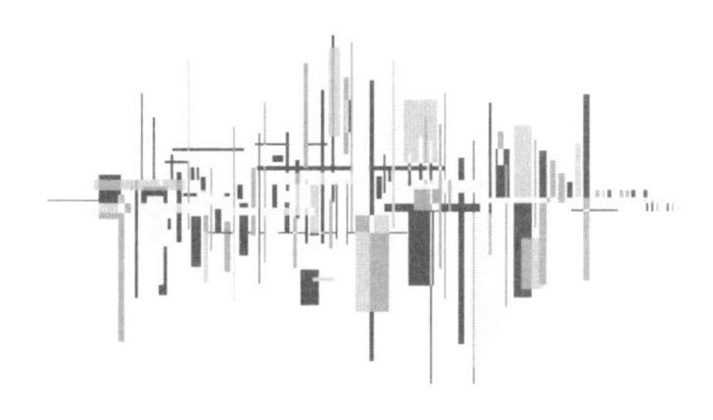

CONTEMPORARY SOCIAL STUDIES

ミネルヴァ書房

まえがき

1995年１月17日午前５時46分に阪神・淡路大震災が発生した。プレート内部の活断層が動いた震度７の都市直下型地震で，建物倒壊や大規模火災等の未曾有の被害が発生した。大規模被災地区を中心に，神戸市をはじめ兵庫県下の被災した６つの自治体の手により，土地区画整理事業と再開発事業による震災復興事業が24地区で施行された。事業は被災した地域の住民参加のもと，自治体との協働の事業が進められた結果，震災発生から16年余り経った2011年３月28日に全ての事業が完成した。脆弱であった道路と公園等の都市基盤が整備され，安全で安心して暮らせる新しいまちとして甦った。それぞれの事業地区の様相を見てみると，単に基盤が整備されただけではなく，住民自身によって自分たちのまちを住みやすくするための個性ある工夫がされていることに感じ入る。

どこが違うのか。なぜ違うのか。事業の完了までをあらためて振り返り，それらの点について要因を１つずつ明らかにしていければと思う。

阪神・淡路大震災が発生し，そこから復興していった時代背景はどうだったのか。当時，日本の経済はバブルが崩壊し，その後の不景気，需要後退によるデフレ経済といった出口の見えない「失われた20年」と言われる時代だった。そのために，国や，被災した自治体行政は，重い課題を背負いながらの震災復興になったに違いない。

そのために，それまでの制度や手法を使うのではなく，思い切って既成概念に挑戦することや制度改革をしながら復興という事業が進められたことを，あらためて知る必要があるだろう。通常の状態ならばなかなかできなかった様々な新しい試みが導入され，展開できたのである。

その最も典型的な例のひとつが，「２段階都市計画」という，復興事業に必要な都市計画手続きを，窮余の策として２段階に分けたことであった。第１段階は，震災から２カ月で，大枠としての区域と，主要な道路と公園の骨格だけを決め，第２段階では，第１段階で不十分であった「住民参加」を推進して，詳細計画を決めなければならない。住民参加の進め方は，神戸市には1981年に制定した通称「神戸市まちづくり条例」があり，その仕組みが適用された。

それによって，それまでの行政が作成した案に対して住民が参加して賛否や改善の意見を提出する住民参加の方式が，住民が参加して結成したまちづくり協議会の活動を中心に，住民自身で詳細計画案を考え，住民間の話し合いを通じて案をまとめて市長に提案する「住民主体型」へと変化した。その結果，復興事業の詳細計画を決める第2段階の都市計画では，住民が提案したまちの詳細計画の内容に基づく形で，必要な都市計画の変更や追加が，事業の進捗とともに行われた。行政側が実施する復興事業でも，住民との「協働」により常に話し合いを重ねながら事業がスムーズに進められた。住民側は，道路や公園の整備が進む過程で，火災による延焼被害の拡大の反省からの「せせらぎ」の設置や，シンボル・ロードの提案，あるいは狭小宅地を集合化した「建物の共同建替」事業など，地区の地形的・歴史的な条件を組み込んだ個性ある街並みの事業を提案し，行政と協働で推進した。そして，住民自身が発案や意見の調整だけではなく，完成後の自主管理の手法，あるいは規制のあり方にまで責任を持つ運動へと発展した。こうした，一部ではあるが行政の権限を委譲された形で，住民自身が決定する権限を有し，事業の進め方や，管理のあり方に責任を持つ「住民主権型」のまちづくりが，各事業地区で展開されたのであった。

この「住民参加」から，復興のまちづくりが「住民主体型」に変化し，さらに「住民主権型」へと変化した流れは，第1段階の都市計画の時から特にシナリオがあったわけではなく，まちづくり協議会の活動の中から自発的に生まれ，様々な形で実践されていったのである。

そこで，本書では，阪神・淡路大震災の復興事業の進め方を振り返り，どのようにして住民参加が住民主権型にまで進展することになったのか，その具体的な要因を明らかにする。それには，「2段階都市計画」の仕組みと，その運用の展開を構造的に分析する。そして，住民主体型のまちづくりを制度的に支えた「神戸市まちづくり条例」の誕生から，その柔軟な制度の解釈と実績を解析する。その上で，具体的な復興事業の進め方の中で主役となった「まちづくり協議会」が，住民主体型から住民主権型に変貌できた背景と手段について，事業地区の具体的な事例を参照し検証する。

そして，運命的に，阪神・淡路大震災の復興が16年間で完成しようとした矢先の2011年３月11日14時46分に，地震の規模がマグニチュード9.0と，日本国内観測史上最大規模となった東日本大震災が発生した。太平洋プレートと北米プレートのプレート境界型地震で，岩手県沖から茨城県沖までの長さ450km，幅200km にわたる超大規模地震だった。震源域のプレートの跳ね上がりにより津波が発生し，青森県から千葉県に至る太平洋沿岸地域は千年に一度と呼ばれる大津波により壊滅的な被害を被った。

東日本大震災の発生からすでに４年が経過した。被災した自治体では，震災復興事業へ向けての取り組みが着々と実施されている。しかし，その進め方は，災害の再度発生に備え，技術力の全てをかけて防御するという思想ではなく，百数十年に一度の規模の災害をも防御できることを前提に，効率的に予算を配分して備えようとするものである。そのため，東日本大震災級の千年に一度級の未曾有の災害の場合には，防護施設では守りきれないため，避難やまちづくりなどによって人命だけは守る「減災」の考え方によって対応する方針に変わったのである。

そのために，政府は2012年と2013年に「災害対策基本法」の大改正を行った。それにより，大規模災害に対してはいかなる対策を講じても被害は生じるという認識に立ち，限られた予算や資源を集中させて「被害の最小化」を図る，「減災」の考え方が正式に導入された。

その中に，災害で被災者になるかもしれない住民の「責務」も明確にした上で，地区住民は共同して「地区防災計画」を定め，市町村の「地域防災計画」に反映するよう，市町村防災会議に提案することができることとなった。

「減災」の理念が明確にされ，地区の住民の責務を明らかにしたことで，対策も住民自身で考え，行政と協働で対策を講じていくという方向性が求められることとなる。しかしながら，大津波により直接被災した市街地の復興には，そこで生業をなしてきた被災住民自身による運動がきわめて少ないのが現状である。

津波で被災した中心となる市街地の復興には，「減災型」が求められ，それは住民が主体的に活動しなければ実現できない。その方法は住民自体が模索しなければならないが，具体的な展開が見られていない。これまで同様に，中央集権型の金太郎飴的な防潮施設の建設や，高台移転のための新規団地の整備といった土木工事手法を中心に進められている。

そこで，あらためて，阪神・淡路大震災の復興過程から，使える手法は可能な限り東日本大震災の復興に活かすことができないかを考えたい。

本書の後半では，東日本大震災の未曾有の被災状況から，これまでの復興のあり方に限界が生じた要因を探り，今後の大規模災害への備えや復興には「減災」政策が不可欠になったことと併せて，そこで形成された仕組みや法制度の背景を解析する。そこから，大規模災害が発生すれば被災者になるかもしれない地区の住民が，いかに，主体性を持って「減災のまちづくり」という新たなまちづくり手法に取り組むか，その進め方を整理する。その「減災」への取り組みのために，行政側で用意する「２段階型の計画」の仕組みや，住民の活動を支え，手順とゴールを示す「まちづくり（手続き）条例」によって，被災するかもしれない住民が，責任を持ってその新しいまちづくりの形を展開することにより，「住民主権型」の「減災」のまちづくりが実現できる方向性を提示するものである。

本書では，阪神・淡路大震災の復興手法の評価をもとに論旨を組み立て展開しているが，主題である「住民主権型」のプロセスを追求するために，震災復興事業の中の復興土地区画整理事業のみを対象にしたことをお断りしたい。震災復興事業として再開発事業も重要な役割を担ったが，第１段階の都市計画で都市施設と建物の形態が決まり，その性格上自由度は少なく，「住民参加」からの先のプロセスでは住民が関与する部分が少なく，あくまで「住民主体」でとどまったためである（そのプロセスは拙著『神戸の震災復興事業―２段階都市計画とまちづくり提案―』〔学芸出版社，2011年〕の中で詳述している）。

神戸市において復興という現場に立ち，15年の実務経験を積んできた著者独自の視点から，「住民主権型」のまちづくりの考え方にまで到達したプロセスとその根拠，さらに，東日本大震災以降の災害に備えた「減災」のまちづくりについての考え方を提示した。全ての分析は著者の責任に基づくことをお断りしておきたい。今後の災害に備えて，何らかの参考にしていただければと思う。

2015年3月

著 者　中山久憲

住民主権型減災のまちづくり

——阪神・淡路大震災に学び，南海トラフ地震に備える——

目　次

まえがき

第1章
阪神・淡路大震災からの復興と「失われた20年」

1　阪神・淡路大震災からの復興の16年間

復興までの16年間――長かったのか短かったのか

1995年１月に発生した阪神・淡路大震災から復興事業が完了したのは2011年３月であった。その間16年余りの時間が経過した。この時間が，長かったのか短かったのか，評価は，被災者，復興事業担当者，直接関わりのない人々，それぞれの立場で違うだろう。

復興事業には，建物の再建，学校，道路，鉄道，港湾の復旧・復興，工場での生産の再開，雇用の復活などの物理的な再生のために，それを支える資金が欠かせない。その資金が調達できなければ復興はできない。それは，被災地だけの問題ではなく，被災地を取り囲む広域，あるいは日本全体の経済，いや，国際的な経済事情も影響する。

復興に時間がかかったと言われることがある。また，完全な復興には至っていないとも評価される。それは，最大の被災都市である神戸市の経済が震災前に戻っていないからだと言われている。「８割復興」というのが決まり文句となった。

震災からの復興期を取り巻く外的な状況の変化を見てみると，復興までの期間は，1990年から始まった「失われた20年」と言われる時代に，すっぽりと収まってしまう。日本全体が停滞感の中で，出口をなかなか見いだせなかった時代であった。まさにその間に，被災した住民や権利者，あるいは商業者や工場経営者，そして大企業から中小企業まで，そして行政自身も，様々な努力をし，苦しい中での選択を迫られ，「復興」という出口を目指した。そして，最後に出るのは「外部環境が悪過ぎた」の言葉であろう。弁解ではないが，自らの努力ではどうにもならない無力感を表した言葉である。

一方で，見失われた時代であればこそ，新たな出口を求める動きが現れ，試行錯誤しながら，小さな出口かもしれないが，そこから新たな地平の広がる世界も知ることができた。

被災者の頑張りに応えられなかった部分，逆に，応えられた部分の背景には何があったのだろうか。あらためて，阪神・淡路大震災の復興過程と「失われた20年」と呼ばれた時代を遡り，まずは復興の背後にあった外部環境を整理しておきたい。

「バブル」崩壊で始まった「失われた10年」

日本では，図1-1に示すように1989年末の株価ピークを境に経済は天井を打ち，その後は一気に下り坂を駆け下りる厳しい局面を迎え「バブル崩壊」とも言われた。その後1990年代からの企業の不良債権問題やバランスシート問題により経済の停滞状況下は「失われた10年」と言われたが，2000年代を迎えても，デフレ経済下にあって2010年代初頭まで日本の経済成長は低い水準にとどまり，それらの期間が「失われた20年」と呼ばれた。

振り返ってみれば，第2次世界大戦後の日本は，資本主義陣営に与し，アメリカの旺盛な消費経済力と，円はドルとの固定相場（戦後から1973年頃まで360円/ドルが続いた）で貿易輸出産業が支えられ，戦後復興と経済成長を成し遂げた。

その背景には，戦後から大蔵省（現：財務省）と日本銀行によって，業界の一番遅れた船の動きに全体をあわせる「護送船団方式」に代表される金融秩序が確立され，産業界の経済成長と，国民生活を安定させた。地方の自治体行政は，不可欠な社会基盤整備を，自主財源3割という脆弱な税配分の「3割自治」を国からの手厚い地方交付税配分や補助金によって補う，行政版「護送船団方式」でもあった。これらの中央集権型の政治経済システムの基盤によって日本の経済成長を促進した。

1970年代の「ドル・ショック（1971年）」と「オイル・ショック（1973年）」で，

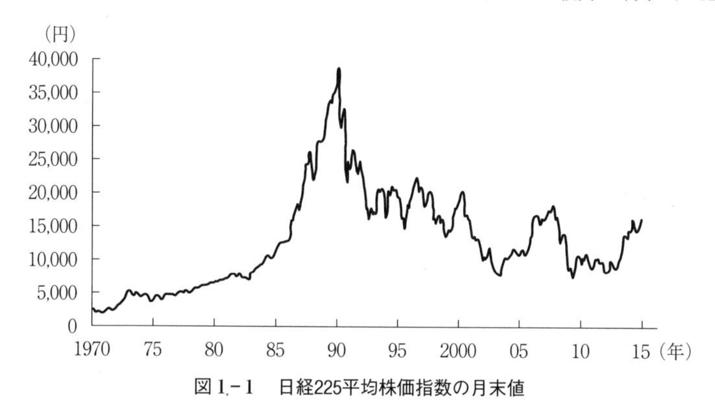

図1-1　日経225平均株価指数の月末値

一時的には経済は苦しむが，世界一と言われた環境対策技術や情報化技術によって，自動車産業を中心に輸出を伸ばした。1979年には，戦後の日本経済の高度経済成長の要因を分析した『ジャパン・アズ・ナンバーワン』(エズラ・F・ヴォーゲル著) が出版され，日本的経営が非常に高く評価された。その後も，輸出で獲得したドルが貯まるばかりとなったため，1985年のプラザ合意では，日本にも世界経済の牽引力になることが期待され，貿易黒字を減らし，内需の拡大を約束させられた。

その結果，金融は低金利と規制の緩和や電電公社の民営化などで，国内にお金がだぶつき，その投資先は実体経済と離れた「株」と「土地」に向かった。虚業的に稼いだお金はあらゆる投機的方面に向かい，日本中が「バブル経済」に酔ってしまった。

また，成長を続ける東京市場に，オイル資本をはじめ世界中からの投機資本が集まり，急激な円高が起こった。そのため，東南アジアの賃金の安い国に工場を移転する企業が増え，国内の工場の閉鎖や人員削減が進んだ。しかし，インフレ拡大を懸念した日本銀行が金融の引き締めを行っただけで，バブル化した株式市場は警戒感から，1989年末をピークに大幅にその値が下がりはじめ，投機筋の資金回収が始まり，「バブル」は一気に弾けた。

その結果，当時の大蔵省と日本銀行は，不良債権が過大となって実質債務超

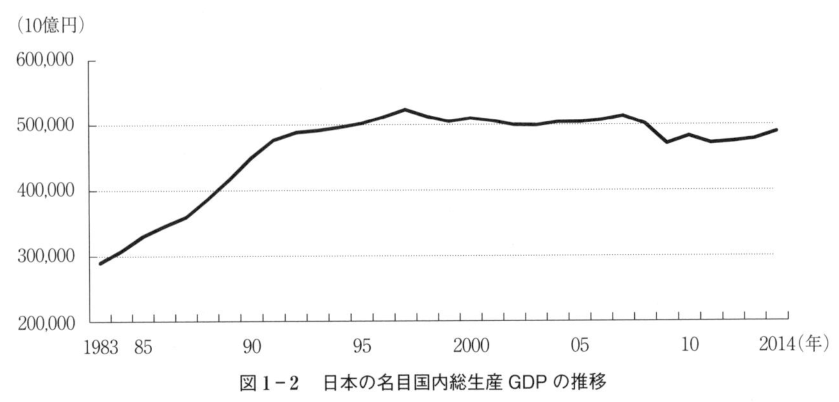

図1－2　日本の名目国内総生産 GDP の推移

出典：国民経済計算マニュアルに基づいたデータより作成。

過に陥った金融機関の処理に手を付けた。神戸市に本店のあった兵庫銀行は，阪神・淡路大震災での銀行の建物倒壊の被災だけではなく，不良債権問題を解決できず，戦後初の銀行の倒産となった。それを皮切りに，北海道拓殖銀行や日本長期信用銀行，さらには日本債券信用銀行のような都市銀行や長期信用銀行までが破綻する時代になった。経済の血液である資金の流れが一気に減少し，景気の悪化，雇用の減少，消費の後退という悪循環が始まり，大きな傷跡が日本を覆うこととなった。その結果，図1－2に示すように日本の戦後の経済成長を達成してきた「成長神話」は，崩壊の時を迎え，1990年代には安定成長期となった。

さらに，経済成長を背景に土地価格の上昇が続いてきたが，図1－3に示すように，時価は1991年をピークに下り坂を一気に下ることとなっていった。「土地神話」に裏付けられた土地を担保に過大な融資をした金融機関は，信用収縮の中で，融資した資金の利子すら払われない不良債権問題が顕在化し，貸し倒れ引当金の積み増しが要求され，融資に消極的な「貸し渋り」と，融資している資金を積極的に回収する「貸し剝がし」が行われ，金融不安を助長した。

このように，全く先の読めない時代となり，その打開策が打ち出せなくなった1990年代が，後になって「失われた10年」と言われることとなった。

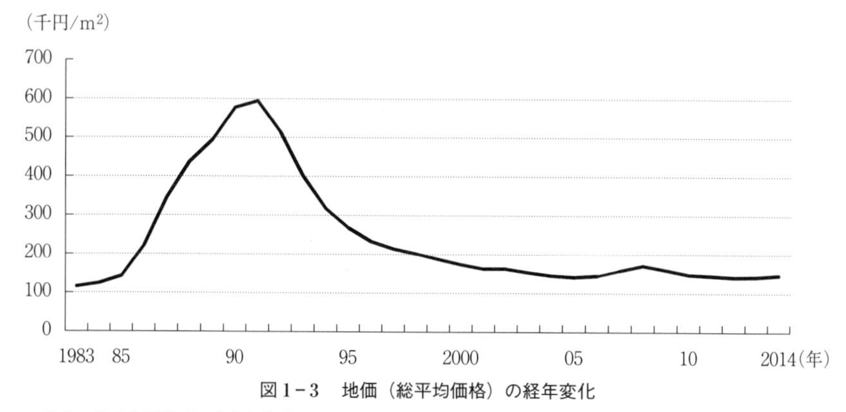

図1－3　地価（総平均価格）の経年変化

出典：国土交通省データより作成。

震災復興事業への「成長神話」「土地神話」崩壊の影響

1995年1月に阪神・淡路大震災が発生した。震災で建物を被災した事業者や個人経営者は，顧客確保や取引の継続のために速やかな事業の再開を望み，建物再建の当面の資金を金融機関に求めた。しかしながら，金融機関は，担保となっていた土地価格の下落による増し担保を求めただけではなく，経営の先行きを懸念して，「貸し渋り」，すなわち融資を制限した。そのため，事業継続の資金の目処が立たずに，別の金融機関を走り回ったり，公的機関の支援を要請しなければならなかった。

このようなケースもあった。再開発事業は，零細な土地を集めて大区画化し，また，脆弱であった道路や公園などの基盤を，土地の高度利用（立体的な換地）によって整備する事業である。新長田駅前地区や六甲道駅前地区では，第2種再開発事業による震災復興事業の計画が決定した。駅前広場空間と幹線道路等の公共施設を整備し土地の高度利用を図る公共目的の事業として，土地収用法の適用事業になっている。事業では，まず，施行者はいったん，地区内の土地，借地権等の権利を取得する。ただし，建設される再開発ビルに入居を希望する権利者は，事業計画を決めてから30日以内に，（管理処分で）再開発ビルの床の譲り受けを希望することができる。その点で，この「管理処分」方式は，土地や建物の権利を再開発ビルの床面積等に交換する第１種再開発事業による再開発の代名詞である「権利変換」方式とは異なっている。

事業に抵触する地区内の商業を営む地権者は，いったん土地を売却して，あらたに完成する再開発ビルに入居することを決めていた。市が土地購入の契約を地権者と結ぼうとした際に，融資の抵当権者となってきた金融機関は，土地の売却のためには抵当権解消が必要だと，まず借入金の返済を求めた。そして，市への売却資金でいったん返済し，再度入居の権利取得のための融資を願い出た際，「貸し渋り」で断られた。結果的には，「貸し剥がし」となり，再開発ビル入居の権利設定をすることができなくなった。そのため，施行者である市が新たな所有者となったため，施行者の借家人として入居したケースもあった。

土地神話の崩壊も，事業に影を落とすこととなった。

再開発事業は，駅前地区のように指定容積率が高い場合には，高度利用化によって，従前の全体の床面積以上の床を確保することができる。従前権利者で戻ることを希望した床と，残りの（保留）床を，建物の完成時に一般の企業や個人に売却することができた。成長神話が続き土地価格の上昇が期待される場合には，保留床の価格は期待を込めて高くなり，場合によっては施行者に十分な利益が発生する。そのため，公的施行者は，新たな民間事業者の誘致を進める一方で，床負担力の弱い公共・公益施設の誘致も可能となり，公共の福祉を高めることができた。

震災復興事業が緒に就いた時点では，成長神話に慣れてきた人々の心の中では，また成長局面が来るのではないかという期待感を捨てきれなかった。それが，建物の設計思想に反映された。建物の設計はできるだけ法定容積率一杯に使えば，売却面積が増えて，収益が出せる。また，それだけの面積を埋めるだけの事業者や居住者が進出してくれば，停滞気味の地域経済も活性化できるという期待感を込めて，再開発事業の計画が作られた。

しかし現実は，土地神話が崩壊したことで，土地の価格は右肩下がりとなった。第２種再開発事業は先行的に土地を取得するため，価格が下がり始めたとはいえ，事業開始当時の高い土地価格で買収した。しかし，再開発ビルが完成する時には，商業床や住宅床の売却価格は，当初想定した価格を大幅に割ることとなり，高く買って安く売るという「逆ざや」となった。価格が下がれば，急いで新たな床の購入や賃貸で入居しようとする動機が減じ，空き床が発生し，さらに価格が下がる。そのため，仮に全ての保留床の売却ができても，事業上の採算面は赤字になるという厳しい結果になったのである。

震災の発生が仮に10年早かったら，成長神話と土地神話で，再開発ビルの床は，「青田買い」と言われるように，民間や個人の購入希望で，速やかに処分が進んだであろう。

逆に，仮に震災の発生が10年遅かったら，成長神話と土地神話は完全に崩壊しており，決して過大な設計思想は生まれず，身の丈にあった計画に終始したと考えられる。

結果として，1995年の震災発生から復興期の時代は，後年に「外部環境が悪かった」と言いたくなるタイミングであったと言えるのではないだろうか。

一方で，土地価格の想定を超える下落は，地価上昇の期待感を完全に喪失させた。それまで「土地神話」が妨げてきた，本来の「収益還元型」の土地の価値となった。すなわち，住宅地は，需要と供給の均衡による市場価格での取引が現実のものになった。その結果，土地区画整理事業で問題となる「減歩」によって失うとする架空の土地価額と，道路等の基盤の整備による利活用の上昇による価額との間で，相殺以上の評価差が感覚的に得られることとなった。再開発事業の場合には，市への売却時の価格と比べて，ビル建設後の床の価格の参考となる地価が下がったため，売却時の想定以上の床面積の取得が可能となった。

このような形で「土地神話」の崩壊は，復興事業を進める上で，良い影響の方にも作用したのであった。

「冷戦終焉」で始まったもうひとつの「失われた20年」

バブル崩壊と同時期の1989年に世界を驚かせたできごと，「ベルリンの壁の崩壊」が起こった。11月10日（日本では11日）のテレビの画面に，ベルリンの壁に上ってハンマーで壁を壊す民衆の姿が映し出された。壁の両側から1961年に東西に分かれてしまった親族が歩み寄って，28年ぶりに抱き合うシーンは感動的であった。

歴史を遡れば，第２次世界大戦後の1945年10月に，平和の秩序を維持するための「国際連合」が設立され，戦後の平和への動きが期待された。しかし，国連の常任理事国で２大大国の一方の雄であった当時のソ連（ソビエト社会主義連邦共和国）の軍隊が，東ヨーロッパから撤退することなく駐留した。ソ連の拡張主義的体質に対して，アメリカのトルーマン大統領は，ソ連を孤立化させるしかないと判断し，1947年に「封じ込め政策」を発表した。世界を資本主義陣営と共産主義陣営に完全に二分化し，相互の交流を徹底的に断つ，静かな戦争「冷戦」の始まりとなった。

冷戦の開始から40年が経過し，資本主義陣営は市場経済といういわゆる「見えざる手」の働きで，モノとカネと技術が陣営の中を勢いよく流れ，工業化による成長を続けた。技術革新が持続的に続き，情報革命を生みだし，さらなる成長を続けることとなった。共産主義陣営は計画経済で「見えざる手」は現れず，工業化も低い生産性のまま，高度の軍事技術も民生用に転活用できず，成長できない事態に陥った。

1980年代の後半には，ソ連の指導者が，アメリカとの情報化技術や軍事の競争自体も，宇宙空間を使う軍事戦略となったSDIにはもはや追いつけないことを自覚し，冷戦の敗北を認めることとなった。それが現実の形となったのが，東欧の政治システムの自助崩壊であり，その典型が「ベルリンの壁」の崩壊であった。

こうして，冷戦時代は世界が二分化したが，ほぼ半世紀後に，世界は資本主義社会だけになった。世界の資本はより安い原材料を求め，より低賃金の地域を求めて動き出し，グローバルな構造に転換した。特に，それまで資本主義社会と隔絶され，技術革新が遅れ，生産性が低く，労働賃金の低かった共産主義や社会主義の国々が門戸を開いたことで，よりコストの低い製品の生産工場が一気に広まることとなった。

共産主義陣営にあった中国（中華人民共和国）は，ソ連の消滅後の1992年の中国共産党大会で「社会主義市場経済」の導入を決定した。社会主義による独裁体制を維持しつつも，市場経済を認めることで外資の導入を認め，国家主導型で中国の経済の発展を求めることとなった。同年からGDP（国内総生産額）で10％を超える経済成長が始まった。1996年までで1990年比で２倍の成長を遂げた。2003～2007年間も10％を超える成長率を達成し，2010年のGDPでは日本を追い越し，世界第２位にまで到達し，アメリカと並んでＧ２（２大大国）の地位を築くまでになった。

冷戦終焉後の中国経済の成長拡大の過程は，阪神・淡路大震災の被災から経済を立て直そうとする神戸に，新たな試練を与えることとなった。

神戸の都市経済は，震災前は日本一の取扱貨物量の神戸港を背景に，港湾工業都市として成長してきた。さらに，神戸港は物流の技術革新である「コンテナ化」を1967年に日本で最初に成し遂げた。コンテナ貨物は，日本からアメリカ西海岸，東海岸さらにヨーロッパを結んだ。ただし，そのルートはパナマ運河を通行しなければならなかった。運河は閘門式のため，船の喫水深が12m以下の船しか通過できなかった。そのため，12m 喫水深のコンテナ船の停泊を前提に港湾設備の整備が進んだ。

神戸港は欧米とアメリカを結ぶルートの西端に位置し，日本だけではなく，アジア各国の欧米との輸出入の中継港（トランシップ）としての大きな役割を担った。1990年には世界第５位のコンテナ貨物取扱量を記録していた。

しかし，震災でコンテナ専用の岸壁の全てが被災し，貨物の揚げ降ろしができなくなった。そのため，神戸港で集荷してきた貨物は，日本の他港に流れるだけではなく，中継港の役割も，成長が著しい韓国や中国の港に移っていった。さらに，被災した岸壁の復旧の過程で，冷戦崩壊による新たな問題に直面せざるを得なくなった。それは，コンテナ物流の世界の流れ方の大変動であった。

冷戦の終焉で世界はグローバル市場へ移行し，生産拠点をアジアに移したため，アジア発の貨物量は大幅な増加となった。さらに，直接アジアと欧米を結ぶ海上ルートとして，制約のあるパナマ運河より，スエズ運河を通過するルートが主要となった。さらに，2000年以降はスエズ運河（深さ19.5m）の改善が進み，輸送のコスト競争から，喫水深14～16m の大きな船舶による輸送が普及化した。

このような世界物流は，経済成長による発展著しい中国の香港，上海や天津等の港湾の整備，さらに中継港としてのシンガポール港の躍進で，神戸港はアジアの中継港としての地位を失い，アジアとアメリカを結ぶ，単なる日本の1つの港湾の地位に急落することとなった。

その結果，かつて世界でも指折りの港として築いてきた地位は，震災からの復興を成し遂げても，コンテナ貨物取扱量は，量としては震災前の状況に戻ったとはいえ，世界の貨物量の増大の中で，震災から10年後の2005年には，その地位は世界で第39位，日本の中でも東京港，横浜港，名古屋港に次ぐ第4位に甘んじることとなった。最近の世界順位は，2012年で第52位とさらに下がっている。

このように，冷戦の終焉，阪神・淡路大震災，中国経済の大躍進，船舶の大型化などが，失われた20年間に生じたことで，震災からの復興を成し遂げたとはいえ，復興後の神戸の経済は，いわゆる震災前の「8割復興」に止まったままと言われる所以である。ここにも，もうひとつの「外部環境が悪すぎた」背景があった。

2　震災で脆くも崩れた「安全神話」

災いは忘れた頃にやってきた

阪神・淡路大震災の震度7による激震が，1995年1月17日，まだ夜の明けぬ午前5時46分に神戸市民の生活を襲った。神戸市の六甲山系の南の，東西に長い市街地の地下16km の断層が市内20数 km にわたり破壊され，十数秒間の激しい揺れが建物や構造物を一瞬にして破壊した。神戸市民にとって，この震災はまさに「青天の霹靂」であった。

当時は1923年の関東大震災から70年以上を経過し，毎日のように有感地震がある東京を中心とした首都直下型の地震が心配されていた。また，1854年の発生以来140年間空白期間となっている東海地震のことが話題になることはあっても，神戸や大阪圏で大きな地震が発生することなど，ほとんど話題にもならず，夢にも思わなかったというのが現実であろう。神戸では，東京に比べても有感地震がほとんど起こらなかったのも事実であった。

当時の地震工学の分野では，1960年代からようやく理論化された「プレート・テクトニクス」理論が広まった。地震発生のメカニズムは，地球を覆う厚さ100km 程度のプレートが別のプレートに潜り込もうとする際に，摩擦抵抗で蓄えられたエネルギーが，プレート間やプレート内部の活断層間でズレを起こし発散解消することで起こると説明された。しかし，理論化されてから30年程度であり，その間の日本での地震は，新潟地震（1964年）や宮城県沖地震（1978年），日本海中部地震（1983年），釧路沖地震（1993年）など散発的に起こる程度のデータしかなく，「来る来る」として警戒する東海地震も起こらず，理論の正しさを証明するに至っていなかった。まして，プレート内部の活断層による地震がどのようなメカニズムで起こるのか，マスコミ等でもほとんど取り上げられることもなかった。

「神戸では地震は起こらない」とする「安全神話」が市民の中に定着していた。また，当時の神戸市の地域防災計画の地震対策では，地震は南海地震（1946年 M8.0〔以下，M＝マグニチュード〕）または福井地震（1948年 M7.1）が発生した際の神戸での震度５（強）の想定であった。プレート内部の活断層が動くことは全く想定外であった。

ただし，地域防災計画策定時に当時の神戸大学の室崎益輝教授から震度６の設定の提案があったが，その場合には震災に備える対策費用が嵩むということで，震度５強（当時は震度に強弱の基準はなく，５と６の間の意味）で想定した。それは，道路や鉄道，港湾等の設計基準となっただけで，根本的な地震への備えをする発想までには至らなかった。

そのため，阪神・淡路大震災発生時の市民の思いは，「まさか神戸で！」というのが大半であったに違いない。そんな油断が未曾有の被害につながったとも言える。

特に，震災による神戸市内の4,571人の犠牲者の内，約８割の人が倒壊した家屋の下敷き等で犠牲となった。その最も大きな原因は，神戸市内には，震度７の揺れで脆くも倒壊した老朽木造住宅が密集した市街地が，戦後50年経っても残っていたからである。

第２次世界大戦時に米軍の空襲で市街地の大半が消失したが，その際に被災せずに残った地区があった。戦後の復興期から高度成長期まで，急激な人口流入による人口を収容するために，長屋形式の住宅が一気に建設された。まだ自動車の普及以前で，前面道路は2.7mでよいとされた時代であったため，大半が路地（私道）を挟んで建てられた。そこは，日照も風通しも悪く，自動車のアクセスが悪いため，若者世帯は基盤の整った新市街地に移住し，子育てを終えた高齢者が住み続けていた。そのため，建物の建て替えが進まなかったので，前面道路のセットバックもなく，基盤が未整備なまま住宅が老朽化し密集市街地として残ったのであった。

神戸市では，1980年代に住民参加のまちづくりの手法が確立し，行政職員が密集市街地地区に入り，それぞれの地区の課題を示し，住民と一緒に課題解決の方向性を探ってきた。地区が求めればコンサルタントや建築家の専門家を派遣して，熱心に地域改善のまちづくりを勧めた。しかし，住民自身には，「地震は来ない」という「安全神話」が浸透し，基盤の整備の話も「馬の耳に念仏」状態であった。行政側も，住宅の老朽化による危険性は認識しつつも，個人財産への不関与の原則により，強く要請するには至らなかった。

一方で，1980年代の後半に神戸でも「土地神話」が浸透し，都市基盤等が未整備で，土地の高度活用がされていない木造住宅密集地域で，民間の資本による「地上げ」が行われた。分譲マンション建設が一部の地区で進み，地域改善が進んだところもあった。しかし，駅前地区のように土地価格が高止まりしていたところでは，「地上げ」による再開発の採算性がとれないと判断され，多くの密集市街地は放置されたまま残されたのである。東京や大阪に比べ，資本投資のレベルで見た魅力のある地区としての評価が神戸ではされなかったのであろう。

そんな密集市街地を，想定しなかった都市直下型の震度7の激震が襲った。老朽化した住宅は，激しい揺れに耐えきれず，建物の2階部分が1階部分を押し潰すように圧壊した。足腰が弱り1階で就寝中だった高齢者は，倒壊した際の柱や家具の下敷きによる圧死や，粉砕された壁の土が身動きできなくなった身体の上に降り注ぎ，口に入った土を手で払いのけられなかったための窒息死など，ほとんどが即死状態で命を奪われたのだった。

「神戸には地震は来ない」とする「安全神話」は，まさに「忘れた頃にやってきた」震度7という経験したこともない激しい揺れとともに，崩壊したのであった。

歴史は繰り返す――400年周期で地震はやってきた

阪神・淡路大震災の後に，あらためて神戸地区が被災した地震の歴史を振り返る。399年前の1596年に慶長伏見大地震（M7.0～7.1）による被災の記録がある。さらにその411年前の1185年に文治地震（M7.4）の記録も残されていた。まさに，今回を含むと約400年（399年と411年）を周期に活断層が動き，大地震が発生していたことを知った。

当時，地震研究の専門家等から，地震発生の警鐘がなかったわけではないが，日常ほとんど地震の揺れを経験しないことから「神戸は安全である」と単純に信じ込んできたこともあり，注意喚起がなされてこなかったのが現実であった。これがまさに「安全神話」の1つであり，神話化されてしまうと，現実的かつ具体的な根拠や証拠が示されない限り，単なる警鐘程度にしか扱われなかったのも致し方ない事実であろう。寺田寅彦がいう「天災は忘れた頃にやってくる」を，多大な犠牲の後に学ぶこととなった。

なぜそんな単純なことを学ぼうとはしなかったのだろうか。1つは，今回の地震の結果で，約400年周期で2度地震があったことを知ったにすぎないからである。事実として過去の事例は1596年と1185年の間の411年しかなく，その後も400年経てば必ず来るとは考えにくい。「2度あることは3度ある」のは確率的にも言えるが，１度の結果から２度あるとは誰も考えないだろう。歴史の重たさは，２度繰り返されれば１つの真理になる。すると，３度目の400年後となる2390年前後には，極端に言えば，神戸の市内には地震を恐れて誰も住んでいないことになっているかもしれない。今後このような震災の歴史の繰り返しが論理的に説明されると，一体どこに住んだらいいのかという事態にもなりかねない。一方で，地球規模の自然の動きは壮大すぎて読みにくい。単に400年とするのではなく，余震のことやそのほかの発見されていない活断層のことを考えれば，いつでも地震は起こりうるとして捉えることが重要になる。「安全神話」はないことをあらためて理解し，「自分の身は自分で守る」ことが問われる時代でもある。

もうひとつの「安全神話」の崩壊

国家としての防災行政の基本方針を定めた法律が「災害対策基本法」である。この法律は，1959年に発生した「伊勢湾台風」を契機に誕生した。和歌山県，三重県，愛知県，岐阜県ほかの広大な地域に甚大な被害が発生した。これまでに並ぶ例のないほどの猛烈な風雨と，高潮による被害が発生し，死者は5,000人を超えた。その被害額は関東大震災並みとまで言われた甚大なものであった。国，都道府県，そして被害を直接受けた市町村の責任分担や，復旧・復興の中心組織となる災害対策本部，さらに防災に向けた取り組みとして，地域防災計画の策定，国の予算措置等の災害対策を考える基本を定めた。それまで国の施策として，災害が発生すれば，そのつど必要な法律を定めて対処するというその場しのぎの政策が実態であったことを反省して定められたものである。

この法律が定められたことで，国は地震や風水害等の災害ごとに対応策の基本方針を定め，それを受けて都道府県が災害対策を定め，その具体策として市町村で将来の災害に備えた地域防災計画を順次策定していった。日本の災害のほとんどは，台風や豪雨による風水害であり，法制定以前は1,000人程度の犠牲者が出たが，制定後には対策を充実させ，その後は200人前後に改善された。

地震については，法律制定後に起きた地震は先に記述した４つの地震などで，台風の被害に比べるとそれほど甚大とは言えなかった。また，当時160年以上発生していない東海地震の発生を懸念した対策を政府中心に講じていたが，幸いなことに発生することなく，平穏な時代が過ぎていった。まさに，「安全神話」がしっかりと浸透し，時が過ぎていったのであった。

その中で突然，神戸市で直下型の大地震が起き，広い範囲にわたり被害が発生した。国は全国的規模での経済的混乱をもたらす恐れのある異常な激甚災害の発生に対する，首相直轄の「緊急災害対策本部」の設置をすべきであったが，災害緊急事態の布告などの手続きができずに，設置できなかった。このため，物資統制や価格統制などの私権を制限して実施する迅速な対応ができなかった。

当時の国の対応は，県域を越えるような大規模災害の場合，閣議決定し，政府に「非常災害対策本部」を設けるとしていた。ちなみに，その時までに12回（地震５回，風水害４回，火山噴火３回）設置されてきた。対策本部長は災害担当の国務大臣（当時は国土庁長官）で，その組織は各省の課長級によって災害対策に総合的に対応することになっていた。要するに，それぞれの縦割りの中で実施するに等しいものである。言い換えれば，縦割りを越えると調整に時間を多大に要し，たとえば災害対応の緊急車両を優先する交通規制ひとつできないのである。

この事実が示すように，当時の国の災害に備える危機管理体制は，誠に脆弱でしかなかったことが露呈してしまった。それは，国のトップを含めて，国防に対する「平和ボケ」と言われるのと同じような「安全神話」が定着していたため，国家の存亡に関わるような災害は起こらないとした淡い期待でしかなかったのである。まさに，国全体が抱いていた「安全神話」が崩壊した瞬間でもあった。

村山富市総理（当時）はその後，政府の危機管理の問題を提起し，震災の発生した1995年12月には「災害対策基本法」を改正し，「緊急災害対策本部」の立ち上げの課題を解消するとともに，全ての大臣が組織の構成員になり，総理の指示が滞ることなく各省に伝わるようにした。

東日本大震災では，地震発生からわずか28分後に同本部の設置ができたのは，新たな歴史でもある。

3　3つの神話の崩壊が阪神・淡路大震災の復興過程に与えた影響

失われた20年の中で，日本では戦後培われてきた「成長神話」「土地神話」「安全神話」が長い期間日本人に信じ込まれてきたため，なかなかそこから脱却できず，それに代わる方向性を見つけ出すのに苦しんだ。しかし，その脱却の過程で，新しい発想や考え方が芽生えて，新しい道筋を見つけ出したと考えられる。まさに，新たな「パラダイム」の誕生となったのであった。

阪神・淡路大震災の甚大な被災から16年かかったが，都市の復興ができた。古い下町の町並みが消滅して寂しいという声もあるが，復興を実現するためには革新は避けられなかった。被災した住民の生活再建だけでなく，次世代に向けた大都市の復興だからである。

「成長神話」の崩壊は，戦後の国家や産業の復興や経済成長を長きにわたり支えてきた中央集権型の「護送船団方式」の考えから脱却し，産業は政府の支援に頼らず競争を勝ち抜き，地球的視野を持つグローバルな体制へと変貌した。政治は中央集権から脱却するべく，地方分権に舵取りの方向を変えることとなった。地方で地方のことを考える，さらに，被災地域に限定すれば，地域の主権者である住民自身が，被災の原因を反省し，災害に備える安全なまちを主体的に考え行動する。そこから，これまでには考えられなかった新たな発想のまちづくりが産声を上げることとなった。

「土地神話」の崩壊は，土地は値上がりを期待して持つものから，利用するものへ変化し，基盤の整った利用環境に優れた土地への評価が高まった。特に，土地区画整理事業は，脆弱な都市基盤を整備・改善する目的で，生活道路や小規模公園の整備のため，地権者からの土地の供出（一般的に「減歩」といわれるが，法的に定義されたものではない）を前提とした事業だった。そのため，土地の価格が高騰する時代には，「減歩」は無償で土地を取られるとして反対運動の原点となり，事業の進捗に時間がかかる場合が多かった。しかし，地価の急激な下落は，今までがただのバブルであったことを気づかせ，住民や地権者たちは，無償の土地の供出（減歩）は耐え難いが，住民自身で震災被害を反省し，安全なまちへの都市基盤づくりの復興事業の推進に理解を示す方向へ変わり，一日でも早く安全で安心して暮らせるまちに復興できることを望むようになった。

「安全神話」が長らく支配していたため，政府は大規模災害を想定せず，法律も旧態依然であった。災害立法でもあった建築基準法が，中規模災害しか想定せず，災害発生から２カ月の建築制限期間内で都市計画を定めなければならなかったため，復興事業の都市計画を決めるに際して，大規模で広範囲の被災の現実を反映した復興政策が困難となりかけた。そのため，国や兵庫県，神戸市の職員の経験と知恵で，窮余の策として，現行法の解釈を広げ，それまでにない創造的な制度を誕生させることとなった。すなわち，都市計画は２カ月で決めるが，それは行政の責務としての復興事業の大枠（事業手法と区域）だけを決めるという，それまでのルールを変える非常手段の採用だった。ただし，それには住民参加が不十分となるため，事業の詳細は住民の意見を聞いて定めるという方針が付加されて進められた。しかし，都市計画決定の手続きで出された住民からの意見書の数の多さと内容から，いったん決めた内容を住民の意見で変更をやむなしとする，それまでの概念を大きく変える方針が出された。これが，「２段階都市計画」と呼ばれる新たな制度であり，第２段階で住民が「主権者」として都市計画決定の主導権を握る伏線となったのだった。

一方で，「安全神話」の崩壊が，「成長神話」の崩壊と併せて，効率性の追求の時代の速く大量に人と物を運ぶための道路整備から，道路は地域の安全で安心して暮らせる基盤とする方向に転換することとなった。震災復興の特別立法の１つである，被災自治体の財政負担の軽減の財政出動の１つの根拠法となった「被災市街地復興特別措置法」によって，補助採択の適用枠を区画道路まで拡大した。結果的に，「安全」という基準で事業の推進ができる道筋をつけた。それで，被災した地域の復興は，住民自身で地域の脆弱性を反省し，住民の負担も理解して，まちの将来の姿を次世代に引き継ぐ内容で提案し，行政と協働で事業を推進することとなった。

これらの３つの神話が崩壊したことで，被災地の復興において，商業ベースによる利益追求型の開発が回避された。代わって，住み慣れたところに早期に戻りたい住民が主体者となって活動し，住民自身で，安全で住環境の保全に適した復興まちづくり計画を作ることとなった。事業は行政の手で実施されるが，住民との協働を前提に進められた。住民はさらに，復興したまちの将来にも責任を持つという「住民主権型」まちづくりに到達することとなる。それは決して誇張ではない。「失われた20年」という方向性を見失った時代だったからこそ，その過程では，従来にはない新しい発想や考え方を取り入れることもでき，住民自身が「まちづくりを考えて実践する」という新たな試みができたのではないだろうか。

さらに，東日本大震災の経験から，自然のすさまじい破壊力の前に，いかなる対策をとっても被害は生じるという事実を確認し，被害の最小化を求める「減災」という理念が防災行政に位置づけられた。防災行政の憲法といわれる「災害対策基本法」が改正され，「減災」の考え方が法文上に明記された。しかし，被災者になるかもしれない地域住民の理解と努力が得られなければ，減災対策の実現はできない。つまり，被災するかもしれない地域の住民が主体となって「減災」のまちづくりを進める「住民主権型」のまちづくりの形が，今後の展開の「鍵」となるのではないだろうか。

阪神・淡路大震災の復興過程で，「住民主体型」から「住民主権型」に変貌できたまちづくりの手法に，さらに「減災」の考え方を組み込んだまちづくりの仕組みを見いだせれば，これからの東日本大震災の復興を進める上での新たな試みや，また，今後想定されている首都直下地震や南海トラフ地震への備えの道筋の１つになることが期待できるのである。

第2章
阪神・淡路大震災の発生と被災直後の概要

1　阪神・淡路大震災の発生

重力以上の力が加わった震災の規模

1995年1月17日，まだ夜も明けぬ（当日の日の出時刻7時6分）5時46分に，マグニチュード7.3の「1995年兵庫県南部地震」が発生した。兵庫県の淡路島北部の北淡町（現：淡路市）の地下約16km[(1)]の活断層（野島断層）の破壊を震源に，断層の破壊は北東約40kmに及んだ。破壊に伴う地振動の揺れが，淡路・神戸・阪神間の市街地を襲った（表2-1）。

地震の規模を示す指標としてのマグニチュード（M）は，地震が発生した際の震源での地震のエネルギーの大きさを対数で表示した数値で，実際の地表での揺れの規模である震度とは異なる。

震度，マグニチュードのほかに地震の規模を表す指標として，ガル（gal），カイン（kine）の2つがある。ガルは地震動の加速度であり，カインは地震波の1秒間の変位量である。

具体的に地震の規模として正式に記録された，神戸市中央区にある神戸海洋気象台での記録から説明しよう。

記録された地震動の加速度ガルの最高の数値は，東西820gal，南北620gal，垂直330galであった。1galとは，地球上の地表付近で中心に引っ張られる重力の加速度である。正確な強さは場所によって変わる

表2-1　阪神・淡路大震災の概要

地震名称	兵庫県南部地震
発生年月日	1995年1月17日
発生時刻	午前5時46分
震源地	兵庫県淡路島北淡町
震源の深さ	16km
震源規模	マグニチュード7.3
震度	7（激震）

写真2－1　神戸市役所庁舎の倒壊

資料：神戸市。

が，平均値は9.807m/s^2である。1 galは，ガリレオにちなんで定められた加速度の単位で，1 gal ＝ 0.01m/s^2であるため，980gal ＝ 1Gとなる。物理学では，質量（m）に加速度（α）を乗じたものが，そこに加えられた力の大きさ（$f = m \cdot \alpha$）と言われている。

気象台で記録された地震動の最大加速度を1つの方向にベクトル化（現実には同瞬間に最大値が記録されたかは不明）すると，計算上地上より斜め上方に1,080galの加速度の力がかかったことになる。言い換えれば，斜め上方に重力の1.102倍の力で引っ張られるような力である。後になって被災者の話から，「寝ている頭の上を（当時のブラウン管型）テレビが飛び越えていった」「リビングをグランドピアノが走り回った」という怖い事実が説明される力であった。

さらに，もうひとつの指標として，地震波の1秒間の変位量であるカインとして，91kine/s ＝91cm/sが記録されている。都市直下型のため，地震のエネルギーが直接短周期の波動として伝わり，1秒間に地上を91cm動かす大きな揺れが生じた。地震発生時のコンビニでの映像やNHK神戸支局内の映像を見れば，その揺れの激しさが理解できる。地上に固定された施設は，基礎と柱等を伝って遅れて揺れる上部の動きに同調できずに，柱が折れたり，鉄筋であっても座屈破壊したのであった。阪神高速道路が700mにわたり倒壊，神戸市役所の庁舎が6階部分で座屈破壊（写真2－1），兵庫県警兵庫警察署や神戸市立西市民病院が倒壊した。老朽木造住宅では，2階の重さの揺れに下の柱が耐えかねず，1階部分から倒壊したのである。

学説的には，建物は，ガルの大きさよりカインの大きさによって被災が大きくなると言われている。

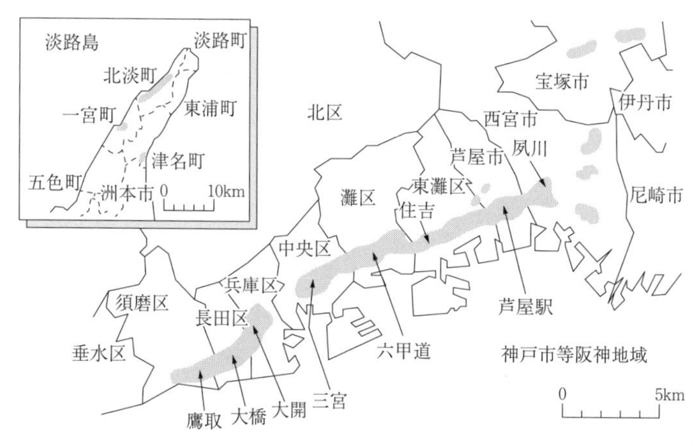

図2−1　震度７（激震）の分布

出典：『朝日新聞』1995年５月30日，朝刊。

震度６から震度７への修正

地震の規模を示す最も標準的な指標である震度については，当日の神戸海洋気象台では，観測機器が震度６を記録した。しかし，大阪管区気象台への電話回線が不通となり，回線が復旧した６時18分まで神戸の震度が公表されなかった。そのため，地震で神戸にどのような被害が生じているのか想像できない時間が，半時間も続いたことになった。

また，当時の震度計では最高震度が震度６までしか表示できなかったため，あらためて，気象庁の職員が被災の現状を目視して，建物の倒壊等の被害が30％をはるかに超える被害地域が広がっている事実が判明した。そして，あらためて１月20日に気象庁から，図２−１に示した地域が，観測史上初めての震度７の「激震」であったとして発表した。それは日本中を震撼させた，戦後初めて日本の大都市を襲った都市直下型の大地震であった。

震度７の帯

公表された震度７の分布は，神戸市の六甲山系の南の市街地全体ではなかった。それが帯状の分布になったことを図２−１に示した。神戸市内の震度７の帯の幅を見ると，1,000m 弱でしかない。震源が地下16km という距離の短さから，その直上（詳細には真上の少し南）だけの震度と理解されたが，その後の研究で「焦点効果」による増幅によるものではないかと言われている[(2)]。神戸の地形は，50～100万年前から始まった地殻運動の１つである「活断層」が動く「逆断層型」地震で，六甲山系が隆起し，大阪湾が沈降した。平坦部は，六甲山系に降った雨によって削り取られた土砂が，扇状地を形成しながら堆積し，山から海まで３～５km 程度の平地部が帯状に広がるという特徴がある。そのため，地表までの厚い堆積層が，下部の岩盤と山側に切り立った岩盤に囲まれるため，地震による断層の破壊で生じた直接の地震波と，山側岩盤を通過した地震波が，地表面の特定の位置で集中した「焦点効果」で増幅したと考えられている。その結果が震度７の「震災の帯」と言われる現象である。

震度７の激震に襲われた戦前・戦後の発展を支えた神戸の市街地は，広範囲かつ大規模に被災した。高速道路，新幹線・JR や私鉄の鉄道網，港湾施設，ライフライン等の都市の生命線は一瞬にして破壊された。この大災害は，別名「阪神・淡路大震災」と呼ばれることとなった。本書では震災名を「1995年兵庫県南部地震」ではなく，この「阪神・淡路大震災」としている。

2　建物倒壊被害とその特徴

建物の倒壊被害

阪神・淡路大震災による被災状況は表２−２に示したとおりである。

神戸市内での被災の１つの特徴は，建物の倒壊被害であった。全壊・半壊の棟数が約12万３千棟あり，市内の全壊の被害が全体の64％を占めた。建物が瞬時に倒壊した場合，特に阪神・淡路大震災は夜明け前の地震であったため，建物の中で生活していた住民の大半は就寝中であり，折れた柱や梁の下敷き，あるいは転倒してきた家具の下敷きとなり，圧死の状態で多くの住民が亡くなった。市内での死者が全体の71％と高い割合となったのは，特に足腰が弱くなって倒壊家屋の１階で就寝していた高齢の被災者が多かったからである。

表2－2　阪神・淡路大震災の被災状況

		全体*	神戸市**	割合
死　者		6,434人	4,571人	71%
負　傷　者		43,792人	14,678人	34%
建物	全　壊	104,906棟	67,421棟	64%
	半　壊	144,274棟	55,145棟	38%
	全　焼	7,036棟	6,965棟	99%
	半　焼	96棟	80棟	90%

出典：*　総務省及び兵庫県の2006年5月公表資料より。
**　神戸市の2006年1月公表資料より。

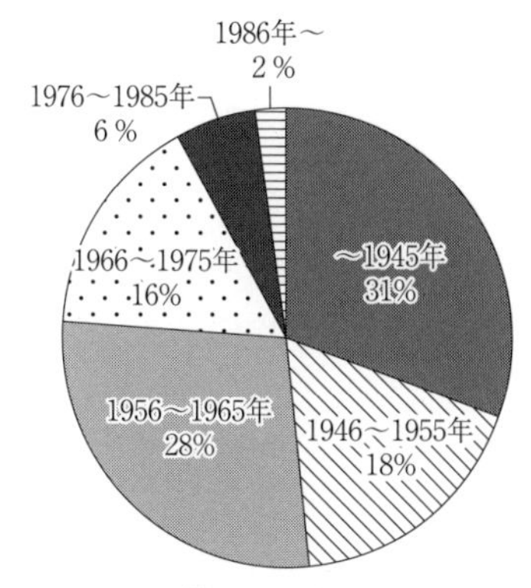

図2－2　震災による滅失建物の建築年次別棟数割合

出典：神戸市資料から。

建物の倒壊が集中した要因の1つは，先に説明した，重力を越える，あるいはそれに近い斜め上方への地震による力が建物に加わったからである。重力を越える力が一瞬でも与えられると，理論上，地表の物体は表面から飛び上がることとなる。しかも斜め方向となると，同じ位置には戻れない。さらに1秒間に91cm（91kine/s）に近い速度で地表が動いたため，建物の地上部の構造物が基礎と同調して動けなければ，基礎と遊離するか，柱同士が遊離，あるいは柱が剪断破壊されることになった。

その結果として，地震動に対して耐久性のない木造建築物の倒壊による滅失が91％を占めている。参考までにRC造等は6％，軽量鉄骨造等が2％，煉瓦・ブロック造等が1％であった。

また，図2－2の滅失建物の建築年次別でみた棟数の割合では，1945（昭和20）年以前，すなわち戦前から建っていたものが31％，戦後から10年間の1955年までに建ったものが18％と，両者を合わせると約半分の49％を占めている。同様に戦後から20年の1965年までが28％であり，この3者を合わせると77％となり，震災発生より30年以上前に建てられた建物が，滅失建物全体の約4分の3を占めた。

建物の完成年代ごとに見て建物の滅失の割合で比較すると，1945年以前の建

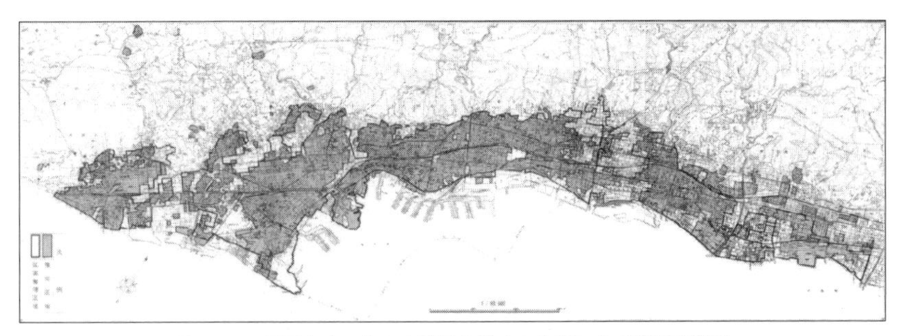

図２−３　神戸市内の第２次世界大戦時の空襲による戦災罹災図

資料：神戸市。

物の58%が滅失，1945年から1965年に建った建物の半数（49%）が滅失し，それ以降の新しいものは1975年までが23%，それ以降は６%である。別の見方をすると，震度７あるいは震度６強の地震動を受けた建物で，1945年以前に建築の42%，戦後の20年間に建築の51%は倒壊せずに残ったということにもなる。

老朽木造住宅への被害集中の要因

神戸市内で建物の全壊・半壊が約12万棟あったが，全壊（滅失）となった建物の４分の３は震災発生の30年以上前に建てられた老朽木造住宅であった。

これらの老朽木造住宅に被害が集中したもうひとつの特徴として，神戸市の建物が建築された背景を整理しておく必要がある。

神戸市の既成市街地は，第２次世界大戦中の米軍機の空襲（1945年３月17日の大空襲）で，図２−３に示すように大半が罹災し，建物のほとんどが消失したのであった。

第２次世界大戦で焦土と化した後に，図２−４で示した区域で戦後の戦災復興土地区画整理事業が実施された[(3)]。神戸市内の産業基盤の復興に併せて，住宅の建てられる市街地の復興が急速に進められた。さらに，戦前と戦時下に唯一の市民の足となってきた市電の復旧は，1946年に旧路線が復興しただけでなく，1953年には当時の神戸市の市境であった灘区の石屋川までの路線も完成した[(4)]。産業の復興に合わせた形で，全国から働き手が神戸市内に流入し，1956年には

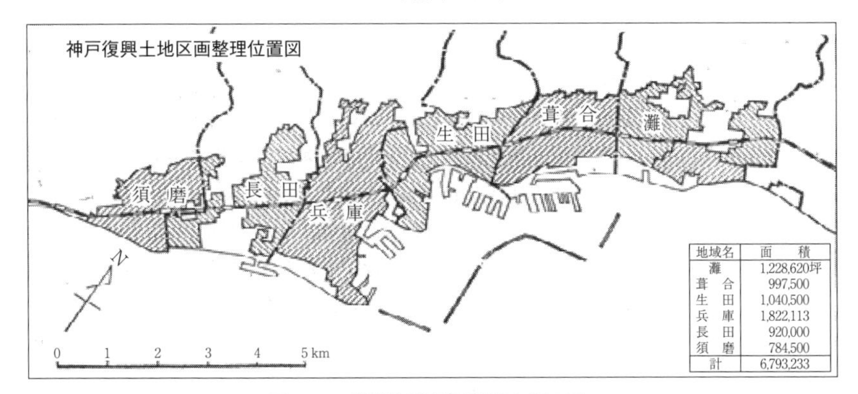

地域名	面　積
灘	1,228,620坪
葺　合	997,500
生　田	1,040,500
兵　庫	1,822,113
長　田	920,000
須　磨	784,500
計	6,793,233

図2－4　戦災復興事業区域図（旧5区）

出典：神戸市。

戦前の人口規模の100万人にまでもどり復興を成し遂げた。

こうした背景によって，神戸市内の建物は，戦災の被災を受けなかった地域に残存できた建物以外は，戦後すぐの人口の流入時に合わせて，急激に建物が建設された。それらの多くが震災の時点まで使われてきたが，そこに震度6強の「烈震」あるいは，震度7の「激震」の地震動が加わり，倒壊したのであった。

3　火災による被害の集中と要因

神戸市での火災被害の集中

神戸市における震災被害のもうひとつの特徴は，地震直後の火災の発生によって，建物の全焼による被害が全体の99％も集中したことである。

その原因はいくつか判明している。その第1の原因は，同時火災の件数があまりにも過大で，当時の消防の消火能力をはるかに超える件数であった。被災直後の5時46分から6時の間に火災が54件[5]も発生し，震災当日だけで109件という同時多発火災が記録されている。神戸市消防局では，通常1件の建物火災に対して4隊程度の放水できる消防車両が必要なので，同時に火災対応できる

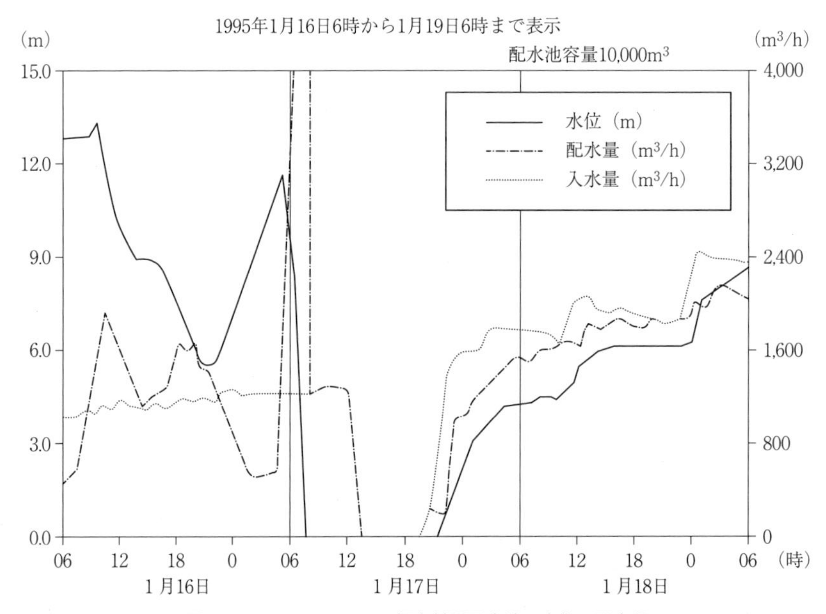

図2－5　1/16・1/17の板宿低層配水池の水位と配水量

出典：神戸市『阪神・淡路大震災の概要及び復興』2011年，p. 37から作成。

のは9件程度が限界であると言われている(6)。また，消防活動の応援協定による応援支援は，神戸市から9時50分に要請され，消防庁長官からの派遣決定は10時になされた。隣接の三田市や県外の大阪市等から応援部隊が到着し(7)，ようやく活動に入れたのは当日の午後からだった。

火災の被災が大規模になった第2の原因は，大地震の発生で消防水利を担うべき水道管が，市内全域（六甲山麓南側）で送水施設，配水池，配水管（1,750ヵ所），給水管（9万ヵ所）に被害が発生し，道路の地下や倒壊建物の宅地で漏水した。そのため配水池の水位が地震発生後1～2時間で0となった所が12カ所にも及んだ。配水量の74%を頼る阪神水道企業団からの送水も停止したためであった。

図2－5は，最大の火災のあった長田区と須磨区の配水を所管する板宿低層配水池の地震発生前日から翌日にかけての配水状況を示している。当日の7時

表2-3　神戸市内の大規模火災発生地区の被災状況と発生時間

順位	発生地点		焼損延べ床面積	発生時間			基盤整備状況
				日	時	分	
1	長田区	水笠通5丁目	142,945㎡	17	09	00	未
2	兵庫区	上沢通3丁目	94,787㎡	17	05	50	未
3	長田区	若松町10丁目	89,098㎡	17	05	47	未
4	長田区	若松町3丁目	75,840㎡	17	05	47	未
5	長田区	久保町5丁目	72,295㎡	17	10	00	未
6	長田区	菅原通2丁目	57,459㎡	17	05	47	未
7	灘区	六甲町1・2丁目	29,160㎡	17	05	50	未
8	長田区	御蔵通5丁目	25,509㎡	17	05	47	済
9	須磨区	大田町1丁目	24,137㎡	17	05	47	済
10	長田区	西代通4丁目	19,882㎡	17	05	47	未
11	兵庫区	湊川町2丁目	11,500㎡	17	05	50	未
12	東灘区	青木6丁目	9,970㎡	17	05	46	済
13	灘区	琵琶町1丁目	9,744㎡	17	05	50	未
14	須磨区	戎町5丁目	8,971㎡	17	09	30	済
15	灘区	篠原南町2・3丁目	8,596㎡	17	08	10	未
16	長田区	細田町4丁目	8,274㎡	17	11	30	未
17	長田区	御船通4丁目	7,914㎡	17	13	00	未
18	長田区	大道通2丁目	7,200㎡	17	05	47	未
19	東灘区	魚崎北町5丁目	6,510㎡	17	14	00	済
20	須磨区	大黒町5丁目	5,725㎡	17	05	50	済
21	須磨区	千歳町4丁目	5,656㎡	17	09	00	未
22	兵庫区	中道通6丁目	5,273㎡	17	05	48	済

注：基盤整備〈凡例〉　未：未整備，済：整備済み。
出典：神戸市消防局編『阪神・淡路大震災における火災状況』1996年，p. 9から作成。

から21時ぐらいまで，実線で示す水位は0となり，消防車が火災現場に駆けつけても，消火栓からほとんど水の供給がなされなかったことを物語っている。

火災発生を予期できなかった要因

震災発生の日に同時火災が起こった中で，発生時刻が地震直後ではなく，数時間経ってから発生しているケースが顕著に記録されている。神戸市内の震災当日の火災発生件数109件のうち，5時46分～5時59分の間が54件（50%），6

表2-4　地震直後の電気器具による火災発生の要因

発火源		件数
電　熱　器	電気ストーブ	9
	観賞魚用ヒーター	6
	電気コンロ	2
	その他	3
電気機器	白熱灯	3
	蛍光灯	2
	その他	2
電気装置	受電設備・印刷機	3
配線器具	テーブルタップ・コンセント	5
	合計	35

出典：神戸市消防局編『阪神・淡路大震災における火災状況』p. 20。

時～6時59分の間が10件（9％），7時～7時59分の間が5件（5％），8時～8時59分の間が10件（9％），9時～23時59分の間が30件（28％）と，9時以降に28％が発生している。[(8)] 表2-3に焼損延べ床面積が5,000m²を超えた大規模火災となった22カ所のデータを示すように，地震発生から3時間程度過ぎてから，5件発生している。

その原因は，当初全く予期しなかったことであった。地震の発生した5時46分の段階で，関西電力管内の189カ所の変電所が送電停止となり，260万戸が停電した。当日の日の出の時刻は7時6分のため，被災者は暗闇の恐怖の中で建物の倒壊や家具の転倒などの現状を把握し，自らと家族が生き残るための活動を強いられることとなった。電力会社は必死の回復・復旧活動に尽くし，被災していない送電系統に切り替え，7時30分には停電は100万戸程度にまで回復した。[(9)]

一方で，停電となった地域で，被災して倒壊，あるいは，家具等が転倒したため，被災者は余震の被害を避けるために自宅を離れて，避難所等に避難した。1月17日は真冬の厳寒期であり，暖を取るために電熱器等を使用していた。その電源が入ったまま転倒すると，ブレーカー機能が働いて電気はオフになり通電されなくなる。しかし，家具の転倒等で，ブレーカー機能に家具の一部が触れた場合に，再度オン状態となり，停電が回復して通電されると，電熱器等は倒れたまま熱を発することとなる。その状態が数時間続くと，発した熱が接している床面やカーテン等を発火させ，火災が発生したのであった。震災当日の火災発生の要因を，消防局の現場検証の報告から表2-4に示した。

最大の火災被災地となった長田区と須磨区にまたがる地区の火災状況を紹介

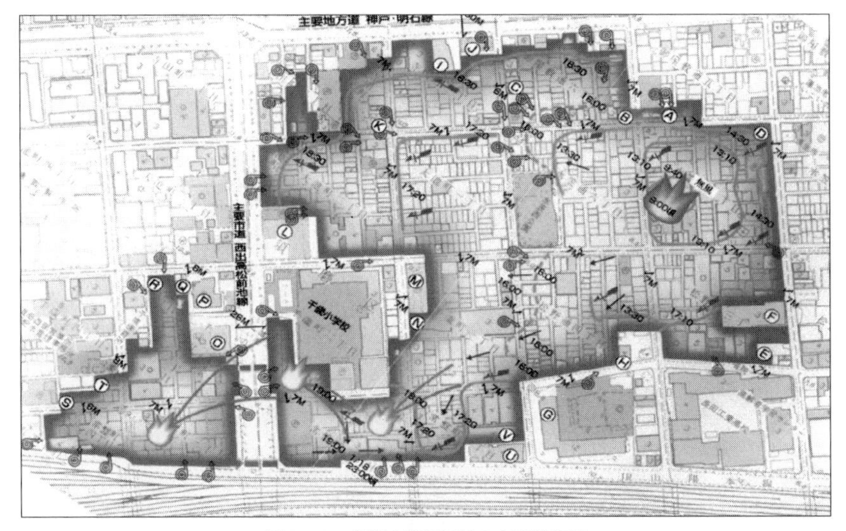

図2－6　千歳小学校周辺の火災延焼図

出典：神戸市消防局編『阪神・淡路大震災における火災状況』p. 77。

する。長田区水笠通5丁目付近から，同日9時頃に発生した火災（原因は追跡できず）が，様々な事情で図2－6のように燃え広がった。当日は風速が2～[10]4m/sの微風下であったが，15時頃から北東の風が強くなり，延焼速度を速めて燃え続けた。延焼の原因は，地区内にはケミカルシューズ製造工場や家庭内作業所も多く，漏洩ガスの影響から延焼速度を速めたと考えられ，工場や建物の屋内にあったゴム製品等の延焼で勢いを増しながら拡大した。消火活動は発火から2時間後の11時頃で，消防車は他の現場から転戦可能となった長田署と須磨署の消防隊が駆けつけたが，消火栓からの水が消防水利が壊れて放水できず，防火水槽や千歳小学校のプールの水で消火しようとしたが，火勢は全く衰えることなく，倒壊した家屋を這うように延焼していった。そのため，市民プールや新湊川を水源に他都市からの応援隊の中継により消火活動を行った。その後，JR 鷹取工場の貯水槽，最後に現場から1.2km 南の長田港から消防艇を活用した海水中継送水を，1ルートで他都市からの応援の消防車7台，ホース89本をつないで，何とか大量の放水で夜を徹して消火活動を続け，翌日の14

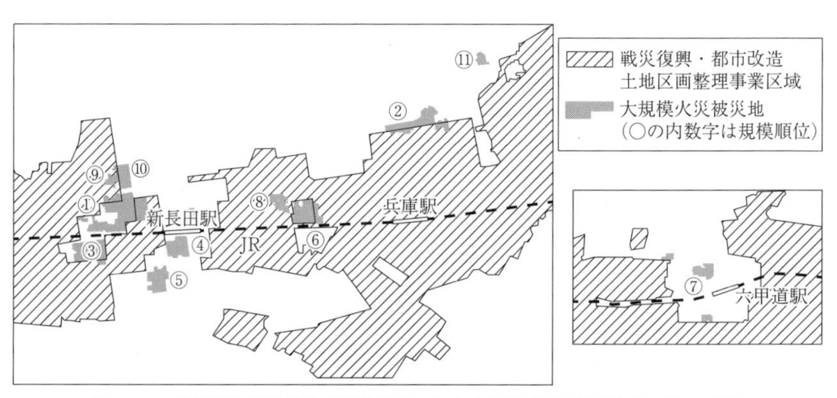

図２－７　大規模火災被災地と戦災復興・都市改造土地区画整理事業区域の関係

時頃に鎮火できた。この火災は29時間にわたって燃え広がり，焼損延べ床面積が142,945m²という神戸市内で最大の火災被害となった。

大規模火災発生のもうひとつの要因

被災の現状を調査して把握し，被災の実態を明らかにすることも急務となった。震災発生日から出務できた都市計画局と住宅局の職員は，主には徒歩（一部で自転車や自動２輪車も活用）で，被災地の現状を目視で調べ，帰庁後に地図上に建物の被災状況の概要を記録する作業を開始した。六甲山系南側の既成市街地と呼ばれてきた東灘区から須磨区のあらゆるところで，古い木造建物の大半が，１階部分が圧壊して建物の形がないという壊滅状況が明らかになった。三宮周辺の都心地域では，市役所をはじめとして，堅牢なはずのRC造の建物が座屈破壊したり，転倒して広幅員道路を塞ぐという信じられない状況が報告された。さらに，火災による延焼で建物が数ヘクタール規模にわたり焼失した地域が何カ所もあることも，現地調査から明らかにされていった。人工島は建物の被害は少なかったが，液状化の被害と港湾施設の被害が大きかった。

これらの調査結果による焼損面積が大規模となった被災地の範囲を地図上に描いてみると，ある傾向が浮かび上がった。それは，戦災復興土地区画整理事業が行われなかった地域に火災被害が集中していることだった。それを図２－

7に示している。

図から明らかなように，⑧の御菅西地区と⑨の須磨区大田町地区以外は，消失区域の大半が戦災復興事業外である。それは，戦災を受けず，戦前あるいは戦後すぐに建てられた建物が，前面道路4m未満の狭い路地に密集し，道路や公園等の基盤が脆弱な地域で，そのために建物の更新が進まず，建物が老朽化し，老朽木造住宅密集地域と呼ばれてきた地域での被災であった。

4　複合的要因による被害の拡大
――被災地での初動体制の遅れ――

神戸市は，地震発生当日，当時の（故）笹山幸俊市長が6時30分には登庁し，7時には神戸市災害対策本部を設置した。しかし，神戸市内の鉄道施設が都心を含む中心地域が様々な形で被災したため，不通になっていた。そのため，対策本部設置時に出勤した職員の数は十数名程度にすぎなかった。被災状況を確認するにも，通信回線なども不通となり，情報を集めることができなかった。しかも，市内の震災による被害を把握するはずのビルの屋上等に設置した何台ものカメラも震度7の激震等による故障や停電等で稼働せず，市内がどのような状況なのか全く把握できなかった。

まさに安全神話を信じて，神戸では大規模地震は起こらない，あってもせいぜい震度5程度とする「地域防災計画」のために，想定を超えた地震に対して準備ができていないことが露呈した。

神戸市消防局のヘリコプターの隊員が，市役所から南3kmのポートアイランドのヘリポートまで向かった。ポートアイランドとをつなぐ神戸大橋が損壊し，自動車では通行不能のため，液状化で泥沼化した道路を駆け足で到達し，やっと9時24分にヘリコプターで神戸市の上空へ飛び立つことができた。9時40分に「全市で火災が20数件，全市域にわたる家屋の倒壊の事実」と，市内の被災状況を神戸市災害対策本部に伝えた。これが大震災発生から約4時間後に初めて発せられた被災の全体情報であった。この情報を受けて，市長は9時50

分に消防庁長官に災害派遣の要請を行うこととなったのである。

当日は微風下にあったが，いったん発火した火は，消火活動がなかなかできなかったため，倒壊した建物に次々と延焼した。さらに，都市基盤が脆弱で，延焼を遮断する広幅員の道路や公園がなかったため，ほとんど微風下にありながら，延焼を広げることとなった。

阪神・淡路大震災の被災状況は，後日になってからではあるが，前述の表2−2によって数量的に裏付けられることとなった。震災全体の被害に占める神戸市の割合で，全壊の比率が64％と高いのは，密集市街地に広く分布していた老朽化した木造住宅が，直下の震度7の地震動で破壊されたためである。さらに，全焼棟数の割合が全体の99％を占めたのも，老朽住宅密集市街地で発生した火災であったことと，消防水利が破壊され，延焼を止める作業が夜遅くまでできず，延焼し続けたからであった。

こうした様々な要因が重なったことで，神戸市内では，大規模に被災した地域が何カ所も発生することとなったのである。

しかも，もし当時，関東大震災当時の風速10m/sから15m/sのような強風下にあったならば，想像するのも恐ろしいが，六甲山系の南側に広がる神戸の市街地は，ほとんどが消失し，被害者の数も想像を遙かに超える数になっていたかもしれない。微風であったことが，言葉としては不適切かもしれないが，唯一の幸いであった。

注・引用文献

(1) 震源の深さについては，14〜16kmとする説もあるが，本書では内閣府，気象庁，兵庫県等の発表の数値に基づき16kmとした。

(2) 神戸市『阪神・淡路大震災の概要及び復興』2011年，p. 19。

(3) 戦災復興土地区画整理事業は当初1946年に面積2,148ha＋東灘区554haで1950年までに5カ年間で完了する予定で開始され，さらに第2阪神国道の建設のために区域を拡大し，1959年には旧6区面積が2,241haに拡大する。しかし，その後財政が逼迫したため，面積は最終的に一部区域除外をして1,178ha（旧6区）＋429ha（東灘区）にまで縮小した。事業は阪神・淡路大震災発生後の1999年に全国で最後に完了した（表2−5）。

(4) 中山久憲「神戸市の市電の軌跡と神戸市の都市構造」（財）神戸市都市整備公社こうべまちづくりセンター，『こうべまちづくりセンターレポート　宙』Vol. 6，2011年，

表2－5　戦災復興土地区画整理事業の完了年度

地区名	灘	葺合	生田	兵庫	長田	須磨
事業計画年	1947	1947	1947	1947	1947	1947
換地処分年	1986	1999	1990	1993	1981	1996

注：工区が複数の場合，最も遅い工区の換地処分年。

p. 28–37，及び，（財）神戸市都市整備公社こうべまちづくりセンター『こうべまちづくりセンターレポート　宙』Vol. 5，2010年，p. 132–134。

(5)　神戸市「阪神・淡路大震災―神戸市の記録1995年―」1996年，p. 32。

(6)　今村明『震災による火災発生メカニズムと消火活動の困難さ』「伝承　阪神・淡路大震災～われわれが学んだこと～」神戸防災技術者の会，2008年，p. 64。

(7)　神戸市「阪神・淡路大震災―神戸市の記録1995年―」1996年，p. 200。

(8)　神戸市消防局編『阪神・淡路大震災における火災状況』神戸市防災安全公社／東京法令出版，p. 8。

(9)　神戸市「阪神・淡路大震災―神戸市の記録1995年―」1996年，p. 32。

(10)　神戸大学室崎教授調査結果（『朝日新聞』1995年5月18日）。

第3章
「2段階都市計画」が開いた制度変革の扉

1　震災復興における行政の責務

どのように震災復興事業を進めるか

阪神・淡路大震災の発生で，大都市である神戸市は甚大な損害を受けた。未明の災害のため，政府は的確な情報収集すらできず，政府のトップは何も対策を打ち出せず，時間だけが経過した。当時の政府は内閣総理大臣（村山富市）の責任下で対策を実施することを検討したが，危機管理対応の法制度の準備不足から断念することとなった。その結果，形式的には従来型の，被災自治体が直接復興事業を実施する方向で進めることで幕引きがなされた。[(1)]

ただ，震災からの復興を担当しなければならない政府内の部局となる当時の建設省（現：国土交通省）は，現実的な動きをしていた。

1月17日午後から，国土庁長官を団長に，自治相，防衛庁長官ら15省庁20名が自衛隊機で被災地に向かった。被災現地に到着後に，別行動していた野坂浩賢建設相は，淡路島，神戸市などを夕刻にヘリコプターで視察した後の会見で，「高架が横倒しになった阪神高速道路の復旧に約2年，国道43号の復旧に約3カ月，被災者のための仮設住宅を2週間で約3,000戸建てる用意がある」と述べた。また「省内の専門家8名で構成する調査団を結成し，18日から現地で本格的な調査と，高速道路が倒壊した原因を究明する」と報告した。

神戸市役所は震災発生から3日後の1月19日までに，職員による激甚被災地区の現地調査を進め，被災の実態とその特徴について概ねの整理をつけた。

1月20日夕方には，建設省都市局（現：国土交通省都市・地域整備局）他の幹部と職員が，神戸市の復興事業に対する政府サポートとしての協議のため神戸市に足を踏み入れた。

この動きは，それまでに都市計画や住宅行政の業務の分野で，国と神戸市とで結んできた人的パイプを通じて，市の要請を受けて，国の担当部局が直接動いたものである。

国と市との間で早急に議論し，決めなければならないことがあった。具体的に，復興事業地区をどの区域に適用するか，どのような事業を実施するかであった。

まず，明確となったのが，市が施行する復興事業の区域であった。前章で述べたように，大規模に被災した地域は，第２次世界大戦で米軍機の空襲を免れ，戦後の戦災復興事業が行われなかった地域で，道路や公園の基盤が脆弱なため，大規模火災が集中した地域であった。すなわち，戦後の復興期に，地方から大都市への人口集中が起こり，建物が過密状態で建設され，老朽木造住宅密集市街地になっていた地域である。

道路や公園等の基盤が不足した地域の復興は，被災者が自宅の再建をするまでに，不足している道路や公園を拡充し，安全なまちとして復興させ，災害への脆弱性を改善することが急務である。それには，土地区画整理事業や再開発事業のように，面的に道路や公園を拡充整備し，宅地を利用増進する事業を，行政が事業者となって施行するのが常道であった。なぜなら，公共施設拡充には宅地の権利者との権利調整や補償が必要となり，自宅再建する個人等の自主性に任せられないからである。ただし，個人の財産権に対して制限が伴うため，事業の公共性を説明できる根拠を明白にして，早期に決定していく必要があった。

市が責務として復興事業する区域は，広い区域で被災が集中した地区と，基盤整備の整備状況，そして公共事業の補助金の根拠となる都市計画道路の整備状況を整理して，次の見地から選定が確定した。

ｉ）骨格的な都市計画道路の整備はされているが，面的な市街地整備が未実施の密集市街地で，火災や倒壊が集中した地域

ⅱ）耕地整理や戦災復興事業による区画整理は済んでいるが，古い街区構成

で老朽化した建物が大量に倒壊した防災上の安全の向上を図るべき地域

iii）都市計画道路が未整備で，火災や倒壊が集中した地域

復興事業に不可欠な課題の調整——国家事業と同等に

事業区域や手法を固めた上で，さらに不可欠なことは，被災自治体としては，まず，手厚い補助金を国から認めてもらうことであった。それには震災からの復興という特殊性と，従来の補助金制度との調整であった。

阪神・淡路大震災は，大都市である神戸市と阪神間の都市が広域的に被災した災害である。単に被災した自治体の問題ではなく，復興は国家として取り組むべき問題であった。国で事業ができない場合には，広域的かつ大規模に被災した自治体は，莫大な事業費に対する国からの補助金の確保だけではなく補助裏と呼ばれる地方負担分の財源の確保が難しいために，これまでの補助事業の枠を越え，自治体の負担をなくす補助システムの構築を求めた。従来は，災害が発生したときには，自治体を手厚く補助する特別の財源が用意はされていたが，阪神・淡路大震災規模の大震災をカバーするには全く不足するため，新たな財源の確保も必要であった。

そのための論理として，都市基盤が脆弱で被災したところを，単なる復旧や復興するだけではなく，二度と同じ災害を繰り返さない，安全と安心の課題に対応できる「創造的な復興」をテーマにした。神戸市から，復興事業の実施に関して，国の様々な支援を要望する際に用いた用語である(2)。市長や議会を筆頭にして，内閣や立法府に陳情等を繰り返し，行政の担当者も，各省庁に被災の状況と復興に必要な措置や見積額を説明しに上京した。

国は１月の時点では明解な方針は回答できていないが，国会での首相や大臣からの答弁で，特別法の検討等で被災自治体の負担軽減を図る意向を示した。震災復興事業を実施する自治体は，かつての戦災復興事業や，通常の災害復旧補助の際に，自治体負担が10％程度になることを期待して，事業に踏み出すことになった。その具体的な結果は，本書の第５章で説明している。

神戸市は，具体的にどの地区を神戸市が施行者となって復興事業をするかの

表3－1　緊急に都市機能の再生のため整備を急ぐ地域

地区名	森南	六甲道駅周辺	三宮	松本	御菅	新長田駅周辺
面積（ha）	19	28	75	9	10	92
予定事業等	区画整理	区画整理・再開発	地区計画	区画整理	区画整理	区画整理・再開発

方針を，震災発生から１週間で案をまとめ，建設省と協議して，10日後にはその方針を固めた。

震災復興事業を実施しなければならない神戸市は，それに必要な都市計画決定について，当時の法律ではわずか２カ月で手続きを済まさなければならないため，行政の責務として実施する地域を，震災から２週間経った１月31日に，表３－１の「緊急整備地域」として発表した。

対象となった区域は，火災消失による大規模に被災及び倒壊家屋が多く，再建には基盤整備を同時に実施しなければ安全なまちに復興できないと判断された地域と，三宮地区は基盤があるため，神戸の都心にふさわしい景観を維持するために，建物の建築形態を定める「地区計画」を導入する地域であった。図３－１に震災復興事業対象区域と戦災復興土地区画整理事業等区域の関係を示しているが，明らかに戦災復興事業が実施されぬまま都市基盤が脆弱であった地域と見事に重なっている。

早期復興への法律上の新たな課題――超難題！　２カ月で計画を定めよ

復興事業の方針を決めると，新たな課題が現れてきた。公共事業として事業化するための都市計画の手続きをいつから始めればよいかであった。いいかえれば，いつまでに具体的な復興計画を被災地区の住民に説明して，早期に合意が取れるよう努力し，手続きに着手すればよいかである。

市は当初，復興計画の案を作成するために，しっかりとした復興のビジョンである「神戸市復興計画」を策定して，それに基づく創造的な復興事業の計画を策定して事業を実施したいと考えていた。

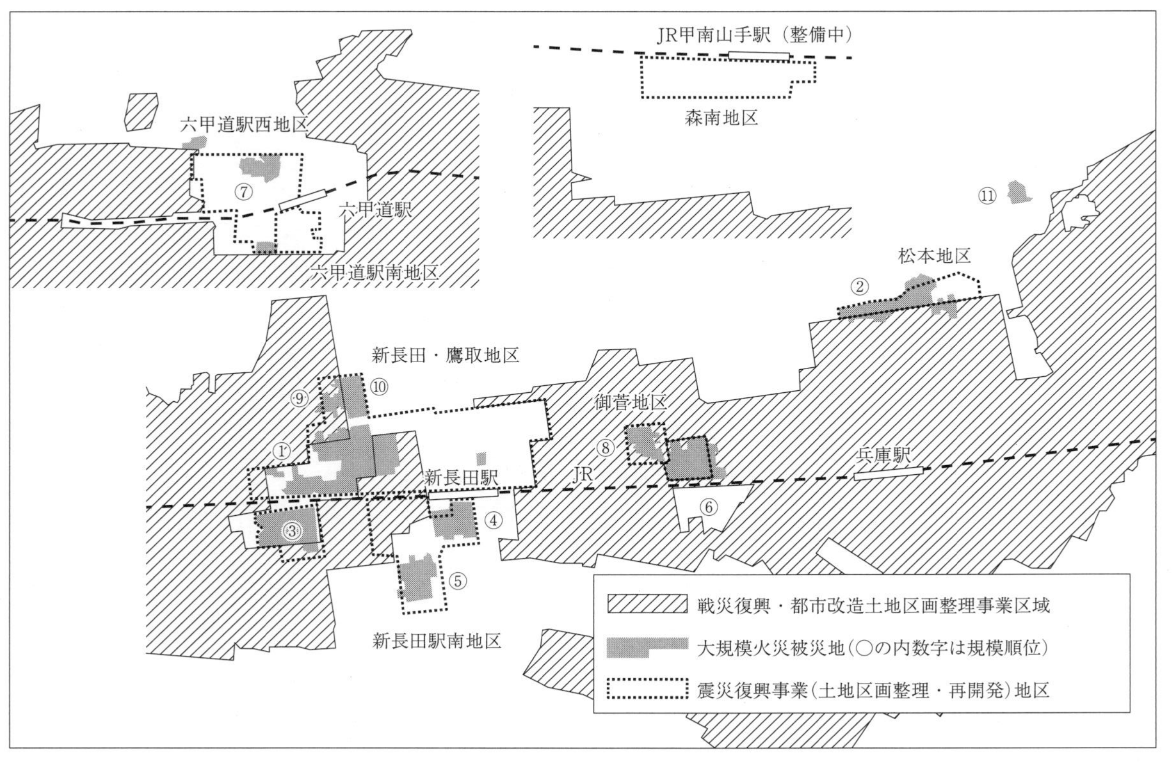

図３－１　震災復興事業区域と戦災復興土地区画整理事業等区域の関係図

表3－2　建築基準法による災害時の建築制限

（被災市街地における建築制限）
第84条　特定行政庁は，市街地に災害のあった場合において都市計画または土地区画整理法による土地区画整理事業のため必要があると認めるときは，区域を指定し，災害が発生した日から一月以内の期間を限り，その区域内における建築物を制限し，または禁止することができる。*
2　特定行政庁は，建設大臣の承認を得た場合においては，さらに一月を越えない範囲内において前項の期間を延長することができる。

注：＊　区域内で建設できるものは，①主要構造部が木造，鉄骨造，コンクリートブロック造等で，階数が2階以下で，かつ，地階を有しないもの。②地方公共団体が復興事業の一環として行うもの。③応急仮設建築物，工事用仮設建築物等。

表3－3　酒田市の被災直後の手続き行程

年	月	日	手続き等
1976	10	29	火災の発生（32ha）
	11	4	建築基準法第84条
		8	都市計画案の縦覧・意見書（2週間）
		24	都市計画地方審議会（知事決定）
		26	土地区画整理事業の都市計画決定告示
		27	土地区画整理事業の事業計画縦覧
	12	18	土地区画整理事業の設計の概要の認可
		28	土地区画整理事業の事業計画決定告示
		29	（火災発生から2カ月）

しかし国は，復興事業を実施するなら，都市計画案が確定するまでに事業に支障となる建物や工作物が建築されないよう，建築規制をしなければならないという考え方を示した。規制行政には必ず法律の根拠を求めなければならない。根拠は建築基準法の第84条であり，それに明記された建築制限できる期間は災害発生の日から最長で2カ月であった（表3－2）。

具体的な事例は，表3－3に示した大規模火災が1976年10月29日に発生した山形県酒田市の火災復興事業（面積32ha）の手続きだった。被災の現地調査が行われ，建築基準法第84条の建築制限が，11月4日から災害発生から2カ月の12月28日までの期間に適用された。そして，2カ月の建築制限が課される中で，土地区画整理事業の都市計画決定告示が11月26日に，土地区画整理事業の事業計画決定の公告が12月28日に行われている。災害（火災）発生から2カ月で，事業化までの手続きが見事に完了していた。確かにやってできないわけではないことを示した事例であった。

しかし，1980年代以降は住民参加や住民主体のまちづくりが求められる時代となっていた。都市計画事業を進める場合には，実質的な住民参加を図る。通常時には，事業を企画立案した段階から，住民や地権者，あるいは自治会などの組織や関係者に理解を求める。事業区域の設定の考え方や，事業手法の内容，都市計画決定された後の行為の制限，用地の買収や土地の譲渡所得税の優遇措置，事前買い取り制度の内容と手続きなどである。何度も説明会を開催し，質問等に答えながら進めていくというのが一般的である。まして，住民と行政が協働でまちづくりを進めるには，住民の参加を得て，十分に話し合い，整備計画案の理解を得て進める必要があった。それには，少なくても数カ月，一般的には1年を超える程度の時間が必要である。

しかし「安全神話」の浸透で，時代に即した災害対応への備えの油断が生じ，政府の危機管理の発想を鈍らせてしまった。つまり，1976年当時の酒田市での建築基準法第84条を前提とした対処があまりにうまくはかどったことで，法律が定めた2カ月の建築制限期間の運用に過信ができた。しかも，その後の都市計画をめぐる情勢が，手続きの民主化が進んだことへの配慮を欠いていた。さらに，大都市直下型の地震の震動で消防水利が使えない状況となり，酒田市の被災規模を遙かに超える大規模火災の被災状況を想定すらできなかったと言えよう。

さらに，震災発生直後は非常時で，特殊な事情が存在した。被災地では，居住していた住宅や，商っていた商店の損壊等の混乱が生じただけではなく，住所地の住民の大半が，近くに開設された数カ所の避難所や遠くの知人宅に避難して不在，あるいは所在不確定の人々も多数いた。つまり，この特殊性のため，計画の策定に住民参加を得るには，所在地の確認と連絡だけで相当の期間が必要になる。その上で，復興のまちづくり計画についての意見を聞くとなると，さらにどれくらいの期間が必要になるか全く見当がつかない。

酒田市の事例を踏襲するなら，1日たりとも時間に余裕はない。しかも，神戸市内で発生した大規模火災の被災地域の範囲は，1カ所でも酒田市の被災規模を超えている。しかもそれが何カ所になるかもはっきりとしない。明確な被災区域を確定する詳細な調査をするにも何日もかかる。さらに加えて，具体的に図面を作成するにも，都市計画部局の入っていた市役所の建物が倒壊し，図面のほか，根拠となる資料も手元になく，作業スペースも不足する厳しい環境下にあった。

仮に，図面ができても，復興事業の具体的な詳細計画を策定し，被災住民に説明し，理解を得て，面的整備の都市計画決定と事業計画の認可をとるまでに，最低でも３カ月は必要だと神戸市側では考えた。

そこで，何とか建築制限できる期間をより長く設定できないか，方法について国と協議相談した。発効日を震災発生の日ではなく，余震が続いているので，延伸できないか。回答は，法律では発効日は災害の発生日と規定されており，それを遅らせることはできない。それでは，根拠法の建築基準法を改正する[(3)]か，新たな特別立法で期限を延長することができるよう重ねて要望をした。しかし，１月の段階では，法改正や新たな法律はできないとの回答であった[(4)]。

結果的には，震災から２カ月で都市計画を決定する以外の選択肢は残らなかった。

2　窮余の策としての「２段階都市計画」

超難題の解決には非常時の発想で

建築基準法の改正も，非常時の手法を定めた特別法も準備できないなら，震災からわずか２カ月で都市計画を決定しなければ，行政主導の大規模被災地の復興事業が実施できないこととなる。

そうなれば，非常時のやり方で，一般的な手法を変えるしかない。それには，法律の枠の中で解釈を広げて，創造的な手法を考案しなければならない。「窮鼠猫をかむ」という諺がある。窮地に追い込まれた場合には，常識外の行動や思考が引き出されることもあるという喩えである。

窮余の策が編み出された。従来の都市計画上必要な手続きのうち，復興事業を行政の責務で行う部分を簡素化して，事業の手法や区域だけを決める。区域面積が大きければ，災害時の避難路となる幹線道路と防災公園となる近隣公園だけを決める。すなわち大枠だけを決めることを基本とした。大震災という非常事態下における復興のための緊急命題への答えでもあった。

通常時であれば行わなければならない住民参加に必要な諸行為は，不在住民が多いことと，大枠だけしか決めていないため，詳細は住民が戻れるようになってから，参加を図って意見を聞けばよいと考えた。

これは，国や地方の経験ある都市計画担当者の知恵を集めた結果，考え得る最善の手法の創出であったが，それは「走りながら考える」ような前代未聞の方策でもあった。まさに，これまで経験したことのない震災直後の非常事態ならではの方法でもあった。

神戸市の幹部職員には住民参加を進める自信あり

窮余の策として「2段階都市計画」という前代未聞の策を実行できた背景には何があったか。

国や県の行政と違い，市町村は住民と直接接するのが日常である。神戸市では1970年代から，都市計画やまちづくりの様々な場面で住民参加を推進して，行政と住民とは時には激しく，あるいは，侃々諤々の議論をして，事業化を図ってきた。多くの地域で多様なまちづくりの具体化を図ってきた経験を積んだ職員が，当時，幹部職員として多数従事していた。

1969年の神戸市長選挙で革新市長として当選した（故）宮崎辰雄市長（1969～1989年の5期）の時代には，1970年代に住民との「参加と対話」を推進し，1981年には住民参加型のまちづくりを推進する「神戸市まちづくり条例（正式名称：神戸市地区計画及びまちづくり協定等に関する条例）」を定めたことは有名である。その条例を定めた時の都市計画局長であった（故）笹山幸俊氏が，阪神・淡路大震災が発生した時の市長（1989～2001年の3期）であった。土木工学を専攻して，市役所に採用以来，戦災復興事業に長年関わり，高度経済成長期の変貌する時期に，都市計画を担当する幹部職員として部下を引率してきた。また，その間には当時の建設省の役人と，事業の実践で信頼という太いパイプを形成してきた。特に，戦災復興事業では，復興土地区画整理事業2,200ha の完了までの間，権利者の声に耳を傾け，解決の方法を探る中で，直に住民との対話，住民参加を実践してきた。

その市長が震災復興の事業を実施するトップにいたことと，それまでに都市計画やまちづくりの現場で，職員にも知識と実践的な経験が培われてきたからこそ，わずか２カ月の期間しかない中で，窮余の策を考え出し，「２段階都市計画」手法に不可欠な住民参加の方法を導き出すという考えに自信を持っていたと考えるのは当然であろう。

神戸市独特の「住民参加」とは

震災から２カ月という時間内の「第１段階の都市計画」の間にできなかった住民参加を，「第２段階」までにどのように進めるのか。その成算はあったのだろうか。

また，どのような「住民参加」が実現できると考えたのであろうか。

「住民参加」といっても，従来は行政が進める基本計画や事業計画策定時に行う，閲覧や縦覧，公聴会，説明会，意見交換会，意見書の提出などである。

一般的には，行政が案を作成する前の段階や，作成した後の公聴会での口頭陳述や，文書で意見書を提出する形式が多い。ただ，個人の意思で行うため，個人意見を聴く，意見を提出するなどのため，意見がバラバラになり，グループごとに分かれてしまうことが多い。その際に，個人間やグループ間で意見をまとめることとなると，住民間の意見対立が起こることはしばしばある。多様な意見が並行して出されると，行政はそれらに対応することが困難になることもある。

神戸市では，1970年代から住民参加の活動が活発化し，参加と対話の中から，住民が集まり，意見を発言し集約する「場」として，「まちづくり協議会（以下：協議会)」という形式が試行錯誤で積み上げられ，ある形に集約されてきた。

具体的な事例として，1970年に JR 兵庫駅と姫路を結ぶ山陽電鉄の板宿駅の地下化に伴う関連主要幹線道路を整備するために，神戸市施行の土地区画整理事業の事業採択がなされた。1971年に事業計画を発表したが，建物移転を迫られる板宿地区の住民や商業者から，事業に対する反対の声があがった。住民と行政の話し合いが続けられ，1972年10月に地元住民31名と，市側委員6名による「板宿地区都市計画協議会」が結成された。協議会の場で，住民に身近な事柄を話し合い，道路網整備のあり方や換地設計の考え方などの意見が出され，それらが事業計画に反映された。協議会の場を通じて，施行者から事業の進め方，仮換地の進捗，工事の状況が地区住民に説明され，それを住民側が理解して進めることができた。

同様の土地区画整理事業で，東灘区の東灘山手地区で1975年に「東灘山手地区まちづくり協議会」が，兵庫区の上沢地区で1977年に「上沢地区町づくり連絡協議会」が設立され，地区住民や地権者との対話の場が開かれ，事業の進捗が図られた。

これらの全国に先駆けて形式化された「まちづくり協議会方式」は，1981年に「神戸市まちづくり条例」が定められた際に，「まちづくり協議会」として定義され，実践的に活動を進められるよう手続きの流れが法文化された。地区内の住民が自主的に協議会を結成できるよう，専門家の派遣や活動助成，あるいは相談所の開設などを，行政側から支援も行ってきた。条例の制定過程や性格の変遷については次章で詳述する。

そして，兵庫区の浜山地区では，条例施行後の1989年に土地区画整理事業の事業化にあたって，制度化された手順に従い，「浜山地区まちづくり協議会」が結成された。震災発生時にもまちづくり活動をしていた1つの事例である。

震災復興事業における「2段階都市計画」では，第1段階の後で，まず協議会を結成してもらい，協議会の場で住民間の意見を出し合い，そこで意見をまとめて提案してもらう。市長は提案された案を受けて，事業計画など「第2段階」の都市計画に反映して定めればよい。その事例も，市長には震災前から，条例に基づく「まちづくり提案」として受理し，提案内容を尊重して，住民主体型のまちづくりを実践してきた実績があった。

実績事例が現実にあることで，被災した住民には理解されるであろう。反対

表３－４　被災市街地復興推進地域と震災復興事業の概要

事業名	土地区画整理事業					再開発事業		被災率
地区名	森南	六甲道駅西	松本	御菅	新長田・鷹取	六甲道駅南	新長田駅南	神戸市内平均
面積（ha）	16.7	19.7	8.9	10.1	69.2	5.9	20.0	―
被災率（%）	66	68	81	88	86	65	83	33

注：被災率＝（全壊＋全焼＋半壊）÷全棟数×100%

が続いても，根気よく住民参加型のシステムと手続きの流れを説明し，理解してもらえれば，協議会の結成に動いてくれるだろう。そんな思い，あるいは成算が神戸市側にはあったのである。

3　復興都市計画の公表

大枠としての第１段階の都市計画

第１段階の都市計画は，行政の責務で復興事業を進めるために，その内容の第１は，事業区域と事業手法として，土地区画整理事業あるいは再開発事業を明らかにした。計画決定の内容は表３－４及び先の図３－１の破線で示した土地区画整理事業地区５地区と，再開発事業地区２地区であった。

さらに，２月26日に特別立法された第５章で詳述する「被災市街地復興特別措置法」による「被災市街地復興推進地域」であった。震災で被災した市街地を被災自治体が復興事業を推進するための特別の権限の付与と，政府からの別枠の財政的支援の根拠とする都市計画決定の内容である。

第２は，事業を進めるためと，国庫補助金を導入する根拠として必要になる表３－５に示す骨格となる幅員17mの道路（新長田駅北地区の五位池線だけ22mから25mに拡幅）と，防災の基幹となる面積１ha以上の公園の決定及び変更であった。御菅地区に，道路と公園の施設を決めていないのは，中央に幅員30mの長田線があり，地区に接して小学校と公園併せて１ha規模の空間があるため，都市施設は決定する必要がなかったからである。

表3－5　第1段階の都市計画としての都市計画施設（道路・公園）の内容

事業	地区名		都市計画道路（幅員）	都市計画公園（面積）
土地区画整理	森　南		*森本山線*（15m→17m）＋駅前広場（3000m²） 本庄本山線（13m）	―
	六甲道駅西		六甲町線（17m）	六甲道北公園（1ha）
	松　本		松本線（17m）	―
	御　菅		―	―
	新長田・鷹取	新長田駅北	*五位池線*（22m→25m），神楽御屋敷線（17m） 神楽西代線（17m），松野御屋敷線（17m）	水笠通公園（1ha）
		鷹取東	―	千歳公園（1.3ha）
再開発	六甲道駅南		六甲道駅南線（22m），六甲道駅南線（15m） 六甲道駅前公園線（自歩専：15m），桜口深田線（13m） 六甲道駅南1号線（13m），同2号線（13m），同3号線（8m）	六甲道南公園（1ha）
	新長田駅南		*五位池線*（22m→27m），新長田駅東線（17m），新長田駅南線（17m），腕塚線（13m），久保線（13m），二葉線（13m），新長田駅南1～3号線（13m），新長田駅南4～6号線（8m），若松公園線（自歩専：8m）ほか3路線は変更	*若松公園*（1.2ha→1.9ha）

注：斜体字は道路の線形変更・公園の規模変更。

都市計画道路を決めない御菅地区と鷹取東地区は，「被災市街地復興推進地域」で「被災市街地復興土地区画整理事業」が可能となり，一般財源から道路面積増加分の用地費用等の補助が可能になったことと，道路を決める「道路特別会計」と，予算的には区分するからでもあった。

なお，再開発事業は再開発ビルの規模や高さを定める必要があるため，基盤となる道路と公園施設を決定しなければならない。そのために，再開発は大枠ではなく，細部にわたる都市施設の計画になっている点は，土地区画整理事業とは異なる。

この2つの要素が，案公表後の被災地住民等の反発，そして第1段階の都市計画に対する膨大な数の意見書の提出という事態につながった。

表3－6　震災発生から第1段階の都市計画決定までの手続き

月	日	事項
1月	17日	阪神・淡路大震災発生
	31日	「震災復興市街地・住宅緊急整備の基本方針」発表
2月	1日	建築基準法第84条による建築制限（～2/16） まちづくり相談開始（サンボーホール）
	5日	まちづくりニュース第1号（建築制限）
	17日	建築基準法第84条による建築制限の期間延長（～3/16）
	21日	震災復興都市計画（8地区）内容の発表
	22日	現地相談所開設（3/31まで）
	23日	まちづくりニュース第3号（まちづくり案）
	26日	被災市街地復興特別措置法の施行
	28日	都市計画案（被災市街地復興推進地域，区画整理，再開発，道路，公園）の縦覧開始（3/13まで）
3月	14日	神戸市都市計画審議会
	16日	兵庫県都市計画地方審議会
	17日	都市計画決定告示（被災市街地復興推進地域，区画整理，再開発，道路，公園）

何も聞かされない住民は反対へ

震災復興事業の大枠としての自治体がその責務で進めるための都市計画の手続きは，着々と進められた。その都市計画決定までの手続きの経過を表3－6に示す。1月31日に手続きの起点となる「震災復興市街地・住宅緊急整備の基本方針」が，新聞や市の広報紙で対外的に市民に明らかにされた。2月21日に具体的な事業手法やその区域（8地区）が同様に公表された。住民への具体的な周知や相談は，22日から被災地の近くに「現地相談所」を設けて，職員を派遣し，住民からの質問や意見に対応した。その後2月28日から3月13日まで2週間の期間で，正式な都市計画の案の縦覧が始まった。

当然，事業区域に含まれた地権者や住民は，そんなやり方に理解・納得するはずはなかった。避難所を中心に反対の声があがったのも当然であった。その内容を振り返ると，要するに，土地区画整理事業，再開発事業のほか一部地区計画の事業手法とその区域，主要な幹線道路と近隣公園の配置とイメージ図だけの大枠の計画であり，具体的な詳細計画の内容は標準タイプの設計案だけだった。そのため，反対の理由は，やり方が一方的で権力的で横暴だとするものと，土地区画整理事業になると減歩されるので反対だといった内容に大きく整理される。

突然の大規模災害の発生で全国から集まってきたマスコミの記者は，その間の非常時の状況をしっかりとは把握できないまま，一方的な行政側の発表の仕方に対し，住民側の立場になって新聞記事を書き，テレビ報道が続けられた。その際に，学識経験者の意見が参考として求められたが，通常時の進め方と比較して手続きに疑問があるとする意見が補足的に報道された。このような報道の仕方は，非常事態に慣れず，危機管理意識の希薄さから仕方がなかったのかもしれない。

「減歩率」という言葉に踊らされたマスコミと地権者の誤解

土地区画整理事業の計画が公表されると，常に「減歩率」だけが話題になるが，その「減歩」という響きが，単なる誤解と風評被害をもたらした。

土地区画整理事業の目的として，⑴公共施設の整備改善，⑵宅地の利用増進が，土地区画整理法に明記されている。⑴は，平たく言えば，道路や公園等の公共施設の割合が少ない地域に，公共施設の配置密度，すなわち道路幅員や公園面積を増やすことである。⑵は，それによって日照や通風を改善し，宅地に供給されるライフラインの整備や管理をしやすくして居住環境を良くし，また，自動車が効率よく宅地に接近できるようにすることである。これらによって，災害への対応力を高め，緊急時の車のアクセス力を増進させる。

事業には，事業計画書の中で2つの帳簿ができる。第1は土地の面積の帳簿として，事業の前と後の数値が記入される。第2の事業収支の帳簿には，事業の収入と支出が記入される。

まず，土地の面積の帳簿を考えよう。土地は，宅地や農地のように個人の所有の土地と，道路や公園，河川，鉄道などの公共施設の土地に分けられる。事業により，公共施設を整備改善すると，公共用地の面積が増え，宅地の面積が減ることになる。ただし，密集市街地と呼ばれる地域では，私道と呼ばれる，人や車の通路機能のほか，ライフラインである水道や下水またはガス管の地下供給空間，さらに電気や電話の線の敷設空間として使われる民有の土地が存在する。これらは従前は各宅地の一部に含まれるが，拡幅されて公道になれば，公共施設になる。

一般に，宅地が私道にしか面しない場合には，建物を建築する場合に建築基準法（第42条）で，私道を含む宅地のそれぞれの境界線から，それぞれの宅地側に2mを「みなし道路」として空ける（セットバック）ことが義務づけられている。その場合，みなし道路の部分の土地は建築の敷地面積から除外され，残る宅地の面積に対して，建物の1階を建てられる割合（建ぺい率）と，延べ床面積の割合（容積率）が決められている。そのため，現状で2m程度しかない私道も，建物の建て替えが進めば，敷地境界から両側に2mずつセットバックし，計4mの「私道」空間が形成され，その地下や上空の空間にライフラインが整備されることになる。

「私道」の場合には，煩わしい面がある。それぞれの宅地までのライフラインは個人所有となるため，公道から離れた宅地の場合には，自分の所有の私道だけではなく他人の私道の中にも埋設させてもらうことになる。そのため，建築がバラバラに進むと，そのつど私道は掘り返され，工事完了後に舗装はされるものの，路面はパッチワーク状になり，表面はガタガタになっているのが常である。管理は私道所有者全員となり，煩わしく大変だからと，私道を公道として引き取ってほしいとの依頼が自治体には寄せられるが，幅員4mでは1車線しか取れず，駐車されると誰もがいつでも通れる道路にはならないため，歩行者専用道路や通学路等でもない場合には公道として引き取らないことが多い。

密集市街地の平均宅地面積は60～70m^{2}と言われる。典型的な宅地70m^2（7m×10m）を参考にして，みなし道路がどの程度の割合になっているかを説明する。図3-2のように，短辺が私道に接している場合，みなし道路は隣地境界から2mとなり，その面積14m^2（2m×7m）は，建築敷地面積から除外され，結果56m^{2}となり，全宅地面積の80%しか使えないことである。

あらためて土地区画整理事業に話を戻す。事業では，望ましい土地利用を定

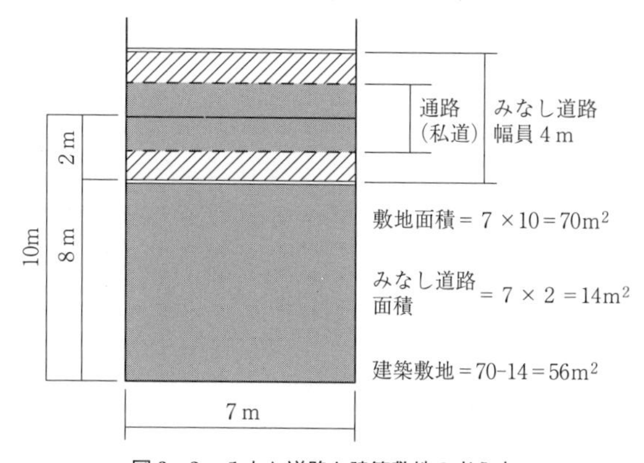

図3−2 みなし道路と建築敷地の考え方

表3−7 減歩率の計算式

$$減歩率[\%] = \frac{事業前の宅地の総面積 - 事業後の宅地の総面積}{事業前の宅地の総面積} \times 100$$

$$\fallingdotseq \frac{増加した公共用地面積}{事業前の宅地の総面積} \times 100$$

め，道路や公園の公共施設をどのように配置するかの事業計画の認可を得て決める。それに基づき宅地の配置（換地）を決め，工事を始めることになる。それに伴って，土地の面積の帳簿がつくられる。

脆弱な都市基盤と言われる従前の公共用地率は，10〜20％程度である。良好な市街地になった後の公共用地率は40％程度だが，それを超える場合もある。その前後の差が事業によって生み出される割合である。仮に，土地の帳簿が，民間宅地と公共用地の2種類しかなければ，増える公共施設の割合は，概ねは「減歩率」に近い数値になる。ただし，減歩率は厳格には表3−7の減歩率の計算式で計算される。

そこで，現実の話に戻すと，脆弱な都市基盤の地域で，100m×100mの街区を考えると，街区の回りに6mの公道しかないところでは，計算上11.64％の公共用地率になる。言い換えると，その中の宅地へのアクセスは，全てが私道に依存している。そのみなし道路部分の私道4m部分を全て公道にすれば，前述の場合，単純には20%が計算上公共用地となり（厳格には6mの公道に接していれば不要だが，その部分は公園に充てると考える），全体で29.3%程度となる。道路の幅員を6mにすれば，単純にはそれぞれ3mずつに負担が増えるので，公共用地率は，厳密には38.1%となる。この場合の減歩率は，従前の全宅地の面積に対する増やす公共用地面積の割合だから，30%である。

震災復興事業を進めるに当たって，地権者はどの程度の減歩率で進められるかが心配の中心になることを想定し，神戸市では都市計画の手続きに入る前の2月15日に，「高度な防災機能を持った都市づくりを目指すため，復興土地区画整理事業地区の道路や公園などの公共用地率を30%以上にすることを明らかにし，そのために必要な用地は地権者からの買収と提供の比率である『減歩率』によるが，減歩率は10%未満に抑える」方針を公表した。[(5)] 本来30%程度必要な減歩率を10%未満にするのには，若干の工夫が必要である。

もう一つの事業費の収支の帳簿は，支出は測量や設計費，工事費，ライフラインの移設や新設費などである。収入は国からの補助金（自治体の裏負担も含む）等である。補助金の算定の根拠は，地区内の未拡幅の都市計画道路や公園の増加面積分の用地取得相当額と，その部分を整備する工事費等である。都市計画が決定した道路には，補助金という形で国から費用が入る。その対象となる都市計画道路の幅員が6mにまで広げられた。つまり，未整備の都市計画道路を拡幅するのに必要な用地の買収費用が補助金となる。その補助金で，震災当初から地区外に転出したいと考えている人の宅地を買収する。その買収した宅地の合計の面積分を，土地台帳の事業前の宅地面積から減じ，事業前の公共用地に加算する。こうすることで，事業前の公共用地率が増えて，事業のために提供する比率である減歩率が減る。現実に，復興事業が完了した時には，表3-8に示すように，森南の3地区を除くほとんどの地区で，最終減歩率9%前後となっている。

逆に考えると，私道部分拡幅の半分程度しか負担していないことになる。言い換えると，私道の「みなし道路」の半分，わずか1m程度（両側で2m）の負担で，事業後は対面交通の可能な幅員6mの公道の宅地に接することになっ

表3-8　事業前後の公共用地率と最終減歩率

地区名	森南第1	森南第2	森南第3	六甲道駅北	六甲道駅西	松本
前公共用地率（%）	19.87	20.81	28.74	22.57	10.19	14.53
後公共用地率（%）	28.14	23.08	31.48	41.69	34.59	41.43
公共用地増加率（%）	8.27	2.27	2.74	19.12	24.40	26.90
最終減歩率（%）	0.02	0.02	0.24	8.51	12.19	8.51

地区名	御菅東	御菅西	新長田駅北	鷹取東第1	鷹取東第2
前公共用地率（%）	22.95	25.44	17.92	20.59	23.08
後公共用地率（%）	46.90	42.91	40.33	39.28	43.00
公共用地増加率（%）	23.95	17.47	22.41	18.69	19.92
最終減歩率（%）	10.52	6.41	15.07	8.75	9.17

たことになる。

また前例に示したように，私道の場合には，建築対象の建築敷地面積は56m²になるが，減歩率9％なら，同面積が63m²にまで増えることになっている。形式上の減歩はあるが，実質的に建築敷地面積は7m²増えるので，現状より1階部分の面積や延床面積も増やすことができる。まさに，「減歩」という名の負担はあったが，土地区画整理事業による土地の利用増進の恩恵である。

事業反対の行動の要因となったのは，「減歩率」という一人歩きした見かけの言葉であり，それに惑わされ，誤解して，短気になって行動を起こしたのではないだろうか。その行為が，真実を理解しようとする行為を妨げ，「風評被害」のように全国に行政批判が駆けめぐった。そのことが，被災の現地で，早期に自宅再建を望み，基盤整備する事業を望んだ地権者を疑心暗鬼にさせ，不安を与えてしまったのも事実であった。

「土地神話」を批判してきたマスコミが，実態や事業手法の内実を把握することもなく，「減歩」という言葉のマイナスイメージと，高価格の土地をただ取りされるという誤解でもって，地権者の心理を惑わせたことは反省するべきである。

4 「2段階都市計画」制度の誕生

都市計画決定の表舞台へ

こうして反対の声が被災地を駆けめぐった，そして，2月28日から2週間，都市計画案の縦覧と意見書の提出が行われ，3月14日に神戸市都市計画審議会が開催された。会場の神戸市役所には朝からマスコミが詰めかけ，反対グループの人々が，開催阻止のため会場封鎖の行動をとった。行政職員がスクラムを組み，審議会委員の安全を確保して会場に迎え入れるといった異様な雰囲気が覆う中，審議会は開催された。都市計画案の説明とともに，2,367通の提出された意見書の概要が説明された。意見書の主な内容は，住民の参加を経ず一方的に都市計画案を決めたこと。新たな道路計画は不要であること。道路の拡幅は必要ないこと。特に，1ha 規模の防災公園の規模が大きすぎること。事業でコミュニティが破壊されることなどであった。[(6)] さらに，8人から口頭陳述があり，それに対する神戸市の意見が説明された。

5時間を超える慎重な審議と，審議会会長からの付帯意見が採択されて，案は妥当とする旨の市長への答申が出された。その際につけられた付帯意見[(7)]は，

i）住民と積極的に協議すること，

ii）住民の合意を得ること，

iii）土地の減歩率をできるだけ引き下げること，

iv）住民への情報を伝える体制を整えること，

であった。

3月16日には兵庫県都市計画地方審議会に都市計画案が諮問された。震災復興事業が計画された神戸市・阪神間の都市と淡路島地区の内外の人々からの3,565通の意見書が出され，7人からの口頭陳述もあった。審議の結果，案は妥当であるとして，県知事に答申が出された。

「2段階都市計画」の呼称

震災復興事業のために必要な都市計画の手続きの期間がわずか2カ月しかなかったため，従来の発想を転換し，手続きを，第1段階で大枠の計画，第2段階で詳細の計画の2段階に分ける画期的な手法が，窮余の策として採用された。

「2段階都市計画」という呼称は，公式的には第1段階の都市計画が行われた直後の兵庫県知事の発言が最初という事実もある。

ただし行政内部では，都市計画縦覧手続きの段階から非公式ながら用いられていた。[8]「2段階」という考え方は，都市計画の分野では，それまでにもいくつもの事例があったからであった。「大都市地域における住宅及び住宅地の供給の促進に関する特別措置法」による，「促進区域」といった事業前と事業化を2段階に区分して都市計画を定める方式もその1つである。さらに市街化農地の宅地並み課税が実施される際に，農地を宅地化農地と生産農地に分け，宅地化農地には細街路等の基盤整備をするが，生産農地は大圃場とし道路の舗装も地下埋設物を入れないという整備の第1段階と，その後に生産農地の宅地化で細街路網と地下埋設物を整備する第2段階とに分ける手法も「段階型土地区画整理」[9]と呼ばれた。

このように，第1段階では都市計画の方針や大枠を決定し，第2段階で詳細な内容を定めるというのが，これまでの事例に見られる「2段階」の手法である。

「住民主権型」都市計画の提起

ただし，今回の場合は，第1段階で行政側が大枠を，その後に住民参加のための「時間軸」を導入して推進し，住民の意見を反映して第2段階で具体的な都市計画を決定する手法である。住民参加のために「時間軸」を導入することは今回が初めてのケースであり，画期的な手法となった。

その背景を紹介しよう。

この「2段階都市計画」手法は当然それまでの平時の手法とは全く異なるため，行政権限の乱用であるというマスコミ等の意見が新聞やテレビ等で広まった。都市計画案を最終的に審議する兵庫県都市計画地方審議会では3,565通の意見書が提出された。こうした事態を受けて，都市計画の決定権者である当時の兵庫県の貝原俊民知事は，「第１段階の都市計画は住民の合意が不十分であっても一応決定する。被災地の混乱がある程度落ち着き，復旧作業が軌道に乗り始めると関係住民が帰ってくるから，その時点で，住民全体で詳細な都市計画を充分協議する。そこで，もし第１段階の都市計画を修正しなければならないようであれば，さかのぼって修正して最終的な都市計画決定をしてはどうか[(10)]」という都市計画の修正のための「第２段階」をあらかじめ用意する大胆な発想の「２段階都市計画」を提案し，その点について，県下の関係自治体の長の了解を求めた。そして，審議会で都市計画の原案が可決され，知事に答申がなされた後の記者会見で「具体的なまちづくり案は住民と今後の話し合いで決まる。その時，今回の決定を修正するべきだとなれば柔軟に対応する[(11)]」と表明した。

この大枠の第１段階の都市計画の決定後は，住民参加を経て，第２段階の都市計画では，住民の声を聞いて都市計画の内容を変えること，すなわち住民が詳細計画を決めるとする兵庫県知事の発言が公表された。

要するに「２段階都市計画」は，第２段階目に限定されるが，住民自身が計画案を作成すれば，都市計画案の変更も採択することを意味することであり，初めて単なる呼称だけではない「住民主権型」都市計画という重要な意味を持つ言葉となった。それは，それまでの機関委任事務としての都市計画の決定までのそれまでの「重さ」を考えると，「変革」を意味する言葉でもあった。

まさに，大震災という外部からの荒波が，都市計画という分野ではあったが，その歴史の中で，新たな「変革」のうねりを生み出したのである。

都市計画の決定権限

ここで少し都市計画法の歴史的経緯を説明したい。明治維新後に江戸から東京に呼称が変わり，首都として世界の人々が集まるようになり，江戸時代の町並みは大規模火災を発生させることや，移動のための馬車の通行に不便であるため，欧米風の街並みに変えることを目的に，1889年に「東京市区改正条例」が定められた。その後，日本は産業革命を成し遂げ，近代化に向けて，全国でも，工業都市として産業や住宅が都市に集中したことによる問題が発生した。そのため，東京以外にも市区改正条例の適用を求める声があがり，1919年に，大阪，京都，横浜，名古屋，神戸を対象とする（旧）都市計画法が制定され，その後大都市や中核都市に適用拡大していった。しかし，名称には都市を計画するとあるが，国として産業を育成し国土の発展を達成するため，計画の決定は国（内務省）に権限があった。都市は，その手続きのための書類を作成することが主な仕事であった。

近代化を達成した日本は，その後，資源をめぐって争った第2次世界大戦で敗戦を迎え，民主化とともに，戦災からの復興を目指した。戦後10年で戦前レベルまで復興すると，世界の冷戦構造下の自由主義・資本主義陣営の発展の中で，高度経済成長を求めた産業集積の波が，再び大都市に押し寄せた。都市への産業と人口の集積に対して，都市が無秩序に拡大する「スプロール化」の問題が発生し，（旧）都市計画法では対応できなくなったため，1968年に現在の「都市計画法」に大改正された。8種類の用途地域のほか，市街化を図るべき区域と抑制する区域の線引き制度や，開発許可制度が創設されただけではなく，手続きの決定権限が，国から都道府県知事に機関委任事務として委任された。また，手続きの民主化として，縦覧制度や意見書の提出，公聴会制度などの「住民参加」の制度も新たに導入された。都市計画を定める際の視点は，国レベルから，都道府県レベルで考えるまでにレベルダウンされたが，市町村レベル，さらには住民レベルであり方を考えるまでにはならなかった。基本的には，都市計画原案の作成は都道府県が行っていたため，都市計画審議会にまで案件が上がると，住民の意見書が出たとしても，意見通りに変更されることはほとんどあり得なかった。

都市計画の決定権限は本来の地方自治体の手に

震災発生から4年後の1999年制定（2000年施行）となった「地方分権の推進

を図るための関係法律の整備等に関する法律」（通称「地方分権一括法」）により，475の法律の一部改正として，都市計画法も改正された。都市計画決定の権限が都道府県知事から，自治体の基礎単位である市町村に委譲された。ようやく地域，住民，ルールの３要素を持つ地方自治体が，都市計画を自らの都市像のもとで進めることができるようになった。

このように，都市計画の基本となる仕組みについて，震災を挟んで大きな変革期を迎えた。震災発生当時，復興の都市計画を決める事務は，機関委任事務として行われたが，５年後の2000年から，自治事務として地方自治体の責任と判断となり，また，都市計画の決定権限そのものが市町村に委譲された。

明治から昭和の時代まで，都市計画をその都市の権限で決められないという状況が続いたが，平成に入り，震災を経て，ようやく都市そのものを管理する自治体の手に権限が与えられることとなった。

5　住民主権型都市計画の新たな地平を開いた「２段階都市計画」

前代未聞とはいえ，従来の進め方を工夫して編み出された「２段階都市計画」は，従来ではできなかった，非常時なればこその新たな手法であった。

その最大の成果は，時代が中央集権から地方分権へ，そして地域主権へと潮流が変化する中で，それまでの都市計画を決定する権者が，広域を見る県レベルの目から判断する都道府県知事から，ある意味で「第２段階」という条件はつくが，都市の主人公である住民に地区の都市計画を定める権限が委譲されたような形が実現したことである。

それは，「住民主権」という都市計画の未来の形を先取りすることとなったとも言えよう。

２段階都市計画の第１段階では，都市を計画する責任と義務のある地方自治体が，区域とか手法といったしっかりとした大枠だけを決める。その条件の中で，第２段階では対象となる地区の住民が，まちづくりを考える有志の会であるまちづくり協議会等の組織を結成する。協議会の場で専門家を交えて議論し，行政にとって無理難題でないまちづくり計画案であれば,「まちづくり提案」という形式で提案できる。それを,実質的に行政側が尊重することで,第2段階の都市計画に反映させる。形式的には,決定権限を住民には委譲していないが,実質的には委譲した「住民主権」の形にすることを示した。

住民側はそうした活動を通じて,それまでの地区を単なる住民の眼で捉えるだけではなく,少し上空から「鳥の眼」で都市計画のあり方を考えることと,広く公平性を考える行政の視点を学ぶ機会も得る。反対だけを続けても,地域が変わる方向は描けない。総論をしっかり論じ,その上で各論の調整もする。その中で痛みを共有することも多々あることも学ぶこととなる。

また,行政側にとっても,従来型で進めた場合,対立の中で「説得」行為だけを続けても,住民側の納得が得られるまでに,莫大な時間がかかる。それに,仮に権限による強行突破の道を選べば,結果的に住民側との対立状況をさらに激化させることになり,事業中断という結果になるかもしれない。

その意味で,大枠を決めた後は,その理念や骨子を守ってもらえれば対象区域の住民の総意に任せる。その際に,大枠を崩さない変更案であれば受領するという覚悟をすれば,対立課題は住民間での話し合いの中で調整が進められ,納得条件にまで達し,結果的には事業化が決まる。その経過の中で相互の信頼感を築くことができれば,工事等でもスムーズな執行が可能になる。まさに,「急がば回れ」であろう。

都市を計画する。これは全くの新開発地に自由に絵を描くことばかりではない。既成市街地においても,社会ニーズの変動の中で,都市という人口と産業の受け皿は,自ら変革しなければ未来に適合できなくなる。それが都市計画事業の宿命である。

住民にすれば,ある日突然に都市の将来像と改造計画が示されるのは,「青天の霹靂」である。そこからは,住民と行政の痛み分けで解決策を探す試行錯誤が始まる。住民にとって,高邁なビジョンは専門家や行政職員に勝てないが,地域の歴史や課題は住民が一番よく理解している。それを論語の「由らしむべし知らしむべからず」的な発想で,役人が都市計画を進めようとするのは腑に落ちないと，地域住民は常に思っている。その上，現状では都市計画には住民参加が制度化されてはいるが，その具体的な手法については検討されてこなかった。住民に知らしむべからずではなく，住民側が考えるための情報提供や専門家の派遣も進め，話し合う時間と場ができれば，現実的なプランを描くことができる。まさに，震災からの復興という非常事態ではあったが，第２段階の都市計画で，住民主権の形態を実践することができた。

このように，２段階都市計画の創設によって，都市計画は住民に決定権限の一部を委譲できる新たな地平を開くことになったのである。

注・引用文献

(1) その詳しい経緯は，中山久憲『神戸の震災復興事業―２段階都市計画とまちづくり提案―』（学芸出版社，2011年）の第１章で述べている。

(2) 神戸まちづくり協議会連絡会・こうべまちづくりセンター編 『震災復興まちづくり「本音を語る」』阪神大震災復興「市民まちづくり支援ネットワーク」1999年，p. 45-51。

(3) 東日本大震災では，阪神・淡路大震災の反省を受けた形で，震災から１カ月半の2011年４月29日に制定した「東日本大震災により甚大な被害を受けた市街地における建築制限の特例に関する法律」のわずか２条の法律で，建築基準法第84条の規定によらず，災害発生の日から６カ月間，さらに特定行政庁が必要を認めるときには，さらに２カ月の建築制限ができることとなった。

(4) 神戸まちづくり協議会連絡会・こうべまちづくりセンター編，前掲，p. 45。

(5) 『読売新聞』1995年２月16日夕刊。

(6) 意見書の内訳は，住民への周知の問題を含む全体的な意見が約1,000件，地区別には森南地区が約530件，六甲道駅西・北地区約70件，六甲道駅南地区約460件，松本地区約50件，御管地区約30件，新長田・鷹取地区70件，新長田駅南地区約50件であった。

(7) 三井康壽『防災行政と都市づくり』信山社，2007年，p. 296-298。

(8) 前掲，中山久憲『神戸の震災復興事業―２段階都市計画とまちづくり提案―』p. 78-79。

(9) 1982年８月13日建設省都市局区画整理課長通達「段階土地区画整理事業の施行について」。

(10) 貝原俊民『大震災100日の記録―兵庫県知事の手記―』ぎょうせい，1996年，p. 190-195。貝原俊民『兵庫県知事の阪神大震災―15年の記録―』丸善，2009年，p. 159-160。

(11) 『神戸新聞』1995年３月17日。

第4章
住民主体型事業を支える神戸市まちづくり条例

1　神戸市まちづくり条例の制定と住民参加の推進

2段階都市計画と住民参加

阪神・淡路大震災の復興事業をいかに進めるか。行政として，安全な市街地として蘇らせるためには，都市基盤整備と建物再建を同時に行う面的整備事業が適していると考えた。それには，行政に責任と権限を付与する法的根拠として，都市計画法の手続きが必要であった。しかし，その手続き上の最大の問題は，通常でも1年近くかかる面的整備の都市計画事業の計画決定の手続きを，最長でも災害発生から2カ月で完了しなければならないことであった。

非常時の手段として採用された手法は，「2段階都市計画」と呼称される，従来の手続きを2つに分割した手法であった。震災から2カ月で決定した「第1段階の都市計画」は，ある意味では強引とも言えるやり方で，大枠の都市計画だけを決定した。そのために，最大の課題は，行政の進め方に対する住民の大反発の中，いかに「第2段階の都市計画」に住民参加を担保できるかであった。

その点では先述したように，住民が直接まちづくりに参加できるような仕組みと，その過程から生み出された協働化の様々な経験，そして神戸市のトップである市長や都市計画・住宅部局の幹部に，住民参加型まちづくりの知識と経験が培われていた。

つまり，市長の責務を明文化した（通称）「神戸市まちづくり条例」によって，住民参加の方法やプロセスについての手順が示され，それによる活動実績もあったのである。

この条例は，震災の14年前の1981年に制定されたものである。正式名称は「神戸市地区計画及びまちづくり協定等に関する条例」で，名前からは地区計画やまちづくり協定という，都市計画や建築のための規制を進めることを意味する。この条例のどこに，復興事業のための住民参加を図る内容が収められ，どのように機能することができたのであろうか。

そこで，まず，この条例の誕生からまちづくりに活用されるまでの経過を説明する。

神戸市における住民参加型まちづくりの基礎

神戸市の住民参加型まちづくりといえば「真野地区」である。神戸市というより，全国的にもまちづくりの「元祖」として知られており，日本でまちづくりが課題となった1970年代に，現地に入った多くの研究者やコンサルタントが学んだ地区である。

真野地区は，神戸市長田区の南部に位置する工場地域で，戦後，神戸というより日本の重工業が復興し，発展した頃から，大企業の下請け工場が林立して，産業を下から支えてきた地区であった。

職住近接型で住工混在型の土地利用が進んできた中で，1965年に，新たな工場進出に対する公害追放運動が地域住民から起こった。当時はまだ廃棄物の処理技術が未熟な時期であった。環境問題を考える住民運動が功を奏して，工場は進出を諦めることとなった。その跡地を，住民からの要請を受けて市が買収した。この運動を契機に，地域が主体となって，住環境をはじめ教育・福祉を取り込んで地域の総合問題として取り組み始め，まちづくり運動へと発展することとなった。

また，その時期の1978年に，神戸市は，住宅が密集し，都市基盤が不足する地域に対して，診断と治療のための「市街地整備のための環境カルテ」（通称：環境カルテ）を公表した[(1)]。これをきっかけに，地区の住民が参加してまちづくりのための団体を結成し，専門家の派遣を受けてその知恵を借りながら，生活環境を改善する目的で，主体的にまちづくり活動の実践がなされるようになった。

神戸市はこうした住民主体のまちづくり活動を奨励し，さらに，活動が円滑に行われるように支援制度を作った。団体活動に必要な活動助成金を支援する「神戸市まちづくり助成制度」(1977年）や，まちづくりに関する専門家やコンサルタントを派遣できる「神戸市まち・すまいづくりコンサルタント派遣制度」(1978年）などである。

真野地区では，1978年12月に，住民・事業者・学識経験者・行政による提案機関としての「真野地区まちづくり検討会議」が結成された。検討会議の場では，準工業地域の用途規制の中で，住宅と工場が共存・共栄でき，人口を定着させ，居住環境を維持できる土地利用計画が議論された。地域の工場経営者から，あるいは，工場で働き老朽化した長屋に居住する住民などから，利害が相反する意見が湧出した。地区ごとに小集会が開催され，議論の結果，構想案（たたき台）が大筋で合意し，まとめられた。その構想が1980年７月に，「真野まちづくり構想―こんなまちにしたいな―」として神戸市長に提案された。その構想の構成の軸は図４－１に示した。

その中で，まちの「将来像」は３つの柱で構成された。

「土地利用構想」として，地域を２つの街区に設定して区分する。工場の建設を抑制し，住環境の維持に努める『住宅街区』と，逆に共同住宅を抑制する『工場街区』である。

「道路構想」としては，幅８ｍと12ｍの地区（幹線）道路と，６ｍの区画道路，４ｍの緑道（歩行者専用道路）の配置計画を設定する。

「建物構想」としては，道路構想に併せて，セットバックで実現する地区ごとの建物の整備案が設定された。

「将来像」の具体的な実現として，「第１期まちづくり実施計画」を明示した。

「ルールづくり」は，建物建設時のセットバック，建物用途の規制等である。

「物づくり」は，市営住宅の建設，道路の隅切りの整備，コミュニティセンターのための用地確保などである。

そして，住民主体型のまちづくりを実践推進するため，検討会議の構成員か

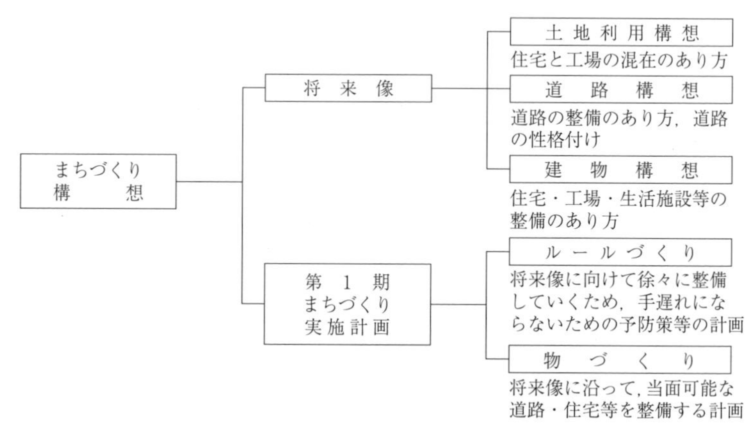

図4－1　真野まちづくり構想の構成

らあえて行政職員を除いた，住民・事業者と学識経験者・専門家だけの新たな組織として「真野地区まちづくり推進会」への参加を呼びかけて，同年の11月には正式に推進会が設立された。

地区計画の委任条例制定の義務化

1968年に（新）都市計画法が定められ，用途地域は5種類から8種類に細分化され，土地利用計画において規制されることとなった。しかし，1970年代後半から，8種類の用途地域では住民が求める住環境を実現できないため，1980年に都市計画法が改正され，「地区計画」制度が創設された。地区の土地利用の方針と地区整備計画で構成される「地区詳細計画」を定めることで，より細かな土地利用規制ができることとなった。

全国画一の一般法である都市計画法と建築基準法により定められた用途地域の建物用途や形態規制の内容に，地区限定型とはいえ，上乗せの規制を課することとなる。これは法学上の比例原則に反するため，地区計画の都市計画決定の手続きに先立って，対象地区の住民等に上乗せ規制への合意をとる必要が生じる。そのために，自治体は対象地区の住民等に地区計画の素案を公表・説明し，独自の方法で，素案を縦覧し，意見書の提出ができる手続きを義務づけた。

表4－1　都市計画法第16条第2項

（公聴会の開催等） 第16条 2　都市計画に定める地区計画等の案は，意見の提出方法その他の政令で定める事項について条例で定めるところにより，その案に係る区域内の土地の所有者その他政令で定める利害関係を有する者の意見を求めて作成するものとする。

要するに，通常の都市計画決定手続きの前に，事前に地区計画の規制内容に原則的に反対がない（合意がとれた）ことを確認するのである。

そのために，地区計画を進める自治体に対して，都市計画法第16条第2項（表4－1）で住民の意見の提出方法等を条例に定める旨を明記した。さらに，建設省（現：国土交通省）は，全国の自治体に，具体的にどのような手続きで地区計画を策定するかの「地区計画策定マニュアル検討調査」を委託した。

神戸市独自の地区計画策定までのプロセス

1980年に神戸市は，建設省から「マニュアル検討調査」を受託し，まちづくり手法を検討してきた真野地区をモデルに地区計画のパイロットプラン作成の検討を行った。

神戸市では，これまでのまちづくりの実績や真野地区の実践経験から，地区計画の地区整備計画等を住民の意見を聞いてまとめ，それを都市計画で決定する方法では，住民の理解は得にくい。住民主体型のまちづくりとしては，住民自身の主体的な参加を得て，自分たちのまちを自分たちで良くする構想案を考え，それに基づき住民間で試行的に実践し，改善等の検討を実施した上で，法的拘束力の生じる地区整備計画案に進む。このような「積み上げ方式」の手続きを踏むやり方が必要だという意見でまとまった[(2)]。

その考え方と手続きを整理すると，次のようになる。

まちづくりの発意は，基本的にはまちの課題を解決したいと考える一部の人たちによって起こる。地区固有の歴史的，地理的，地形的な事情の中から，独自のまちづくりの発想が生まれてくる。こうした発意から，まちの課題を解決するためにまちづくりを進めたいと考える共通目的を持つまちの有志の人たちで「まちづくり協議会」（以下「協議会」）を結成する。
つぎに，課題の整理や解決のための道筋，あるいは将来像等を整理検討し，まちづくりの方向性を「まちづくり素案」としてまとめる。一般には，まちづくりとしては「ルールづくり系」と「ものづくり系」の２つがある。
そして，次の段階として，素案を地区全体の住民や事業者に周知・公表し，協議会と住民等で議論して「まちづくり構想」としてまとめる。
ルールづくりを目指す場合は，財産権が制約を受けることとなるため，市長は協議会主催の説明会の開催やアンケートの実施による回答内容から，協議会活動が神戸市の政策の方向に合致し，地区の大多数の総意を得ていると確認し，協議会からの申請により「まちづくり協議会」として認定する。認定を受けた協議会は，まとめたまちづくり構想を市長に「まちづくり提案」として提出する。その中で，建築行為や開発行為にかかる規制内容としての「まちづくり協定（案）」について地区の大多数の同意（積極的な反対がない）を確認できると，協議会と市長は「まちづくり協定」を締結する。
こうして，協定内容が地区内で受け入れられ，遵守されていることが確認できた段階で，住民合意が得られたものと判断する。それにより，協定の内容を，都市計画で「地区整備計画」として，都市計画の手続きを経て決定する。同時に，建築条例を制定することで，「地区整備計画」としての法的実効性を担保することができる。
これは，ある意味で，当時まだ確立されていなかった住民主体型まちづくりを明示した，創造的で先見的な手法の提案でもあった。

神戸市の地区計画の手続きを定めた委任条例案の誕生

建設省はその頃全国から報告された「地区計画策定マニュアル案」を検討し，地区計画等の案に対する意見の提出方法等を定める委任条例のモデル条例案を作成し，市町村に通知した。それは，地区計画の都市計画案を策定する前に，市町村がその素案を対象地域住民に事前に縦覧し，説明会の開催や素案に対する利害関係人の意見を聞く（意見書提出）手続きを規定したものである。

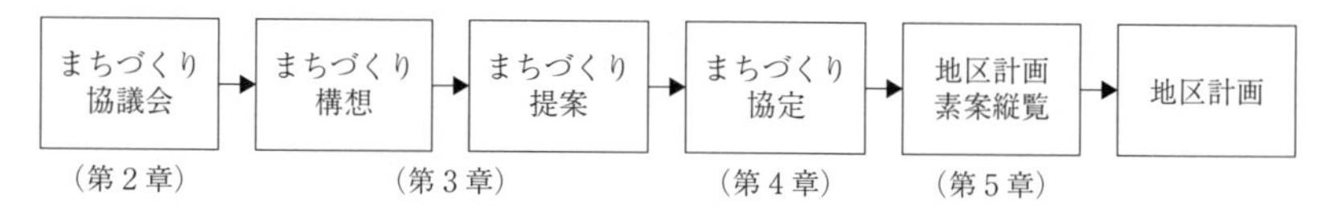

図4－2　神戸市の地区計画の委任条例案の構造

神戸市では「神戸市地区計画検討委員会」を設立し，モデル条例を参考にし，真野地区のまちづくりをモデルとした神戸市の条例の条文の構成をまとめた。その手続きの流れは，図4－2のようにまちづくりの発意から，「まちづくり協議会」の結成と認定，「まちづくり構想」，「まちづくり提案」を経て，地区計画への助走段階としての機能としていったん「まちづくり協定」に進む。緩やかな紳士協定内容が浸透し，地区の住民が理解した段階で，法的拘束力が発生する「地区計画」の都市計画手続きに入る。こうしたステップを一段ずつ上がる手法が，住民の理解が得られやすい住民参加型の「地区計画」の手続きの流れだと考えたのである。

その住民主体のまちづくり活動を法的に支援し推進することと，地区計画の素案縦覧の手続きを市長の責務として定めた委任条例案が，本章末で参考資料として示す正式名称「神戸市地区計画及びまちづくり協定等に関する条例」の内容であった。

2　条例制定までの紆余曲折の経緯

委任条例案の国との事前協議――はみ出し条例は認めぬ

委任条例案を神戸市議会に上程する前に，担当責任者は国側の理解を得るために，建設省都市計画課に説明に行った。しかしながら，建設省の担当者から「ちょっと待て，これはやめろ」と言われた。

その見解は，国はすでに委任条例のモデル条例を示した。それに基づき，市で素案縦覧の手続きを条例化する条文だけでよい。委任条例に，神戸市が独自に「まちづくり提案」や「まちづくり協定」など，法律が委任した内容からはみ出す[3]内容を盛り込むことは，「法の先占領域」（法律が制定されていれば当該領域について条例は制定できない）を越えるから困る，という見解で，事前承認は得られなかった[4]。

その後も，上京して説明を繰り返したが，了解は得られなかった。神戸市が策定しようとする委任条例案は，事前段階で手続きが止まってしまったのであった。

国の救いの声——はみ出し部分は神戸市独自の条例として認める

神戸市の担当責任者は，国が事前協議で認めない以上，独自の委任条例案をあきらめ，モデル条例に従った委任条例部分だけにしなければならないのではないかとあきらめかけた。

その時に，救いの声が挙がった。当時の建設省都市計画課の調整官が「神戸市の条例案はおもしろい」と発言したらしいことが伝わってきた[5]。それを受けて，再上京し，協議が再開された。その結果，この条例案は，委任条例の部分と，それとは分離した神戸市独自のまちづくりの進め方の条例を付加したものとして了解が得られた。

そうなれば，条例の名称や条文等の見直しも必要になるが，その時点では将来のことなどを考える余裕もなく，名称も条文も当初のまま，市議会に上程し，1981年12月23日に神戸市の条例として施行されることになった。

3　神戸市独自のまちづくり条例の誕生

神戸市独自のまちづくり条例と委任条例の関係

建設省が了解した見解に沿って，神戸市の条例は，委任条例の部分と神戸市独自のまちづくりの進め方の条例を合体した形とすることで，条例の構造は解釈上，図4-3のように変わった。

つまり，委任条例を除く部分は，神戸市独自の住民主体のまちづくり条例と解釈することができることとなった。名称自体も，たとえば，「神戸市まちづ

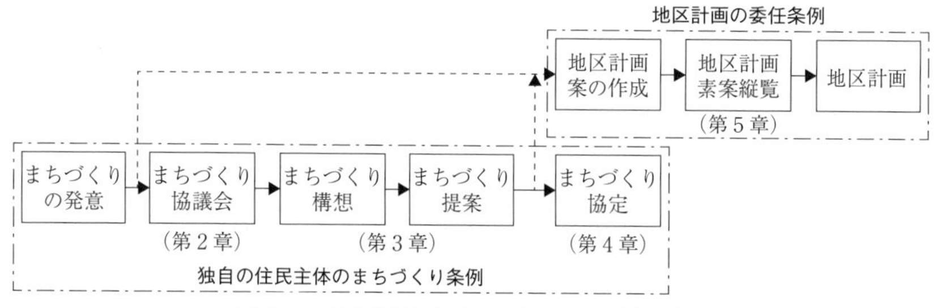

図４−３　委任条例と独自のまちづくり条例の構造

くり及び地区計画に関する条例」となるべきものである。

神戸市独自の住民主体の条例部分が独立して機能できたことで，その後は弾力的な解釈運用が可能となった。現実に，当初想定しなかった形で，神戸市独自のまちづくりに反映されることとなったのである。

その例として，地区計画のモデルとして検討してきた真野地区については，まちづくり協定を地区計画の前段階とする必要がなくなった。協定部分には，地区整備計画では建築行為にあたらないため盛り込めない内容が，独自の地区ルール（協定）として適用できることとなった。たとえば，道路中心から３ｍセットバックによる道路用地の創出，角地での隅切の設置，荷さばき場の設置，自動車の出入口の位置制限などで，地権者や事業者と協議する紳士協定であったが，合意を得て運用できることとなった。

紳士協定であるがその効果は慣習法的に

まちづくり協定がまちづくり協議会と市長の間で締結されると，市長は協定地区内で建築行為や工作物の新築等の行為者に事前届出書を提出させる。行為者は原則として，窓口で，協定内容に配慮するよう求められる。仮に，協定内容に適合しない行為が提出された場合，市長は必要な措置について協議する。また，協議会に届出書の内容について意見を聞くことになっている（条例第12条第３項）。

一般的に，協定内容はあくまで法的拘束力のない紳士協定でしかないため，市長は遵守義務を押しつけることができない。このように，まちづくり協定には行政上の公定力は現実的にはない。

しかし，その場合には，意見を聞かれた協議会は，現実に協定内容が守られなくなれば協定の意義を失うこととなる。そのため，協議会側から行為者（業者）に，協定を定めた地域の課題を説明し，協定内容を遵守するよう働きかける。行為者には法的には遵守の義務はないわけだが，地域社会に受け入れられない工事を強制的に実施することに対する「道義的」リスクを考えることとなる。工事のため，隣接地との調整や資材搬入や重機の安全管理，完成した建物の評判など，施工業者としての地域での信頼等のリスクを現実的に計算すると，協定内容を遵守した方が賢明だという判断になってくる。まさに，地域が定め住民が責任を持って活動するルールによるまちづくりは，住民主体型をさらに発展させるベースが形成されることとなる。

協定内容が遵守された実績事例は，その後の行為者に慣習法的な効果を与えることとなる。行為者は，協定内容に反しても法には反しない建築行為や開発行為の強行を訴訟で訴えれば，紳士協定である限りは勝訴できる。しかし，そのことを遵守者と比較されると，「不埒者」「悪者」のイメージや評判が地域やマスコミに広がることとなり，そのリスクを判断すれば，妥協を探る道をとらざるを得なくなるのである。

現実に，これまで協定に反して工事を強行した事例は出ていない。つまり，慣習法的な効果が浸透したと考えるならば，協議会としての住民側は，潜在的に立法者としての立場を得たことで，「住民主権型」のまちづくりの実践者になることができたのである。

「まちづくり協議会」の活動の主目的の解釈が変わった

委任条例を想定して策定したものが，独自のまちづくり部分が独立したことで，もうひとつ，解釈上・運用上ユニークな理解ができることになった。「まちづくり協議会」（以下「協議会」という）としての性格である。

当初の委任条例案を考えた際の協議会のイメージは，真野地区の「まちづくり構想」を実現・実践する「真野地区まちづくり推進会」（以下「推進会」）を基本とするものだった。推進会は，住民・事業者と学識経験者・専門家により構成される。住民等は専門家の知恵を借りながら，自分たちのまちのあり方を考え，それを実践する組織として設置された。当初の委任条例の考え方では，図4－2に示したように，地区計画に進むまでに「まちづくり構想」を策定し，「まちづくり提案」を提出し，地区住民自ら運用する建築規制のルールとして，市と「まちづくり協定」を締結する。紳士協定であるが，運用して遵守することを働きかけることを大きな目的としていた。そのため協議会の構成員が，住民や事業者だけの素人集団では，建築制限等の詳しい専門的内容をについて行為者に説明ができないため，専門家も協議会の構成員に入れるオープンな形をとり，住民や建築の行為者への充分な説明ができるように配慮されていた。

しかし，委任条例とは独立して運用が認められた条例では，まちづくりの手続きそのものが，地区計画の手続きとは分離されたため，協議会そのものが，直接手続き上，地区計画に関係しなくてもよくなった。その立場で，条例上の協議会の活動目的を解釈すれば，第7条の「住み良いまちづくりを推進するため，住民等の総意を反映して地区のまちづくり構想に係る提案をまちづくり提案として策定することができる」が，独立して，主目的になった。すなわち，協議会の活動における「まちづくり提案」は，地区計画のためだけではなく，独自の領域を持つこととなった。「まちづくり提案」の内容は，単に「まちづくり協定」を結ぶだけではなく，「景観」などの「ルールづくり」，さらに，条文には明記はないが，図4－4に示すような道路や基盤整備などの「ものづくり」をするための「まちづくり提案」も，その範疇に含むことが可能となった。

この解釈ができることとなり，委任条例より前の1978年に定められていた「神戸市都市景観条例」により定義される「景観形成市民団体」も，協議会として位置づけられることとなった。北野地区や，南京町地区，旧居留地地区などである。さらに，「ものづくり」事業として，兵庫区の浜山地区では，1989年に協議会が設立され，1991年に土地区画整理事業がまちづくり提案され，1993年に事業化されたのが一例である。

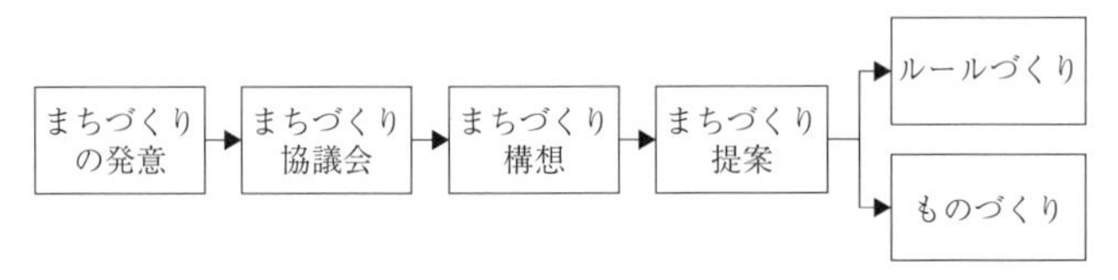

図4－4　住民主体型まちづくりを実現する条例の構造

このように，委任条例の部分から独立したことと，条例内容も大まかに構成された条文であったことで，その時代に適合したまちづくりができる特異な「まちづくり条例」として，運用の幅を広げていくこととなったのである。

まちづくり協議会の性格も変わった――住民主体のまちづくりを進める3つの性格

まちづくり協議会に関係する条文を見てみよう（章末，参考資料）。まず「住民等」の定義は，第2条(5)で「地区内の居住者，事業者及び土地又は家屋の所有者をいう」と定義している。

当初はまちづくり協定や地区計画に関わる建築行為の関係者として想定されていた。それが，まちづくりを目的とする「住民等」の定義と解釈した場合，居住者には賃貸住宅居住者，事業者には賃貸店舗で経営する事業者も含むことから，必ずしも住所要件を持つ人に限定されない。言い換えれば，地区に関わる誰でもが住民等に含まれ，限定できないことである。その上で，協議会の構成員は，第4条第1項(2)で「住民等，まちづくりについて学識経験を有する者その他これらに準ずる者であるもの」と定義している。すなわち，地区内の住民等に，学識経験を有する者（これらに準ずる者すなわちコンサルタント等の専門家等）も含むものである。

以上の点から，協議会を構成するのは，地区内の住民票や登記簿に記載された権利者だけではなく，まちづくりを推進しようとする意志を持った住民や事業者と専門家の有志であればよく，組織は「有志の会」であると言える。

ただし，第4条第1項(1)で「地区の住民等の大多数により設置されていると認められるもの」とあるように，その存在は地区内で広く認知される必要がある。また，大多数が認めるとは，地区に2つとない「唯一」の組織でなければならない。

もうひとつ重要な点は，「まちづくり協議会」の名称から，協議会は協議して意思決定する機関だと誤解されることがあるが，決して意思決定機関ではない点である。「有志の会」である協議会の活動は，地区住民等の大多数の支持が必要条件で，支持がなければ存在すらできない。そして，協議会の最も重要な目的となる「まちづくり提案」では，第７条（前述）で「……住民等の総意を反映して地区のまちづくり構想に係る提案……」とあるように，住民等の総意を得なければならず，意思の決定は住民総意にかかっており，協議会には意思決定権はない。会社の組織にたとえれば，住民等が株主で，協議会は執行役員という関係である。すなわち，協議会の２つ目の性格として，住民等の大多数の支持を受けてまちづくりの原案を作成する「場」であり，大多数の住民等が意見を述べたり，賛否を示す「場」である。

さらに，住民主体型のまちづくりとは，あくまで行政に頼らない自主活動が前提である。「有志の会」である協議会で「住み良いまちづくりを推進する」プランを考え，それを住民全員に説明して総意を得る「場」を提供し，総意を得なければならない。その上で，プランによって生じる利害得失を，行政に依存せず，住民間で調整し，納得させなければならない。すなわち，協議会の３つ目の性格として，まちづくりを実践する「機関」としての性格も加わることである。

この３つの性格を協議会が持ち，活動することで，「住民主体型のまちづくり」実践を示す意義や形態が存在することになった。

しかも，顔の見える地域でのまちづくりにおいては，民主主義の原理である多数決の原理を越えた，大多数の支持を基本とする。争いを避け，できるだけ後にしこりを残さない方法の採用でもある。工業社会の都市づくりには効率化が要求され，都市計画やその予算の意思決定は多数決という欧米流の決定方法が主流あるいは根底にある。しかし，住民主体のまちづくりでは，長く住み続ける知恵として，全員合意が基本原則である。日本人コミュニティの原型であるかつての農業型社会の決定方法であった，時間をかけて１つの方向に収斂させる全会一致的な決定方法がまちづくりに適していることが，条例にはしっかりと組み入れられた形となった。

4 神戸市まちづくり条例は「２段階都市計画」に適合し支えた[6]

阪神・淡路大震災からの復興では，「２段階都市計画」と呼ばれる手法が採用された。「第１段階の都市計画」では，行政の責務として実施する復興事業の手法と区域，骨格となる道路と公園だけの大枠計画を決定した。事業の具体的なプランである詳細計画は，その後に被災地区の住民参加を経て「第２段階の都市計画」として定め，その後の事業認可等に進むこととした。その手続きの流れを図４−５である。なにしろ事例がなく，住民参加と第２段階の都市計画の関係のプロセスは，住民やマスコミからは，どのようなステップを踏むのか，ブラックボックスに見えたに違いない。

この性急な進め方に，事業が予定される地区の住民から反対の声があがり，都市計画案の縦覧で神戸市内では2,367通の意見書が提出された。意見書の主な内容は，住民の参加を経ず一方的に都市計画案を決めたことであった。その他，新たな道路計画は不要であること。道路の拡幅は必要ないこと。特に，１ha 規模の防災公園の規模は大きすぎること。事業でコミュニティが破壊されることなどであった。

しかし，この計画は神戸市都市計画審議会で審議された結果，内容は妥当であるとする旨の答申が出された。ただしその際に，ｉ）住民と積極的に協議する，ii）住民の合意を得る，iii）住民への情報を伝える体制を整える，等の付帯意見がつけられた。

神戸市では，それまでのまちづくりの実践の経験から，図４−５でブラックボックスになっている住民参加は，先の図４−４で示した「ものづくり」を「詳細計画の決定と復興事業」と読み替えることで対処できると考えた。それが，２段階型の都市計画を選択したベースになったと考えられる。そのため，都市計画案を公表したときから，現地相談所で質問や相談に応じながら，「ま

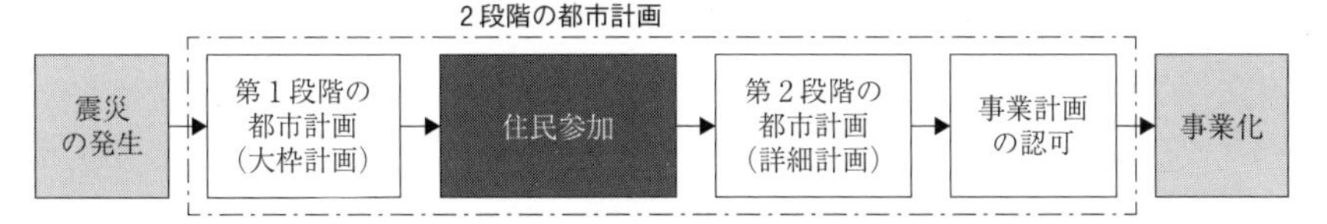

図４−５　第１段階の都市計画から第２段階の都市計画への住民参加のブラックボックス

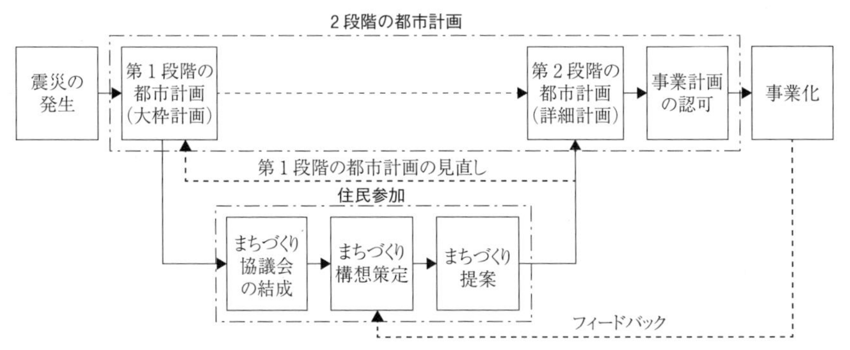

図４−６　２段階の都市計画と住民参加の手続きの流れ

ちづくり協議会」の設立を呼びかけ，経験のないリーダーには専門家派遣や活動助成ができることも併せて説明したことも頷ける。

あらためて，２段階都市計画と条例による住民参加のまちづくりのプロセスを組み込んだのが，図４−６である。

住民には，震災前から条例が存在し，31地区で住民主体のまちづくり，さらに12地区で認定された協議会の実績があることを説明した。それらの実績の説明に納得して，住民は，地区の事情に合った「まちづくり協議会」の結成を目指し，専門家派遣を受けて，住民参加を推進した。結果的に，被災した住民が主体となって復興まちづくり事業を進めることができた。

その住民参加のプロセスを明確にし，住民参加の最終目的を「まちづくり提案」とすることで，それが第２段階の都市計画につながることを制度的に保証したのが，震災の14年前に制定された「神戸市まちづくり条例」である。それによって，市に誘導され，あるいは説得されて，協議会を結成し，活動を始めた協議会のリーダーや役員にとって，明解なゴールが示されることとなった。

また，当初は住民の意見も聞かず強引に進めた行政のやり方に憤りを感じ，対立の姿勢を示していたリーダーたちにとっても，図4-6の流れの中で示した「まちづくり提案」で，その提案が第1段階の都市計画にフィードバックされ，大枠で決めた道路や公園の位置あるいは面積等の規模の変更を目的とすることもできた。さらに，まちづくり提案から第2段階に進んだ後も，行政と協働で事業を進める過程で出てきた新たな課題も，フィードバックされて，まちづくり構想（プラン）に戻り，新たな提案や修正に結びつけることができた。

それらを担保することができたのは，条例第8条のまちづくり提案への配慮としての，「市長は，住み良いまちづくりを推進するための施策の策定及び実施にあたっては，まちづくり提案に配慮するよう努めるものとする」の条文であった。ここには，市長の努力義務が明記されたにすぎない。しかしながら，震災復興事業の2段階都市計画には住民参加の過程が不可欠で，その住民側のゴールが「まちづくり提案」と考えるのは，この条文を根拠とするものである。提案を受けた市長は，物理的や法的，財政的に不可能でなかったら，それを実現することが求められた。また，それが住民と行政の「協働」の実現となった。

また，第3章の2節で述べたように，第2段階で住民に都市計画決定権が一部委譲されることになる意味も，図からも説明されよう。

このように，神戸市条例の独自のまちづくり条例の部分の条文に刻まれたそれぞれの内容は，新たな時代の流れに適合しただけではなく，その要請を深化させ，見事に「2段階都市計画」を支えたと言い切ることができよう。条例作成当時，誰もが想定しなかった，新しい種類のまちづくりという大輪の花を咲かせたのである。

5　神戸市まちづくり条例の先見性

——委任条例の部分も吸収——

阪神・淡路大震災の発生と復興が進む中，日本の都市づくりにおいても，全体が同じ歩調の「金太郎飴」型から，地域の歴史や風土を生かした個性あるま

表4－2　都市計画法第16条第3項

第16条 3　市町村は，前項の条例において，住民又は利害関係人から地区計画等に関する都市計画の決定若しくは変更又は地区計画等の案の内容となるべき事項を申し出る方法を定めることができる。

ちづくりが求められるようになった。それは，地方分権・生活者主権の時代への変貌でもある。

1999年制定の「地方分権一括法」により，都市計画法も改正され，都市計画決定の権限は，都道府県知事から自治体の基礎単位である市町村に委譲された。ようやく地域，住民，ルールの3要素をもつ地方自治体が，自らの都市像のもとで都市計画を進めることができるようになった。このことは，単に自治体の長に明日の都市を委ねるのではない。首長を選んだ市民自身が自分たちの足下を見つめ直し，まちづくりのあり方を考え，次世代に誇りある地域社会の形成を自己責任で改善・維持していかなければならなくなったのだ。

さらに，都市計画法の改正（第16条関係）で，住民に身近な地区計画等について，地域住民や民間事業者からの策定要請を可能とし，その手続きを市町村の条例の中で定めることができるようになった（表4－2）。

この条文の中の，「住民又は利害関係人」を「住民等」あるいは「まちづくり協議会」と定義し，「申し出る方法」を「まちづくり提案」と読み替えれば，まさに神戸市まちづくり条例（委任条例を含む）は，すでにその手続きを定めている条例であると言える。地域住民で構成するまちづくり協議会等から，地区計画の都市計画決定権者になった市長に，地区計画の策定や変更等の都市計画の手続きを，まちづくり提案による手続きによって要請できることが，すでに条例の中に包含されていたと解することができる。

これは1981年に地区計画の委任条例を制定する際に，当時の建設省（現：国土交通省）に事前相談したときに，法の「先占領域」を越えると否定された部分そのものでもある。ある意味で，条例の時代先見性が評価されなかった。時代としては無理からぬところでもある。しかし，神戸市が制定をあきらめかかった際に，当時の建設省の都市計画課の調整官が「おもしろい」と評価したのは，先見性も併せて評価されたのかもしれない。ともかくその発言のおかげで，今日の姿があるわけで，まさに「歴史的岐路」をたどることができる。

現実に，阪神・淡路大震災の神戸市の復興土地区画整理事業地区の中で，各事業地区のまちづくり協議会からの「まちづくり提案」等で，地区計画決定の要請提案がなされ，神戸市はその要請を受けて地区計画を決定している。

震災復興事業地区は密集市街地であったため，地区が抱える課題は，狭小宅地が多く，たとえば松本地区では，換地を予定する宅地のうち54％が60m²未満であった[(7)]。そのために，狭小宅地がさらに減歩された後に，建ぺい率（第1種住居地域の指定で）60％となれば，仮換地指定後に住宅再建する際に，間口の小さな家しか建てられないという悩みが表面化してきた。この問題に対しては，神戸市では震災前からインナーシティ[(8)]での住環境整備を地域ぐるみで推進するために「神戸市インナーシティ長屋街区改善誘導制度」（インナー長屋制度）があった。これを利用すれば，条件として地区計画等の一定のルールを定めれば，街区内のすべての画地に角地の建ぺい率（法定建ぺい率＋10％）を適用できる。市からその制度の紹介を受けた協議会では，仮換地の指定前に地区計画の指定ができるよう，協議会ニュースで制度を解説し，アンケートを実施するなどして，総意としての意見の集約を図った。その際に，単なる建ぺい率の緩和だけではなく，建物の建て方のルールを確立するという意見も反映させて，最低敷地面積を80m²（ただし，仮換地指定の面積がそれ以下の場合には適用外）とすることも地区整備計画の内容に含めて決定している。

地区計画決定の時期は，土地区画整理事業の事業計画決定，土地区画整理審議会選挙，地区計画のまちづくり提案，地区計画素案縦覧，土地区画整理審議会で仮換地案諮問，地区計画決定，仮換地指定という手順の中で行われている。具体的には，事業の進捗の早い地区の六甲道駅西地区，松本地区では1996年11月に行われ，その後順次，1997年2月に六甲道駅北地区，新長田駅北地区，11月には御菅東地区，御菅西地区，鷹取東第2地区（板宿南地区），1998年3月に鷹取東第2地区（千歳地区）が地区計画の都市計画を決定している。

これらの事例は，都市計画法改正の施行（2000年）以前であり，まさに「まちづくり提案」による「地区計画」の要請は，時代の「先見性」の立証である。

6　住民主権型まちづくりの基底となる条例へ

神戸市まちづくり条例は，1970年代の住民参加が問われた時代の先駆けとして制定され，特徴ある地域づくりを先導した。また，阪神・淡路大震災からの復興の際も，住民主体のまちづくりの基礎の役割を担った。柔軟な発想で，ユニークな解釈によって，その時代時代に適合できる仕組みがあったからである。条例は制定当時，必ずしも21世紀の大きな社会変革の時代を想定したものではなかったが，問われ始めた都市計画やまちづくりのあり方を内包したものとして，新しい時代を予見した「住民主権型」のまちづくり条例としての存在意義も確かめられた。

これまでユニークとされてきた神戸市まちづくり条例の内容が，今や時代の大きな変革の中にあって，条例の名称や条文ひとつ変えずとも，その時代に適合できるということも，この条例の存在感の大きさをあらためて実感できるものといえる。

「住民主体型」あるいは「住民主権型」のまちづくりは，これからも様々な形で変化しながら成熟化していくであろう。それはこれまでのように，型にはめて効率的に考えるようなものではないだろう。地域ごとに異なるまちづくりが始まり，それぞれが個性豊かに，人々が活気に満ちたまちの姿に帰結していくことになるだろう。

神戸市まちづくり条例は，住民が主体的にまちづくりを進める上での支柱になるであろう。今後，ある程度時代の姿に合わせた細かな変更は避けられないかもしれないが，そこにあるまちづくりの理念と精神は継承されていくに違いない。

また，これまでに述べたように，２段階都市計画の制度の創設によって，都市計画の決定権の一部を実質的に住民に委譲できる解釈となったのも，神戸市まちづくり条例が先行的に制定され，それに基づくまちづくり協議会やまちづくり提案の手続きを制度的に認めていたことが基底になったからである。「住民主権型」まちづくりが，今後さらに普及していくには，２段階型都市計画制度の展開と各自治体に同様の条例が不可欠になろう。その際には神戸市まちづくり条例がベースになるかもしれないが，制定の経過で説明したように，地区計画の委任条例の部分やまちづくり協定に関する部分を除いた条例の形式，すなわち「まちづくり（の手続きに関する）条例」が理解されやすいであろう。本書では，以降「減災」のまちづくりの進め方を展開する中で，必要となる同様の条例として，第10章参考で，住民主権型「まちづくり（手続き）条例」の骨子案を述べているので参照していただきたい。

注・引用文献

⑴　神戸都市問題研究所編『神戸／海上文化都市への構図』勁草書房，1981年，p. 170–171。
⑵　浅井活太「『神戸市地区計画及びまちづくり条例等に関する条例』について」『都市政策』第27号，1982年，p. 100–104。
⑶　1980年当時，国と地方自治体の間に「条例制定権」をめぐる論争があった。特に，住民の健康や環境を守るために，法令で定めている基準を超える基準値を独自の条例で定める「上乗せ」条例，法令が定めていない領域の基準等を定める「横出し」条例をめぐり，論争や裁判にまで発展した。神戸市の条例案の独自の「まちづくり提案」や「まちづくり協定」は，都市計画法が委任する国が示したモデル条例の上乗せでも横出しでもなく，単なるプロセスを増やしたものを「はみ出し」と表現した。
⑷　垂水英司「神戸のまちづくり　創生期の想いと今」『宙』Vol. 7，こうべまちづくりセンター，2012年，p. 26。
⑸　同前。
⑹　中山久憲「震災復興事業と神戸市まちづくり条例」『都市政策』第147号，2012年，p. 27–34。
⑺　松本地区まちづくり協議会編『松本地区復興記録誌』松本地区震災復興まちづくり発信事業実行委員会，2005年，p. 48。
⑻　欧米及び日本の先進国の工業化の過程で発生した都市問題の一つ。工業化の段階で，都市へ産業と人口が「集中化」し，過密や衛生面の問題が発生した。やがて，集中化を解決するため，都市の外延部に工場が移転し，住宅地も郊外にニュータウンができる「郊外化」が起こった。それによって，中心部の人口や工場が転出し，中心部の活力が低下，あるいは荒廃化する「ドーナツ化」の問題が発生した。その結果と発展途上国の工業化により自国の経済成長が低成長化し，大都市の中心部では新たな投資が行われなくなり，高齢化，購買力の低下，住宅や商業，公共・公益施設の老朽化が継続的に進み，どの国でも解決策が見つけ出せない都市問題が，「インナーシティ」問題と言われることとなった。

参考資料

神戸市地区計画及びまちづくり協定等に関する条例

昭和56年12月23日条例第35条
改正　平成元年３月22日 条例第33号

第１章　総則

（目的）

第１条　この条例は，住民等の参加による住み良いまちづくりを推進するため，都市計画法（昭和43年法律第100号・以下「法」という。）第16条第２項の規定に基づく地区計画等の案の作成手続に関する事項及びまちづくり提案，まちづくり協定等に関する事項について定めることを目的とする。

（定義）

第２条　この条例において，次の各号に掲げる用語の意義は，それぞれ当該各号に定めるところによる。

(1)　まちづくり協議会　第４条の規定により認定された協議会をいう。

(2)　まちづくり提案　第７条の規定により策定された提案をいう。

(3)　まちづくり協定　第９条の規定により締結される協定をいう。

(4)　地区計画等　法第12条の４第１項各号に掲げる計画をいう。

(5)　住民等　地区内の居住者，事業者及び土地又は家屋の所有者をいう。

（市長の基本的責務）

第３条　市長は，住み良いまちづくりを推進するための基本的かつ総合的な施策を策定し，及びこれを実施しなければならない。

第２章　まちづくり協議会

（まちづくり協議会の認定）

第４条　市長は，まちづくり提案の策定，まちづくり協定の締結等により，専ら，地区の住み良いまちづくりを推進することを目的として住民等が設置した協議会で，次の各号に該当するものをまちづくり協議会として認定することができる。

(1)　地区の住民等の大多数により設置されていると認められるもの

(2)　その構成員が，住民等，まちづくりについて学識経験を有する者その他これらに準ずる者であるもの

(3)　その活動が，地区の住民等の大多数の支持を得ていると認められるもの

（まちづくり協議会の認定申請）

第５条　前条の規定による認定を受けようとする住民等の協議会は，規則で定めるところにより，市長に申請しなければならない。

（まちづくり協議会の認定の取消し）

第６条　市長は，第４条の規定により認定したまちづくり協議会が，同条各号の一に該当しなくなったと認めるときその他まちづくり協議会として適当でないと認めるときは，その認定を取り消すものとする。

第３章　まちづくり提案

（まちづくり提案の策定）

第７条　まちづくり協議会は，住み良いまちづくりを推進するため，住民等の総意を反映して地区のまちづくりの構想に係る提案をまちづくり提案として策定することができる。

（まちづくり提案への配慮）

第８条　市長は，住み良いまちづくりを推進するための施策の策定及び実施にあたっては，まちづくり提案に配慮するよう努めるものとする。

第４章　まちづくり協定

（まちづくり協定）

第９条　市長とまちづくり協議会は，住み良いまちづくりを推進するため，次の各号に掲げる事項について定めた協定をまちづくり協定として締結することができる。ただし，地区計画等で定められた事項については，この限りでない。

(1)　協定の名称

(2)　協定の締結の対象となる地区の位置及び区域

(3)　協定の締結の対象となる地区のまちづくりの目標，方針その他住み良いまちづくりを推進するため必要な事項

2　市長は，まちづくり協定を締結しようとするときは，あらかじめ，まちづくり専門委員の意見を聴くものとする

3　市長は，まちづくり協定を締結したときは，その旨を公告しなければならない。

4　前２項の規定は，まちづくり協定を変更する場合について準用する。

（まちづくり協定への配慮）

第10条　住民等は，建築物その他の工作物の新築，増築又は改築，土地の区画形質の変更等を行おう

とするときは，まちづくり協定の内容に配慮しなければならない。

（行為の届出の要請）

第11条　市長及びまちづくり協議会は，まちづくり協定を締結したときは，当該まちづくり協定に係る地区内において，次の各号に掲げる行為を行おうとする者に対し，規則で定めるところにより，あらかじめ，その内容を市長に届け出るように要請することができる。

(1)　建築物その他の工作物の新築，増築若しくは改築又は用途の変更

(2)　土地の区画形質又は用途の変更

(3)　前２号に掲げるもののほか，住み良いまちづくりの推進に影響を及ぼすおそれのある行為で規則で定めるもの

（届出に係る行為についての協議等）

第12条　市長は，前条の規定による要請に基づき届出があった場合において，届出に係る行為がまちづくり協定に適合しないと認めるときは，当該届出をした者と必要な措置について協議することができる。

2　市長は，前項の規定により協議する場合において，必要があると認めるときは，まちづくり専門委員の意見を聴くことができる。

3　まちづくり協議会は，第１項の規定による協議について，市長に意見を述べることができる。

第５章　地区計画等

（地区計画等）

第13条　本章は，法の規定により地区計画等の案の作成手続きに関して必要な事項を定めるものとする。

（地区計画等の案の作成に係る公告及び縦覧）

第14条　市は，地区計画等の案を作成しようとするときは，あらかじめ，その旨並びに当該地区計画等の種類，名称，位置及び区域を公告し，当該地区計画等の案の内容となるべき事項（以下「素案」という。）を２週間公衆の縦覧に供しなければならない。

2　市は，前項の規定により素案を公衆の縦覧に供しようとするときは，あらかじめ，素案の縦覧開始の日及び縦覧場所を公告しなければならない。

（説明会の開催等）

第15条　市は，素案の内容を周知させるため必要があると認めるときは，説明会の開催，広報紙への掲載その他の適切な措置を講じるものとする。

2　市は，前項の規定により説明会を開催しようとするときは，開催の日前７日までに開催の日時及び場所を公告しなければならない。

（意見の提出方法）

第16条　素案に対する意見は，第14条第１項の縦覧開始の日から起算して３週間文書により提出することができる。

第６章　助成等

（まちづくり協議会に係る助成等）

第17条　市長は，まちづくり協議会に対し，技術的援助を行い，又はその活動に要する経費の一部を助成することができる。

（まちづくりに係る助成等）

第18条　市長は，前条に規定するもののほか，住民等のうち住み良いまちづくりの推進のために必要な行為を行うと認める者に対し，技術的援助を行い，又はその行為に要する経費の一部を助成し，若しくは融資することができる。

第７章　まちづくり専門委員

（まちづくり専門委員の設置）

第19条　市は，住み良いまちづくりを推進するため，まちづくり専門委員を置くものとする。

第８章　雑則

（公告の方法）

第20条　第９条第３項（同条第４項において準用する場合を含む。），第14条第１項及び第２項並びに第15条第２項の規定による公告の方法は，神戸市公告式条例（昭和25年８月条例第198号）に規定するところによるほか，当該まちづくり協定又は素案に係る地区内若しくは区域内又はその周辺の適当な場所に掲示して行うものとする。

（施行の細目）

第21条　この条例の施行に関し，必要な事項は規則で定める。

附則

この条例は，規則で定める日から施行する。

（昭和57年２月15日規則第77号により昭和57年２月15日から施行）

附則（平成元年３月22日条例第33号）

この条例は，公布の日から施行する。

第5章
「被災市街地復興特別措置法」の制定と意義
——効率追求から安全追求へ——

1 「被災市街地復興特別措置法」の制定

被災市街地復興特別措置法の制定まで

阪神・淡路大震災が発生した1カ月後の2月17日に「被災市街地復興特別措置法」(以下「特別措置法」)が閣議決定され，国会での立法審議に入った。

特別措置法は，「被災市街地の計画的な整備改善と，復興に必要な住宅の供給に対する特別な措置と国と地方公共団体の責務」を定めるものである。具体的な目的の1つには，広範囲に及ぶ甚大な被災市街地の緊急，かつ健全な復興を図るために，国と被災した自治体に，復興事業を進める責務と，それに必要となる権限を付与することである。

本来ならば阪神・淡路大震災のような，国の統治に重大な支障が生じる甚大な被害が発生した場合，国が直轄で復興事業を実施するべきである。しかし，当時の基本法である「災害対策基本法」には，その準備ができていなかった。そのため，災害対策基本法に基づき，被災した自治体が具体的な復興事業を行うために必要となる特別な施策の権限と責任を明確にし，その見返りとして，事業費に対する国の補助金枠を拡大し，事業を円滑に進める国としての責務を示すものである。

なぜ特別措置法は，突然のように震災復興事業の都市計画の手続きに併せて登場したのか。政府の立法までの動きを新聞の記事からまとめてみる。

震災が発生した1月17日に被災地を視察した野坂浩賢建設相が，今回の震災は関東大震災ほどの被害があったので，特別立法を検討すると発言した[(1)]ことを受けて作業が始まった。1月24日に兵庫県庁を訪れた小里貞利地震対策担当相

表5－1　新たな法律の政府案骨子

・良好な市街地形成を目的に被災地の区画整理事業を進める「促進制度」の活用
・区画整理の対象区域内での土地の交換の例外的容認
・被災者の対象区域内での土地の売却の譲渡益に対する特別控除や課税の優遇策
・対象区域内の住宅確保のための公営住宅への入居予約制度の導入
・区画整理事業の補助率の引き上げや補助対象事業の拡大

出典：『日本経済新聞縮刷版』1997年1月29日。

は，記者会見で，復旧のための特別立法は既に検討を指示していると表明した。[(2)] 1月26日には総括する形で，村山富市総理から特別立法が必要だという発言があった。[(3)]

具体的な法案は，1月28日に建設省から表5－1に示す骨格が発表され，立法作業に着手した。

法案策定後の2月2日に事務次官会議を経て，13日に法案の内容がまとめられ，17日に閣議決定されたのであった。

特別措置法施行のタイミング

特別措置法が閣議決定され，制定・施行となる可能性が明らかになった段階で，国から突然に，法律とそれによる制度の活用の準備をするようにと，兵庫県と神戸市の関係者に連絡があった。

1月28日に特別法としての骨子が公表されたが，月末に国・県・市が合意した震災復興都市計画の手続きの中では，特別措置法の立法化を受けた手続きが必ずしも並行して進んでいたわけではなかった。

具体的には，都市計画の実務者レベルとして，復興事業を行政の責務として事業化するのに必要な都市計画決定までの期間が，建築基準法では最長2カ月しかなく，神戸市は住民参加が担保できないため，その期間を，特別法を定めて半年程度延長できるよう求めた。しかし，建設省からは建築制限の期間延長はできないとの回答がなされている。建設省にとって重要なことは，大蔵省から膨大な額となる復興の財源を確保することであった。そのために，神戸市が要望した半年程度の建築制限期間の延長についての議論だけではなく，立法に必要な内閣法制局や大蔵省対策の作業が優先して進められていたためと考えられる。

ただし，特別措置法を実効させるためには，特別措置法第5条により都市計画に「被災市街地復興推進地域」（以下「復興推進地域」）を定めなければならない。当時，被災自治体と兵庫県は，「2段階都市計画」の「第1段階」である大枠としての事業手法とその区域の都市計画決定についての知事認可が，震災発生から2カ月以内の3月16日までにおりるよう，非常事態下のギリギリの法運用の努力を続けていた。

そのために重要なことは，特別措置法をいつ施行するかのタイミングである。

単純に3月16日にすればよいというのではなかった。都市計画の手続きには，住民参加を図るために，都市計画案の縦覧・意見書の提出など，都市計画審議会開催の前から最低2週間の期間が必要だった。

もし，法の施行日が縦覧開始日より後日であれば，復興推進地域の指定が第1段階の都市計画と同時にはできないことになる。その場合，被災自治体は，従来型の補助制度の枠や事業手法の中でしか責務を果たすことができなくなり，国としても支援の姿勢と復興に対する責務を明らかにすることができなくなってしまう。

さらに，通常の都市計画では手続きに入る前に，その案の概要と手続きの日程等を，新聞や広報紙で周知する必要がある。一般的には1カ月前程度であるが，非常時であることから，正式な都市計画の手続きに入る1週間前の21日に行われる予定となった。

しかし，特別措置法は，まだ国会では可決されていない状況である。それでは，周知の手続きに入れない。そこで，とられた方法は，神戸市が2月23日に発行する「震災まちづくりニュース（第3号）」に，「なお，現在国において『被災市街地復興特別措置法』が検討されていますが，この法律が制定されれば，同法に基づく『被災市街地復興推進地域』を指定して活用していきたいと考えています」とだけ明記された。

特別措置法は，衆議院本会議で21日に可決，参議院本会議で24日に可決され，

26日に法律として成立，施行された。

その2日後の28日に復興都市計画案の縦覧・意見書の提出が開始され，その中に，特別措置法による復興推進地域の手続きも含まれた。

まさに，走りながら考えつつ，薄氷を踏むようなギリギリの日程を設定して，特別措置法は成立し，施行され，震災復興事業を推進する大きな役割を果たすことになったのであった。

特別措置法の制定の意義

この特別措置法によって，都市計画において「復興推進地域」を指定することで，復興事業実施に関して3つの意義が付与された。

第1は，従来の土地区画整理事業では実施できなかった事業手法を可能にし，復興事業の内容の幅を広げ，被災者の生活再建を容易にした。

復興推進地域内で行われる土地区画整理事業は「被災市街地復興土地区画整理事業」(第10条）と位置づけられることで，被災者に様々な特典が用意された。具体的な内容としては，復興推進地域の区域内に保有する土地と建物の売却を希望する権利者から，自治体が買収することを可能にした。しかも，通常ならば事業計画（事業認可）決定後でなければ事業が確定しないためにできない措置を，震災特例として，事業計画以前，特に都市計画決定の認可以降であれば，適用できることとなった。さらに，譲渡所得税の特別控除（通常の1,500万円を5,000万円に拡大）が適用される。これは，被災し，復興事業の進捗を待っていれば商業や業務に支障がある場合に，地区外で新たな土地を取得したり，あるいは建物を賃借，建設するために，地区内での土地売却によって，再建をしやすくすることである。

また，買収する土地面積が増えれば，減歩緩和の措置や換地操作がしやすくなる。

第2は，復興事業を実施しなければならない被災自治体の財政負担を軽減するための震災特例を認めた。

(1)補助制度の枠の拡大である。主要な（都市計画）道路が整備済みである地区に，生活基盤を整備するための区画道路等の整備に必要となる道路面積の増加割合に応じた補助をするため，一般会計から新たな国庫補助制度が創設された。さらに，これまでの道路整備特別会計の区画整理事業地区の補助対象の面積が5haから2haに緩和され，補助基本額に算入される（都市計画）道路の最低幅員も12mから8m（一部6m）に引き下げられた。

⑵被災自治体の財政負担を軽減するために，震災特例の実質的な国の補助率を，戦災復興時と同等の割合まで引き上げた。後の1996年3月19日に，自治省の財政課長名で，自治体の補助金の裏負担に対する起債充当を90％の起債率（通常50％）まで引き上げ，それに対する地方交付税による補塡も80％（通常0％）まで認める措置を通達している。これにより，復興土地区画整理事業の場合，実質の国の補助率は86％（＝0.5＋0.5×0.9×0.8）の高い割合になった。この割合は，戦災復興事業の90％の補助率とほぼ同等となり，国の責務を示したと言える。

第3は，復興推進地域によって復興事業の都市計画決定がなされるまで，災害発生から最長で2年間建築制限を課すことができる法的根拠（第7条）を付与した。

2 「被災市街地復興特別措置法」施行の効果

2年間の建築制限期間は住民との協議のためではなかった

特別措置法制定の狙いは，被災した自治体が，建築基準法第84条による（買取請求権のない）緩やかな建築制限を課している間に，被災地域を明確にして，「復興推進地域」の都市計画だけ決定すればよい。地域指定ができれば，特別措置法による国の責務を果たす手厚い支援を用意する。そして，懸案になっていた建築制限の期間を災害発生から2年以内としたのは，その間，厳しい制限を課す一方で，その間に被災市町村に復興事業を実施する責務を与えたのであった。

その制限の見返りとして，地権者には買取請求権を認め，それを公共事業の収用適格事業として，税制面で優遇することを担保した。言い換えると，「事業認可を取るまでの間に自治体に用地買収を促進させ，それにより事業の促進を図らせる」ことも可能にしたのである。

この「2年間の建築制限」の解釈をめぐって，都市計画案の縦覧期間中に学識経験者やマスコミから「震災発生から2カ月で都市計画決定せずとも，復興事業の計画を被災地域の住民や事業者と協議して，事業の必要性やその内容について検討する時間は2年間ある」とする意見が出された。この論理を根拠に，行政の進める都市計画のやり方は強引で，拙速だという論理を展開した。これはまさに「為にする論理」で，法律のどの条文を探しても，そのような趣旨の内容はない。

要は，被災自治体に2年以内に復興事業を推進させる責務と，一方で，国も責務を認め，自治体への支援を厚くし，結果的に被災者の生活再建の負担を少なく，かつ，少しでも早急にできるように，国としての面子を保持するものだと言えよう。

とにもかくにも，特別措置法は2月26日に施行となり，28日の都市計画案の縦覧に「復興推進地域」の計画区域案が間に合い，3月14日の神戸市都市計画審議会と3月16日の兵庫県都市計画地方審議会で諮られ，3月17日に兵庫県知事から都市計画決定の認可が下りたのであった。これを受けて，建設省は大蔵省に対して震災復興事業のための予算措置を働きかけ，その後は3年間（実質は各年度の繰越の2年間を含めて5年間）にわたり，莫大な予算の獲得に成功することができた。これによって，国の責務の大半を果たすことができたのであった。

特別措置法は「2段階都市計画」を法的に認定

特別措置法と「復興推進地域」の都市計画決定で，一応，国の責務が果たされることとなった。しかし，もうひとつの重大な意義は，事業が進んでいく中で，法の条文には書かれていないところから生まれることとなった。

震災直後，復興事業の遂行は，時間の猶予がない中の窮余の策として，超法規的な解釈による「2段階都市計画」の第1段階の都市計画によって進められることとなった。しかも，第2段階の都市計画は，まさに走りながら考えるといった状況だった。その途中過程で，特別措置法の立法化が並行して進み，法として施行され，第1段階の都市計画に割り込むように同時に「復興推進地域」が決定されたわけであった。

言い換えれば，すでに一般法であった「都市計画法」では超法規的な解釈で進めなければならなかった「2段階都市計画」制度は，「特別法」である特別措置法によって，手続きを段階的に進めてよいという「お墨付き」が与えられたわけである。すなわち，災害発生時に第1段階として「復興推進地域」を定め，2年以内に第2段階として事業化することである。

法的解釈として，特別法が一般法に優先するのだから，第1段階の都市計画で「復興推進地域」が決定された時点で，「2段階都市計画」は超法規的解釈ではなく，特別措置法の解釈でできる仕組みに変化し，法的にも認知されたことになった。

都市計画事業に精通した国・県・市の担当者の経験と知恵で始まった「創造的」な手法は，ある意味で，同時並行的に進んだ特別措置法の立法と施行によってしっかりと制度化されるという偶然の結果となったことは，特筆できることである。

「2段階都市計画」は法律上定義された用語ではないが，東日本大震災の復興や，今後懸念される首都直下地震や南海トラフ地震で，常用できる手法になったことは，この特別措置法の重大かつ制度的な意義であった。

特別措置法の最大の効果――成長・効率追求社会から安全追求社会へ

特別措置法の目的の1つとして，復興推進地域内で行われる土地区画整理事業を「被災市街地復興土地区画整理事業」として，事業を進めるための補助金制度の対象枠の拡大がなされたことはすでに述べた。具体的には，一般会計からの新たな国庫補助制度が創設され，補助対象の面積が5haから2haに緩和され，（都市計画）道路の最低幅員が12mから8m（一実質的には6mで採択）に引き下げられた。

それまでの土地区画整理事業の補助金は，いわゆる「ガソリン税・自動車重量税」を財源とする「道路整備特別会計」からの補助金であった。ガソリンを消費する自動車利用者から徴収するため，全国のガソリン消費者が通常使える道路を対象に整備をすることで，より走行距離を短くし，ガソリンの消費量を少なくする。つまり道路網が効率的に配置され，その結果，生産性が改善され，経済を成長させることにつながるという意味であった。道路の最低幅員が12mというのは，車道を最低2車線と側方余裕で7m確保し，両側に2.5mの歩道を整備すれば，車の運転手は側方の歩行者の行動に注意を集中せずに，前方を注視するだけで済むことで，運転の疲れが軽減できるという考え方に立つ所以である。

被災市街地復興土地区画整理事業における補助対象道路の幅員は，補助幹線道路の12mから，実質的には歩道もない6mにも採択されることとなった。火災が発生し延焼した際に，幅員6mの道路が一定時間遮断効果を発揮した事例から，幅員6mの道路整備にも効果が期待される。それは復興事業に大きな効果をもたらした。

一般的に，私道を中心に車が家の前に止められないような道路基盤の脆弱な密集市街地であったところでは，道路幅を広げ，公道化されるのを住民は望んでいる。しかし，道路を広げると，道路面積が増え，その分は地権者の負担が増す。すなわち土地区画整理事業では減歩率が増すという懸念があり，まちづくりが進まない要因となっていた。しかし，幅員6mの区画道路まで補助金が入るということは，その拡幅に必要な用地面積確保は施行者である行政の負担になるため，地権者の負担は一気に軽減できることになる。その手法は土地区画整理事業の場合には，土地の交換分合という手法が活用でき，うまく処理ができる。具体的には，被災後に宅地を売却したいという地権者から，行政は積極的に買収した。その割合は，施行者である市は一定以上（10%）の減歩率は設定しないという約束をしていたので，それを担保できる概ね地区面積の20%前後を買収する。その土地を従前の道路用地とすることで，地権者の減歩率を約束通りの割合にし，全ての宅地を幅員6mの道路に接するように設計し，換地することができた。その具体的な事業手法は「減価補償金買収制度」と呼ばれるものである。専門家でもなかなか理解しにくい手法であるので本書では説明は割愛する。

特別措置法の第1の効果は，第2段階を決める住民側にとって，地区の必要と考える道路網として，補助幹線道路，準補助幹線道路，区画道路，歩行者専用道路といった性格の道路を，減歩率を意識することなく，自由に絵を描く（計画する）ことができたことであった。行政側は，住民が提案した道路網の中から，幅員6mの区画道路まで第2段階の都市計画あるいは事業完了前の段階で都市計画を決定することで，補助金を確定できたからであった。

この結果，法が想定しない第2の効果が生まれることとなった。それは震災復興事業の「被災市街地復興土地区画整理事業」を行う目的が，従来型の公共施設の整備改善で「道路利用の効率化」を図るだけではなく，様々な用途の道路や公園などの公共施設の配置によって，「安全で安心して暮らすことができる」ことを目的に加えることができた。全ての宅地が幅員6m以上の道路に面することができ，急病が発生すれば救急車がすぐに駆けつけ，火災発生時には消防車が数分で到着することができる。あるいは，延焼遮断効果のある道路網の配置で，火災に対する備えが飛躍的に高まることとなった。完成後の街には，高齢者や子供が安心して通行でき，若い子育て世代が集まり，3世代が同居する持続可能な地域社会へと変貌することとなった。

つまり，これまでの公共事業の主目的であった，効率性を追求した成長型社会を目指したことから，「安全性」追求型で「持続可能」な社会を目指すことを可能とする道を開いたのである。まさに法律の名称である「被災市街地復興特別措置法」の名が示すように，災害で被災した市街地を単に元に戻す復興ではなく，災害に対して「安全で安心して暮らせる」市街地に復興させるための特別法であることを，主権者である国民に示したものと言えるのではないだろうか。

特別措置法が果たした現実的な役割と意義

特別措置法が特別立法化された目的は，震災で被災した自治体の税制負担を軽減するためだった，というのは「表」の意義である。よく言われるように，国の役人が本当に地方のために法案作りをすることはまずない。要するに，自分が所属する省や局，もっと言えば課の利益につながることを実現することで，将来の出世の階段を昇る手段だと言われる。「省あって国なし」と言われる所以である。つまり，この法律は補助金の拡大を当時の大蔵省に約束させ，それによる所属する組織の仕事量の拡大を目的としたものである。

法律ができる間に，地方自治体とほとんど協議や擦り合わせがなかったと前述したように，わずか2週間程度で条文がつくられている。それは，すでに準拠できる法律があったからだ。「大都市地域における住宅及び住宅地の供給の促進に関する特別措置法」（以下「大都市法」）である。被災市街地復興特別措置法を構成する条文は，全28条のうちほぼ15条分が大都市法の条文を援用した形式となっている。大都市法は，人口集中による勤労者の宅地需要に対する良好な宅地と住宅を供給するため，市街化区域内農地の良質な宅地化のために1975年に制定された。市街化農地の宅地化を促進する宅地化誘導の「アメ」の政策（補助枠の拡大や換地の特例など）のために制定された法律であった。農地の所有者等による特定土地区画整理事業の事業化を誘導する責務が市町村に発生し，特定土地区画整理事業を誘導する「土地区画整理促進区域」（以下「促進区域」）の都市計画を決定する。この部分は「被災市街地復興推進地域」と同じ流れだ。促進区域になると，事業が実施されるまでの2年間，支障となる開発行為や建築行為を厳しく制限するのも同様である。また，厳しい建築制限の代償として所有者に買取請求権を認めているのも同様である。2年間でできない場合には市町村に事業化を義務づけている点は類似している。このように準拠できる法律があったからこそ，2週間程度で法律案ができた。また，実績のある過去の法律の焼き直しだからこそ，短期間で国会で議決されたとも言えよう。

できた特別措置法を県や市に適用するよう国から要請があった。そこで，都市計画決定を当初の手続きに潜り込ませたことは述べた通りだ。これは，ある意味で，成長し始めた樹木に別の種類の樹木を「接ぎ木」したことになった。それが，時間を経て成長することで，当初考えていない，違った色と味のする果実を実らせることになった。

窮余の策であった「2段階都市計画」制度を明文化はしていないが，解釈上，法的に認めることとなったのだ。また，その進め方も，神戸市のまちづくり条例による手続きで進めるという，法が想定しない枝を成長させ，その先で実った果実は，復興事業の主目的が「安全で安心して暮らせる」まちの復興という成果を生み出したのだ。

これは，法案を作成した担当者や，業務を拡大できた部署の誰もが，当初から想定していたとは考えられない果実に違いない。なぜなら，中央省庁が考えたくない，「中央集権から地方分権・住民主権」という時代の要請に対し，「2段階都市計画」の展開によって，具体化できる手法を提示することになったからである。

さらに，あえて加えれば，1958年に制度化され，その後の日本の「高度経済成長」を支えた「道路特別会計制度」が，震災復興事業の完了と時期を同じくして大きな役割を終えている。制度化から50年後の2009年4月に「改正道路整備事業に係る国の財政上の特別措置に関する法律」が成立し，2008年度限りで廃止となり一般財源化された。まさに，「成長神話」の終焉の象徴でもある。半世紀にわたって，日本の主要道路や高速道路の整備に重大な役割を果たした。震災からの復興事業の大きな財源としての機能を果たしたのも事実である。しかし，ここにその長きにわたる役割を終える準備を続けた時期と，特別措置法によって思いもよらぬ方向（果実）を引き出してきた時期とが重なったと言っても，決して過言ではあるまい。

3 東日本大震災での特別措置法の適用

特別措置法が阪神・淡路大震災の震災復興の現場で現実に適用された成果は，東日本大震災に既存の法律として活用されている。

その第1は，段階型都市計画が着実に実践されたことである。ただし，そのやり方は，岩手県，宮城県，福島県によってアプローチに違いはある。宮城県では，阪神・淡路大震災では被災直後に復興事業計画を決めるまでの建築制限が最長2カ月しか課せなかった点を反省して，被災直後から政府に申し出をして，建築制限期間を6カ月とさらに2カ月延長（計8カ月）できるわずか2条からなる「東日本大震災により甚大な被害を受けた市街地における建築制限の特例に関する法律」を，震災発生から1カ月と18日後の4月29日に施行した。この法律によって，宮城県下では石巻市，気仙沼市，名取市等の被災市街地に建築制限を課し，その期限の11月11日までに「被災市街地復興推進地域」の（第1段階の）都市計画を決定している。そして，特別措置法が義務づけた2年以内に，震災復興事業である被災市街地土地区画整理事業を第2段階の都市計画として定め，その後は期限を気にすることなく，（第3段階となる）復興事業の事業認可を得て事業が進められようとしている。

一方で，岩手県下では，特別措置法による建築制限を課すことなく，区域設定等の準備が整った段階で，「被災市街地復興推進地域」の（第1段階の）都市計画を決定している。

東日本大震災の具体的な復興事業の進め方等については，第8章以降で述べることとしたい。

注

本章の骨子は，中山久憲『神戸の震災復興事業』学芸出版社，2011年，p. 65-70で述べている。本章はそれを基調として，「被災市街地復興特別措置法」の「2段階都市計画」の意義や，安全追求型社会の目的が加味されたこと等を追加して展開したものである。

引用文献

(1) 『日本経済新聞』1995年1月18日朝刊。
(2) 『日本経済新聞』1995年1月25日朝刊。
(3) 『日本経済新聞』1995年1月27日朝刊。

第6章
「住民参加型」から「住民主権型」まちづくりへ

1 「住民主権型」まちづくりの始まり

「住民主権型」まちづくりのプラットフォーム

本章と次章で，本書のメインテーマの1つである「住民主権型」まちづくりの確立までの過程を論述していく。

「住民主権」とは，市民は市政の主権者であり，主体的に参画が保障された「市民主権」と同じように理解されるが，ここでは，市域の中の一定の地域内に関わる市政の主権者として，その地域に住む住民が，責任と義務を持って参画することと定義する。つまり，「住民主権型まちづくり」とは，市域の一定の地域内で実施される都市施設等の整備や建物の計画制限に対して，居住環境や安全を改善するために，その地域の住民が積極的に参画して，行政と協働し，事業の実施や，さらに完成後の維持管理に責務の一端を担って活動することである。

「まちづくり」に関わる住民の関係には，類似の熟語として，「住民参加」「住民主体」「住民主権」の3種類がある。ここでは，「住民参加」は，行政が主体となって進める公共事業に，住民が個人あるいは団体として参画し，意見を述べたり，賛否を表現する関与の仕方である。「住民主体」は，事業の範囲がより地域的になり身近な問題となるため，住民自身が積極的に考え，住民自身が住民間の意見の調整をして，まとまって行動することで，行政と協働して進めるものである。「住民主権」は「住民主体」をさらに深化させ，決定の権限や管理の権限を行政から一部委譲されるような形をとり，自らの権限下で責任を持って活動するものと定義しておく。3つの境界は必ずしも明確ではなく，

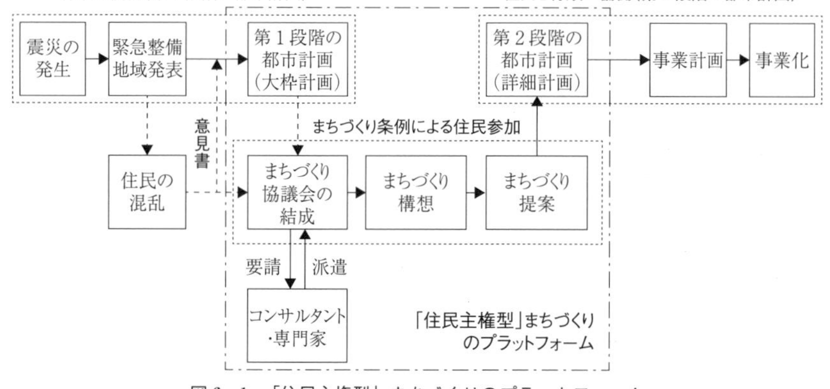

図６−１　「住民主権型」まちづくりのプラットフォーム

運動論的には「住民参加」から「住民主体」に移り，さらに「住民主権型」に遷移するものと考えられる。

震災復興事業は，「住民主権型」のまちづくりによって進められることを，当初から想定していたものではない。震災による大規模災害を想定していなかった国の防災体制の欠如から，復興に支障となる被災直後の建築行為の制限が２カ月しか課せないため，復興の責務のある行政は窮余の策として「２段階都市計画」の制度を編み出した。第１段階は行政が主導し，第２段階は被災した住民が参加して，復興の計画を考える。第２段階は，まさに走りながら考えて進める方法を選択せざるを得なかった。まさにそこに，「住民主権型」の都市計画あるいはまちづくり，そして復興事業が生まれる起点となったと言えよう。しかも，それにはプラットフォームが，意図はしなかったがいつのまにか「生まれていた」のであった。

プラットフォームは，「２段階都市計画」という画期的なシステムを第１の軸とする。その主役となる住民が主体的に活動できるプロセスを保証した「神戸市まちづくり条例」が，先験的に震災の14年前から用意されていたことが第２の軸である。両者については，すでに第３章と第４章で述べた。さらに，まちづくりの経験のない被災地の住民の活動を，実践的・論理的に支えることとなった「コンサルタント・専門家」の派遣による支援があったことが第3の軸となった。具体的な構造は，図6-1に示す一点鎖線の中であり，それらが「住民主権型」まちづくりに発展する基盤となった「プラットフォーム」である。

第1段階の都市計画での余韻

住民主権型の主役となる住民に関する部分は，第2段階の都市計画を進めるところからの登場となった。第1段階に至るまでの経緯については，第3章で述べているのでここでは割愛する。

第1段階の都市計画は，行政の責務で復興事業を進めるために，骨格だけを決めたものではあるが，住民参加を図ることなく，住民の立場に立てば「一方的に」公表したものである。そのため，案公表後に，被災地住民等の反発があり，そして第1段階の都市計画に対する膨大な数の意見書の提出という事態につながった。そして，そのことが都市計画決定権者である兵庫県知事の「第1段階の都市計画は住民の合意が不十分であっても一応決定する。被災地の混乱がある程度落ち着き，復旧作業が軌道に乗り始めると関係住民が帰ってくるから，その時点で住民全体で詳細な都市計画を充分協議する。そこで，もし第1段階の都市計画を修正しなければならないようであれば，さかのぼって修正して最終的な都市計画決定をしてはどうか」（第3章4節，p. 56）の発言があり，「第2段階の都市計画」での「住民主権型」の可能性と，その後の住民の主体的な活動の大きな動機付けとなる，いわゆる「伏線」となったものである。

2 「まちづくり協議会」の設立

「まちづくり協議会」結成の呼びかけ

2段階都市計画の制度を創設した神戸市は，それまでに培ってきた住民参加型の事業やまちづくりでの経験から，第2段階で住民が参加して，区画道路や街区公園などの詳細計画を考え，提案してもらうために，住民側に「協議でき

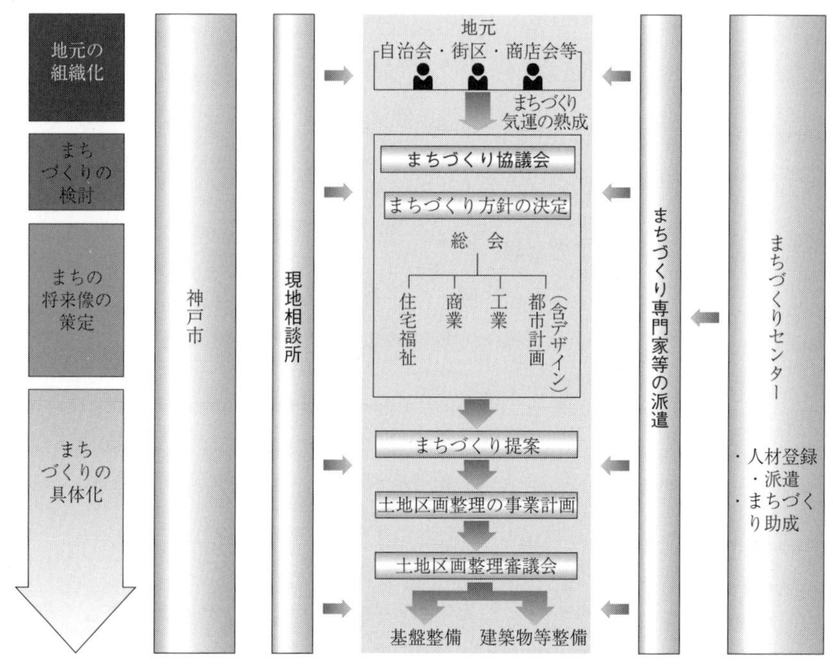

図６－２　住民参加の推進の仕組み

出典：神戸市パンフレットより。

る場」，さらに活動の「機関」となる「まちづくり協議会」の設置が必要であると考えていた。

そのために，その活動を支援するこれまでの制度も利用できると考えた。すなわち，1977年につくった団体活動を支援する活動助成金の「神戸市まちづくり助成制度」や，1978年につくったまちづくりに関する専門家やコンサルタントを派遣できる「神戸市まち・すまいづくりコンサルタント派遣制度」であった。

すなわち，第１段階の都市計画を進める過程の途中段階から，市が用意したのが，図６－２に示した「現地相談所」「まちづくり協議会」「まちづくり専門家等の派遣」という「住民参加の３点セット」の仕組みであった。

まず，被災地区の現地あるいは近傍に２月22日から３月13日まで神戸市が

「現地相談所」を開設し，被災者と職員との対話の場を提供した。主には，行政の持つ公益施設の会議室を利用したが，場所によっては，暫定的に，テントを設置した「現地相談所」もあった。[(1)]

開設当時は，避難所から，あるいは，遠くの親戚等に避難し，ニュースで情報を得た住民や事業者が，朝から現地相談所を訪れた。

行政の進め方の強引さを責めて詰め寄る人。決められた内容に反対を唱え撤回を要求する人。自分の土地が区域に入ったかを確認に来た人。区域から外れて落胆する人。事業の仕組みである「減歩」や「換地」について説明を求める人。借地権がどうなるか心配する人。地区外に別の土地があり，再建する場合，宅地の買収をしてくれるのか尋ねる人。土地はあるものの建物がなくなり，無職高齢で建築資金が調達できない人。慣れ親しんだ地区で復興後も生活したいが借家は再建されるのかを心配する借家人。商売上，仕事を続けるための仮設の店舗は建てられるのかと心配して確認する人。どのように復興されるのか，自分たちの将来はどうなるのかを真剣に聞きに来る人も，徐々に増えていった。

地区によって，反対の意見に強弱もあり，あるいは，それぞれの事情によって不安の違い，早期の再建を求める声に強弱はあるが，様々な意見が職員にぶつけられた。

行政職員は様々な意見を聞き，その上で，今後の復興のまちづくりを進めるために，行政と協議するための被災地区の住民組織としての「まちづくり協議会」の結成を呼びかけた。その中で，まちづくりの経験がない素人の住民には何もできないという疑問に対して，様々な相談に乗ることができる「まちづくり専門家の派遣制度」があり，組織化されたグループや団体からの要請があれば，すぐにでも専門家を派遣できることが説明された。

さらに，協議会の様々な活動をするためには，会議の案内，会場の借り上げ，活動ニュース等の発行などに費用がかかることに対して，「まちづくり活動助成制度」が利用できることも併せて説明された。

まちづくり協議会の組織化要請に対する住民側の姿勢

行政からの「まちづくり協議会」結成の呼びかけを，被災地区の住民や現地にできた組織や団体等は，はじめから素直に受け止めたわけではなかった。都市計画案の縦覧で提出した意見書が都市計画審議会で不採択となった経緯もあり，被災地の相談所で協議会の説明を受けても，行政の下部機関，あるいは御用組織になって利用されるだけだと，聞く耳を持たない人やグループもいた。

しかしながら，月日が経過する中で，被災地区の住民側にいわゆる温度差が生じてきた。消失や倒壊した建物の放置が続き，生活再建の目処が立たない。建物の解体処理やがれき処理を進めるべきと，3月が過ぎ4月になると，倒壊建物の解体工事が順次進み出し，更地が顕在化し，商業者も仮設建物を建てて営業を始めるなど，被災地の風景にも変化が出てきた。仮設住宅よりも，再建した自宅での生活を取り戻したいと，建物の設計，資金の調達をして，家を再建しようとする人も出てきた。震災直後，茫然自失の状態であった被災者も，再建に向けた行動が顕在化すると，他の住民の間に伝わり，それぞれの行動も活発化，多様化し，被災者としての考え方も大きく変化していった。

ある地区では，復興事業の都市計画の決定がなされたのだから，反対活動を続けても，まちの復興は進まない。復興をするなら，住民が参加してまちづくり協議会を結成し，住民の意見や考え方をまとめて，住民が考える復興のまちの姿を要望しよう。第1段階で決定された道路や公園の計画内容に反対するだけではなく，第2段階ではその内容を変更してもらおう。このように考えるリーダーが出現し，支持する住民も参加して，反対組織とは別の新たな組織として，まちづくり協議会の結成に向けて産声があがり始めた。

あるいは，まちづくりの経験がほとんどなく，協議会の設立の意義そのものを的確に理解できなかったため，どのように対応すればいいのか躊躇したり，他地区の動向を気にしたりして，積極的には動き出せないリーダーも少なからずいた。

震災前の条例に基づくまちづくり協議会の存在意義

疑心暗鬼な気持ちでいる被災地区のリーダーに，まちづくり協議会設立のきっかけを与えたり，背中を押したのは，「まちづくり条例」に基づいて，震災前から既存の協議会の活動が行われてきた実績であった。

協議会は，1972年に設立されて以来，震災前から計31もの協議会が結成され，市から何らかの支援や助成を得て活動していた。

その中で，市から認定された12の「まちづくり協議会」では，地区住民の大多数の支持を受けて，まちづくり提案，まちづくり協定，地区計画などの「ルールづくり」の活動が行われてきた。兵庫区の浜山地区は，1989年に協議会が設立された後，1991年に地域整備事業として土地区画整理事業が「まちづくり提案」によって要請され，1993年に事業化（事業認可）された，「ものづくり」の活動地区であった。

このように，被災地区の住民やリーダーたちは，多くの協議会の活動の事例や，条例で制度化された手順を踏むことで，まちづくりの経験がない素人でも，「まちづくり専門家の派遣制度」や「まちづくり活動助成制度」を活用すれば活動できるのではないかと考えるようになった。そして，協議会は，被災者自身でまちの復興を自主的に考えていく組織になることができると理解した。

協議会を設立すれば，行政と話し合う窓口が地区として一本化でき，自分たちの地区の要求をまとめ，復興のまちづくり構想ができる。それをまちづくり提案として市長に提案すればいい。活動目的も明らかになっていった。

結果的には，個々の被災地区で独自の背景や地区の実情がありながらも，時間とともにまちづくり協議会の組織化が発意され，協議会の設立のための設立総会等の準備が進んでいった。

まちづくり協議会の設立

第1段階の都市計画決定から数カ月経過すると，被災地区の各地区でまちづくり協議会が競うように結成されていった。復興土地区画整理事業区域内でのまちづくり協議会の設立順の設立状況を，表6-1に示している。

表6-1　復興土地区画整理事業地区内でのまちづくり協議会の設立時期

事業地区	面積(ha)	協議会数	協議会設立年月日			震災からの期間(月)
六甲道駅西	3.6	1	1995	3	26	3
森　　南*	16.7	1	1995	4	8	3
御　菅　西	4.5	1	1995	4	23	4
松　　本	8.9	1	1995	5	7	4
御　菅　東	5.6	1	1995	6	18	6
鷹取東第1	8.5	1	1995	7	2	6
六甲道駅北	16.1	8	1995	11	18	11
鷹取東第2	19.7	10	1996	2	25	14
新長田駅北	59.6	21	1996	6	13	17
森南第1	6.7	1	1996	12	8	23
森南第2	4.6	1	1997	1	19	25
森南第3	5.4	1	1997	1	19	25

注：*　森南地区は設立したが，後に3地区（森南第1～第3地区）に分裂した。

まちづくり協議会の規模や設立時期については，各地区ごとの特性によりばらつきはある。結成が最も早いのは，3月17日の都市計画決定からわずか9日後に設立の六甲道駅西地区の「琵琶町復興住民協議会」である。震災からは2カ月と9日であった。しかし順風満帆で動き出したわけでもなかった。事例の1つとして，設立の経過を説明する。

協議会は，JR六甲道駅のすぐ南西の交通至便の住宅地であった灘区琵琶町1丁目と2丁目で構成された。第2次世界大戦の戦災を免れたため，戦前からの長屋や一戸建てが多く建ち並び，65歳以上の高齢者世帯が半数を超えていた。古くからコミュニティ活動が活発に行われてきた地区である。

震災直後から，近くの避難所を運営していた人たちには，早期復興に立ち上がり，元のところで生活したいという強い思いがあった。復興事業を自らの意見で進め，様々な意見を集約し，神戸市に提案・要望する組織が必要であるとの認識が急速に広まった。

第1段階の都市計画が決定された翌々日の3月19日には，住民有志による「琵琶町復興住民協議会設立準備会」が開催された。3月26日には，まだまだ避難者の全てに連絡ができない中，約130名と比較的少ない参加者であったが「住民大会」が開催された。そこで，「行政と協働してまちづくりを進めるしか方法はない」とする認識で一致した。そして，日頃から自治会活動に貢献し，温厚な性格でしっかりとした仕事の進め方をする自治会副会長が，被災地域のまちづくりを考える人々から協議会会長として推されたので，自ら立候補して承認された。会長以下の役員の選任も行われ，協議会の設立となった。

5月14日に開催された「土地区画整理事業説明会」には住民約350名が参加した。市からの事業説明と，協議会からは役員人選の結果が報告された。しかし，被災からの生活再建の道が進まないことと，一部のマスコミ報道や地区の外部の者からの「神戸市は道路用の土地を取り上げるために土地区画整理事業を行おうとしている」という主張を聞いていた一部の住民は，行政への不信が極限に達していた。そのため，協議会設立と役員人選に異を唱える住民が続出した。「誰が会長を決めたのか」「神戸市側の意向が強く働いたのではないか」という疑念から説明会は紛糾しそうになった。しかし，参加者の中から，「この人は会長になりたくてなったのではない」「我々は勝手に地区外に逃げておいて，我々のためにやってくれる人の足を引っ張るのはおかしい」という声が出て，その声に引っ張られる形でその場が収まった。

日常からコミュニティ活動がしっかり行われ，被災した地域だけではなくコミュニティ全体で支え合うという仕組みがあったこと，さらに，こうした協議会の産みの苦しみを会長はじめ役員が味わったことで，1つの方向でまとまり，結果的に地区の大多数の住民の支持を得ることとなり，事業への着実な足取りが図られることとなったのであった。

六甲道駅西地区を皮切りに，協議会が結成されていったが，全ての地区で結成されるまで，震災発生から約2年強が経過している。ちなみに，土地区画整理事業11地区内の47協議会の結成までの期間の平均は，震災発生から約7.9カ月である。協議会設立に至る経緯も様々である。

早い地区では，被災者の中に，早期に自宅や事業等の再建をしたい，事業にいつまでも反対するのではなく，条件闘争のために話し合いに応じよう，と妥協して協議会が結成された地区が多い。地域を賛否の意見で二分してはいけないというコミュニティ維持の思いも要因の1つとなっている。

御菅地区と新長田駅北地区の一部は，震災前からまちづくり条例の認定協議会として活動が行われてきた地区も含んでいる。また，1978年に市から公表された「環境カルテ」による課題解決のためのまちづくり活動がなされた地区では，協議会の役割を理解した住民やリーダーに率いられて結成に至った地区もあった。

結成までに時間がかかった森南の３地区の場合には，そもそもは事業に反対するために，「森南町・本山中町まちづくり協議会」として，都市計画決定から１カ月以内に設立した。しかし，反対活動のために外部の団体からの支援や支持を受けたことで，協議会の中で進め方に対する意見の相違が生まれ，協議会を構成してきた地域が３地区に分裂した。最終的に設立まで２年間を要することとなった。

あるいは，新長田駅北地区の場合には，事業地区の面積が当初42.6ha（後の1996年11月に JR 鷹取工場跡地を飛び工区として編入して59.6ha となった）もあり，３つの小学校区が重なっていた。そのため，協議会は町丁ごとのコミュニティ単位をベースに順次21協議会が設立された。そのため，最後の協議会設立まで震災から１年半の時間を要した。

時間の長短は，復興まちづくりへの熱い思い，地区のまとまり具合，リーダーの統率力，事業化に対する反発の程度などの理由が考えられる。

このようにして，「住民主体型」まちづくりの主人公となる「住民」は，個人やグループでは活動ができないため，「まちづくり協議会」の形態や形式をとることで，表舞台に登場してきたのである。

第２段階の都市計画への道筋で大きな役割を担う協議会の発足によって，現実的な住民参加が実現し，行政と住民との話し合いの場が生まれ，住民側からの自主的・主体的な活動が開始されることとなったのである。

3　まちづくりコンサルタント及び専門家の派遣によるサポート

コンサルタント・専門家派遣制度の理解へ

まちづくり協議会の設立だけで，実際にまちづくり活動が動き出すのは難しい。なぜなら，被災した地域の住民の大半は，それまでにまちづくり活動の経験がほとんどなかったからである。そのため，まちづくりを進めたいと集まった「有志の会」である協議会は，まちづくりの素人の集団である。

市では，住民にまちづくりの経験がほとんどないことを想定した上で，第1段階の都市計画の公表後の現地相談所で，まちづくり協議会の設立と併せて，まちづくりの専門家であるコンサルタントや建築家，あるいは司法書士や弁護士などのサポートが受けられるシステムがあり，利用できることを説明した。

当初は，市の費用で派遣を受けることになれば，結果的に，市は専門家を利用して市の思い通りの計画を作らせ，事業化するのではないかという懐疑的な気持ちから，素直に受け入れられないリーダーもいた。

しかし，震災前から多くの協議会が活動してきたことはすでに述べたように，既存の協議会の活動に関する生の情報や事例が存在したことは，専門家を受け入れる1つの材料となった。しかも，その背後に，そこで活動を支援してきた神戸のコンサルタントの業務を担う専門家の活動の特異な歴史もあった。

ここで，神戸におけるコンサルタント等の活動の歴史に少し触れよう。神戸市では，1970年代に入り，まちづくり運動や活動が盛んに行われるようになったことはすでに述べた。その中で，道路等の基盤が未整備な密集市街地の問題が顕在化してきたため，神戸市では1973年から1975年にかけて，人口・土地・建物・コミュニティ施設等の総合的地域情報を統計区ごとに整理した「コミュニティカルテ」を作成した。これは，市街地全体を「虫の目」的にきめ細かく把握することを目的としたもので，地域の歴史，住民の属性，生活環境施設の現況から，住民の活動や地域の姿を明らかにし，地域計画の策定や地域の整備に活用された。

さらに1978年には，市街地整備事業に結びつける「環境カルテ（市街地整備のための環境カルテ）」を作成した。これは市街地整備に関連の深い住宅過密・住工混在・道路・コミュニティ施設・中心核の5項目から町丁目の地域単位で，市街地の診断と治療のために用意されたものである。この「環境カルテ」は，地域（町丁目）ごとの課題を明確にするというより，住民の主体的なまちづくり活動に役立てられる道具として公表された。

この当時，神戸のコンサルタントは，これらの調査を受託するとともに，課題のある地区に派遣された専門家として，地区の住民と一緒になって課題を考え，解決策を探ることに携わることとなった。このコンサルタントの中には，当時，大阪や神戸の大学で都市計画や建築を学んでいた学生のときに，仕事を手伝い，卒業後に雇用され，やがて独立して小さい企業ながらもコンサルタント業として，神戸のまちづくりに関わってきた人が多い。

彼らの特徴は，何よりも神戸のまちについて，歴史や，地形や，地域特性等を熟知していたことである。それは，個人として築いてきただけではなく，まちづくりの専門家として切磋琢磨する中で，同業の仲間との情報交換や資料の交換などを，業務の合間に継続してきたからであった。また，神戸のまちづくりの先進性を担ったという自負からも，課題に対して挑戦的に取り組む姿勢で臨んだ。そのため，たとえ小さな規模の仕事でも，熱心に取り組む姿勢があふれていた。こうした特性を持つコンサルタントが派遣された地区では，リーダーからの信頼も厚くなり，単なる仕事を越え，損得も抜きにして，自分のまちの問題として関わる人が多かった。これらのことが，先導するまちづくり協議会の役員から被災して復興事業が計画された地区のリーダーや役員に伝わったことで，専門家派遣に胸襟を開くことにつながっていったのである。

震災発生直後に，大規模被災した地域の支援活動に多くのボランティアが参加し，「ボランティア元年」と後に呼ばれる全国的な流れができた。その中で，それまで業務として関わってきた地区のコンサルタント等の関係者も，当時は鉄道施設が寸断され，移動が大きく制限された中であったが，ボランティア活動として，献身的な支援を行った。

第１段階の都市計画の案が公表された頃には，土地区画整理事業や再開発事業の内容に関する質問に答えたり，都市計画の意義そのものについての疑問や，まちづくりに関する相談などにも応じている。

そして，第１段階の都市計画が決定された後に，協議会が設立され，支援に来ていた専門家に対して派遣要請がなされた。それによって新たな契約がなされ，活動が継続されて，第２段階の都市計画に向けた活動にスムーズにつながっていったところもあった。

こうした既存の協議会の活動や，専門家の支援の実態や状況を，他の被災した地区の住民間の情報交換で知ることによって，リーダーたちの気持ちに変化を与えた。さらに，市側から，専門家は協議会側で選択できること，いつでも派遣の中止や専門家を交替させることができることなどの説明を受け，行政とは独立した活動ができるという理解が進み，専門家派遣を受けることに傾いていった。

こうべまちづくりセンターの役割

専門家派遣制度の役割を大きく飛躍させることとなったのが，震災前の1993年に神戸市中央区の元町センター街の中に建設された㈶神戸市都市整備公社(現：(一財)神戸すまいまちづくり公社）が所管する「こうべまちづくりセンター」(現：「こうべまちづくり会館」）であった。震災前の専門家派遣は，派遣の内容によって担当部局が違っていたが，それを一元化した。それは，協議会等の住民団体が神戸市から支援を受けるために直接市役所へ行くという抵抗感を和らげるために，元町センター街に面して入りやすく，行政と市民との中間的な位置づけとしての第3セクターが所管する「こうべまちづくりセンター」で行うのがよいとの判断からであった。その業務の運営の仕組みや資金の流れを，図6－3に示した。

震災直後の1995年7月に，センター内に，まちづくりの専門家を派遣するために，専門家を一元的に登録する「こうべすまい・まちづくり人材センター」を開設した。復興を模索する市民からの，建物の共同化・協調化計画，まちづくり計画，マンション再建等の活動の要請に対し，すまい・まちづくりに関する専門家の中から，震災前と同様に派遣を継続して行うこととなった。

ただし，センターは基本的には独自の財源を持っていなかった。そこで，震災前までに神戸市の都市計画局や住宅局で専門家派遣及びまちづくり活動助成をしていたものも，センターで事業受託し，一元化を図るとともに，新たに要綱を定め，まちづくりをしようとする団体に，センターから助成や専門家の派

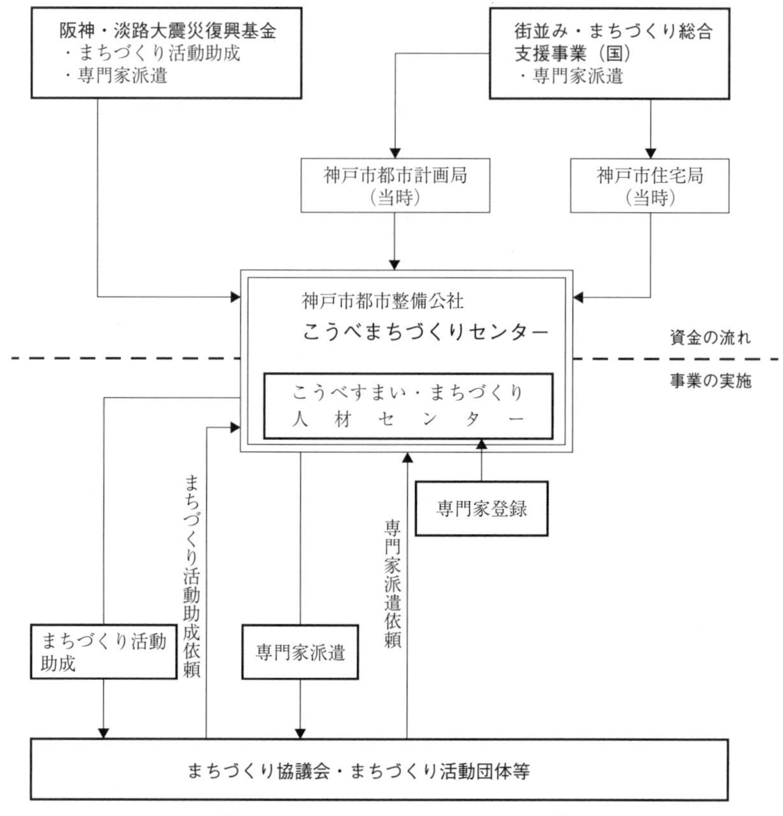

図6－3　こうべまちづくりセンターの運営

遣をすることができるようにした。さらに，震災復興のために設立された「財団法人阪神・淡路大震災復興基金(2)」による復興まちづくり支援事業も一括して受託した。この結果，被災地域の住民が主体的に復興のすまいとまちづくりを進めようとする際に，技術的支援と財政的支援を一元化し，より効率的，弾力的な支援を図るものである。神戸市の事業のうち事業化前の段階の専門家派遣については，建設省（現：国土交通省）の「街並み・まちづくり総合支援事業」の補助金を導入したものもある。

表6－2　こうべすまい・まちづくり人材センター登録専門家の内訳（1999年3月現在）

コンサルタント	弁護士	司法書士	不動産鑑定士	公認会計士	中小企業診断士	土地家屋調査士	税理士	大学教員	合計
262	57	19	22	1	1	100	47	9	518

出典：(旧) こうべまちづくりセンター資料。

専門家登録の実績

「こうべすまい・まちづくり人材センター」に登録された専門家の数は，人材センター発足当時は42社・人だった。震災復興土地区画整理事業等が佳境に入った1999年には表6－2に示すように518社・人に増え，まちづくりコンサルタントの他に，土地家屋調査士，弁護士，不動産鑑定士等，各分野の専門家や学識経験者の登録を得て，住民の多様なニーズや地域の状況に応じた適切な派遣が可能となった。

専門家派遣制度の具体的な内容

専門家の派遣には，初動期のまちづくりを支援する「アドバイザー派遣」と，より高度な専門的，技術的支援を行う「コンサルタント派遣」があり，それぞれの地域のまちづくりの熟度に応じた対応を行っている。表6－3に専門家派遣の具体的な内容や要件についての概要を示している。

専門家派遣は，派遣を求める団体から，どのようなまちづくりを考えるかの内容と，どの種別の専門家派遣を望むかを，まちづくりセンターに依頼する。そして団体は，センターに登録された専門家のリストの中から，種別に応じて具体的に業者等を選び，派遣を依頼する。その際に，派遣を要請する具体的な専門家の選択ができない場合には，まちづくりセンター側に適当な専門家を選定してもらうこともできる。

基本的には，専門家の選択は派遣を求める団体側に選択権があり，まちづくりセンター側から一方的に派遣するものではない。

表6－3　専門家派遣制度の概要

<table>
<tr><th>種別</th><th>内容</th><th>対象</th><th>団体要件</th><th>委託料</th></tr>
<tr><td>アドバイザー派遣（1次）</td><td>まちづくり勉強会
（原則として5回）
1回3人まで延べ15人</td><td>建物共同化
マンション再建
まちづくり</td><td>複数の権利者</td><td>3万円×5回
限度45万円</td></tr>
<tr><td rowspan="2">アドバイザー派遣（2次）</td><td rowspan="2">すまい・まちづくりをより具体化するための勉強会の実施</td><td>建物共同化・協調化
マンション再建</td><td>権利者の1/2</td><td rowspan="2">1件50万円</td></tr>
<tr><td>まちづくり計画</td><td>概ね500m^{2}以上の街区を単位とする地区を代表しうる組織</td></tr>
<tr><td rowspan="3">コンサルタント派遣（1次・2次）</td><td rowspan="2">(1次)基本構想の作成

(2次)事業計画案の作成</td><td>建物共同化・協調化</td><td>一定の要件に適合する建築物の共同化等を計画する目的を持つ土地所有者の団体</td><td rowspan="2">500万円以下</td></tr>
<tr><td>マンション再建</td><td>権利者の2/3以上の同意（2次派遣は3/4以上の同意）</td></tr>
<tr><td>(1次)住民の意向調査
(2次)事業計画案の作成</td><td>まちづくり計画</td><td>概ね500m^{2}以上の街区を単位とする地区を代表しうる組織</td><td>面積等に応じて算定</td></tr>
</table>

出典：(旧) こうべまちづくりセンター資料。

専門家間の横のネットワークによる情報の共有化

震災復興事業地区に設置されたまちづくり協議会の活動を支援するために派遣された専門家やコンサルタントは，表6－3の主に「コンサルタント派遣」事業として行われた。

面積が広い事業地区には，複数の協議会が結成されたが，1つの協議会が動き出すと，隣接する協議会は先行した協議会にアドバイスを求め，それを参考に，同じ専門家が指名され，派遣要請された（六甲道駅北地区，新長田駅北地区，鷹取東第2地区）。

このような形で派遣されたコンサルタント・専門家の特徴は，経緯のところで述べたように決して大人数の会社ではなかったが，神戸市内に拠点を置き，機動性に富み，地域を昔から知る利点を持っていた。神戸では，このようなまちづくりコンサルタントを略して「まち・コン」と呼ばれたところにも特徴があった。

阪神大震災復興市民まちづくり支援ニュース

1995年2月10日

創刊号

きんもくせい

発行：阪神大震災復興市民まちづくり支援ネットワーク事務局

復興市民まちづくりニュース創刊！

1月17日（火）未明に神戸・阪神間を襲った戦後最大の大地震は、多くの人々の命を奪い、わたしたちの生活を支えるまちに想像を絶するほどの大きな打撃を与えました。地震から3週間あまりを過ぎた今なお、生活の場を奪われた20数万人の人達が避難所やテントでの悲惨な被災生活を強いられており、一日も早いまちの復興を切実に願っています。

この間、行政を中心に阪神間のまちの復興に向けて本格的な取り組みがはじまるなかで、大学や民間の都市計画機関でも復興まちづくりに向けて実態調査、地区のまちづくり計画などさまざまな活動がおこなわれています。

このニュースは、阪神間の復興まちづくりにむけて、被災した市民の立場にたって奮闘努力している人達が、どこで、どのような調査や計画づくりに関わり、どのような問題に直面し、どのような活路をみいだしているのかといった情報を共有できる場となることをめざしています。

このニュースを通じて、復興まちづくりに関するできるだけ多くの情報を集約・整理し、発信することにより、阪神間の復興に向けたまちづくりの前進に少しでも役立つことができればと思っています。

復興まちづくりに関する情報提供、投稿のお願い

このニュースは、復興まちづくりに最前線で関わっておられる皆さんから寄せられる情報をもとに逐次発行していこうと考えています。

つきましては、皆さん大変ご多忙のこととは思いますが、以下のような情報、原稿をどんどん編集局宛にFAXでお寄せいただくようお願い致します。また、まちづくりの現場や活動の拠点に、編集局から取材にお伺いすることも考えておりますので、その節にはご協力のほどお願い致します。

【情報提供、投稿の募集】
・まちづくり計画の現状や問題点、他地区へのアドバイス
・まちづくりを進める中で知った、切実な市民の声、意見
・調査や計画づくりを通じて新たにわかった事実や課題
・阪神間の復興まちづくりに向けての「私の意見・提言」
・今回の大震災を通じて感じたこと（何でも自由に）
・これからの調査や活動の企画
・復興まちづくりに参考になる文献や図書の紹介
・調査や計画づくりへのボランティア募集の呼びかけ

その他、どんな情報、原稿でも結構ですので多数お寄せ下さい。

事務局北側の通称"きんもくせい"通り

火事で焼失した鷹取商店街周辺

『きんもくせい』創刊号 '95.2.10

-1-

図6－4 「きんもくせい」創刊号（1995年2月10日）表紙

派遣要請を受けたコンサルタント・専門家は，その拠点によって，神戸市内では，東部，中部，西部の3つの地域に分かれ，それぞれの地域の様々な課題を受ける形で，昼夜にかかわらず活動した。しかしながら，「まち・コン」と呼ばれた専門家たちは，日常から様々な形でつながりを持っていたため，担当した地区の復興まちづくり計画に関して，単独で活動したのではなかった。交通機関が回復するまでは，地域ごと（東部・中部・西部等）やテーマごとの連絡会などのネットワークを形成して情報交換が行われた。その後，交通機関の回復に合わせて，ネットワークが1つにまとめられ，毎月のように勉強会の開催や情報誌の発行など，具体的な事業の進捗等の情報交換が行われるようになった。そこでは，類似した課題の整理や，新しい課題に対する解決の方策などを共有し，それぞれがアイデアを交換し，解決策を見つけ出すことに結びつけるようになった。

地域ごとのネットワークを1つにまとめた代表的な組織は，「阪神大震災復興市民まちづくりネットワーク」（事務局：まちづくり㈱コー・プラン及び神戸大学工学部建設学科）であった。担当する地区の進捗状況や新たな手法の紹介・評価などについての情報交換誌として，月刊「きんもくせい」が発刊された。震災直後の1995年2月10日号（図6－4）から2007年5月まで，延べ134号が発行され，それによって，被災地内のまちづくり協議会や専門家・コンサルタント

だけではなく，全国からの震災復興を支援しようとする専門家や個人を結びつけることにも大きく寄与することとなった。

まちづくり専門家の果たした役割

第2段階の都市計画を推進する上で，まちづくりコンサルタントや専門家の果たした役割は非常に大きなものとなった。

まちづくり協議会の役員になった有志の人たちは，それまでまちづくりの経験をする機会がほとんどなかったが，働いてきた業種や業態において，地域との関わりを持つ分野も多く，まちを構成する要素やルールなどに博識を有する人もいた。ただ，技術的には，まさに「無」から「有」を作り出すという仕事の経験は皆無といってよかった。道路ひとつとっても，幅員とは，空間のどこからどこまでを定義するのか，表面は舗装されていることがわかっても，地下空間にどのようにライフラインが入っているか，それを埋設する権限は誰が持っているかなどについては理解の範囲を越えているのが通常であろう。

まちづくりコンサルタントなどの専門家は，建築の設計やデザイン，あるいは造園の設計などを主とする業者が多かったため，このような細かなことから，道路の配置や連結はどのようにあるべきかなどの知識や法令に精通していることが多く，また，個人の土地に建物を再建する場合の規制内容などについても細かく的確にアドバイスすることができた。

言い換えれば，まちづくりとは権利の調整であると端的に表現できるように，個人と個人，個人と行政の調整であるとも言える。

復興事業の基調は行政による土地区画整理事業と再開発事業であった。再開発は土地の高度利用のための建物の建築と，建物の中の床面積に対する権利の変換（復興事業では管理処分という手法が用いられ，従前の土地や建物の権利価額と従後の床面積と土地の持ち分比率による価額で交換する）なので，建築を主とするコンサルタントはこれらに問題なく対応できた。土地区画整理事業にはかなりの専門的知識と経験が求められ，1社で対応できるものではなかった。しかし，第2段階の都市計画に入った当初の段階では，基礎的な知識があればよかったので，専門家間のネットワークの中で，専門家を招いたり，互いに情報交換したり，勉強会等での研鑽をつむことで補完して，対応ができるようになった。

その結果，協議会のリーダーや役員から専門家としての信頼を得ることができていった。また，行政側との情報の交換は，それまでの業務を通じた経験が生かされ，スムーズに運んだ。重要なことは，行政との折衝においては委託者である行政側の立場に立つことはなく，住民側のスタンスで交渉を進める姿勢が貫かれたことで，さらに信頼に足る存在として，様々な悩みを含めた相談を受けるようになった。

このように協議会と専門家が一心同体となることで，素人集団である住民側もある程度理論武装ができることとなり，時間がかかったところもあるが，「住民主権型」まちづくりへのプラットフォームが形成されることとなっていった。

4 「まちづくり提案」を契機として「住民主体型」まちづくりへ

2段階都市計画の「まちづくり提案」の意義

第2段階の都市計画に向けて，まちづくり協議会が結成され，専門家の派遣を受けて，活動が活発化していくことになった。協議会は，まちづくりの進む段階やプロセスにより，その役割や性格を変化させながら進んでいくことになった。そこで，本節ではあらためて，まちづくり条例に基づいた協議会の活動において，「まちづくり提案」が，どのような位置づけで，どのような役割を持って機能したかを整理しておく。

第4章で述べたように，まちづくり条例の制定によって，住民参加型のまちづくりは，「ルールづくり」や「ものづくり」の実践活動を目指すものになった。

「ルールづくり」は，まちの居住環境を守るための，建築物の建築行為に対するルールを定め，高さを規制したり，建物の用途，あるいは構造等を規制することである。それには，都市計画法に基づく「地区計画」か，住民間の任意

表6－4　条例第7条（まちづくり提案の策定）と第8条（まちづくり提案への配慮）

（まちづくり提案の策定）
第7条　まちづくり協議会は，住み良いまちづくりを推進するため，住民等の総意を反映して地区のまちづくりの構想に係る提案をまちづくり提案として策定することができる。
（まちづくり提案への配慮）
第8条　市長は，住み良いまちづくりを推進するための施策の策定及び実施にあたっては，まちづくり提案に配慮するよう努めるものとする。

の約束事として「まちづくり協定」を市長と協議会の間で締結することを目指す。

もうひとつの「ものづくり」は，まちを構成する様々な公共施設や共同利用施設の改善や新たな整備を行うことで，居住環境を高めるものである。具体的には，道路や，公園，広場，植栽などの公共施設の改良や整備を行うことや，建物の共同化や，再開発，さらには区画整理事業などの事業の実現を目指す。

震災復興事業での「ものづくり」は，安全で安心して暮らせるまちに復興するためのハード系のまちづくりであった。それらを協議会側では，法的権限や事業費用捻出能力がないため，行政と協働して進める必要がある。その手続きの中心になるのが，協議会から市長に「まちづくり提案」をすることである。

2段階都市計画と条例上の「まちづくり提案」の意義について整理すると，当然ながら，被災地区の住民が主体的にまちづくりの活動をする場合，構想案は地区の住民の大多数に支持されなければならない。支持を得られれば，表6－4に示すように，住民等の「総意」の反映された「まちづくり構想」として市長に提案することができる。受理した市長には条例の第8条「まちづくり提案への配慮」により，公民協働で行う行政権限の部分を履行する努力義務が課される。

2段階都市計画では，行政は第1段階で，必要となる住民参加を簡素化（意見書の提出程度）しなければならなかった。第2段階では，住民参加を推進することが求められた。つまり，住民参加で支持が得られた協議会からの「まちづくり提案」を受理した行政は，その提案内容を単に「尊重する」というより，そのままの形で受け入れて，都市計画案や事業計画案を作成しなければならない。なぜなら，もし，行政側が提案内容を無視して事業を進めることとなれば，第２段階での都市計画案や事業計画案の縦覧で，多くの住民から不満や反対意見が意見書として提出されることになる。そうなれば，第１段階での都市計画の神戸市で審議会で付帯条件が付けられた，「住民と協議すること。住民と合意を得ること」に反してしまうからである。逆に，提案内容が全て反映されたものである限り，住民から反対の意見書の提出は基本的にはなく，第２段階の都市計画の手続きはスムーズに進み，ようやく２段階に分けた手続きが完了することになるからだ。

第２段階の都市計画は住民主導型で進められた背景

震災復興事業の場合には，すでに第１段階の都市計画で大枠としての土地区画整理事業区域や根幹の都市施設が決められていた。要するに，協議会の役割は，都市計画で定められた事業区域内で，コンサルタント等の手を借りて住民自身が考えた復興後のまちの姿としての「詳細計画」の案を，地区住民の総意を得て，市長に「まちづくり提案」をすることになる。提案すれば，行政は事業計画に反映するよう手続きを進め，最終的には行政の権限で事業が進められ，復興のまちが実現できることになる。

では，「まちづくり提案」はいつまでにしなければならないか。この点については，「第２段階の都市計画」の前例がなく，制度的な裏付けもなかった。

その点について，第１段階の都市計画後の現地相談所や事業予定地区での説明会では，住民参加の進め方に関する質問に，行政はいつまでに「第２段階の都市計画」を求めるかについては考えていない。地区でまちづくり協議会を結成して，そこで構想案をまとめてもらうまで，行政としては，事業の実施を待っている旨を回答している。

しかし，第１段階の都市計画が３月17日に決定されたことで，大蔵省（現：財務省）から復興事業の補正予算を獲得した建設省（現：国土交通省）から自治体に，震災発生の年度も含めた予算執行ができるよう要請があった。これまでの通常時の事業の進め方であれば，法的には，事業は事業認可によって予算の執行が図られる。そのためには，２段階都市計画の手法では，住民参加を図り，第２段階の手続き（詳細計画と事業計画）を終えなければならない。しかも，それを年度末にするのは，全く不可能な事態であった。

一方で，特別法である「被災市街地復興特別措置法」（詳細は第５章参照のこと）が震災直後に制定され，第１段階の都市計画で，「被災市街地復興推進地域」が事業地区の全てに指定され，その特例として，第１段階の都市計画決定だけで土地の買収の執行や税法上の特例が認められた。これを活用することで，残りわずか２週間しかない1994年度の予算は，用地取得を前提とした用地費と建物補償費を計上して交付申請し，認められると，「繰越明許」の手続きにより，次年度に執行が繰り延べされた。

こうした特例の配慮を受けて，市ではまず，地主から土地の売却を希望する話があれば，買収できるよう措置することを予算執行の中心において進めることとなった。

しかし一方で，第２段階の都市計画による事業化までは，住民参加の進め方を行政側からは（誘導はするが）強制しないと約束したことを，被災現地のコンセンサスであると強調して，市と県から国に理解を求めた。それに対して国は，２段階都市計画手法を採択したことは，住民参加を推進し，住民の合意の下で復興事業が実施されると理解し，被災自治体のやり方を認めた。現実の財政的判断は，仮に次年度に執行できなければ，「事故繰越」としてさらにもう１年執行を延期すればなんとかなるという判断もあったからである。

事業化に向けて，行政側はまちづくり提案が出されるまで時間をかけるという方針を確認したことで，それぞれの地区で，被災した住民によるペースでできるようになった。

まちづくり協議会やその役員の方から，「行政はじっくりと待ってくれている。焦ることなく，じっくりと進めてもいいんだ」と理解し，行政に対し信頼感も持つことができるようになった。

協議会側はある程度割り切って，時間をかけてもじっくりと，実現できる計画案を，専門家の意見を聞いて作る。それによって，住民間で合意を得て，市長へ「まちづくり提案」をすることが，協議会の会長や役員の目指す１つの大きな「ゴール」となった。

ある意味で，「２段階都市計画」は，これまでのまちづくりでは到達できなかった，住民主導型で行政と住民が協働で進める制度的仕組みを生み出したとも言える。

表6-5　第１段階の都市計画での近隣公園

事業地区名	第１段階の都市計画
	都市計画公園（面積）
六甲道駅北	六甲道北公園（1ha）
新長田駅北	水笠通公園（1ha）
鷹取東第２	千歳公園（1.3ha）

まちづくり提案の課題――第１段階の都市計画の変更の可能性

復興のまちづくり案の策定は，具体的には，震災経験を反省し，いかに安全で安心して暮らせるまちに復興できるか，道路の幅員や性格とその配置，公園の規模と配置を決めることであった。それには，どのようなまちにしたいかを，アンケート等で住民に聞いてまとめるとともに，災害時の第１次避難場所を考慮の上，公園等の位置，避難経路を決めなければならない。こうしたまちの詳細計画をコンサルタントが作成し，それに対して協議会の役員の意見を反映させ，全体集会やニュースの発行などで住民の意見を聞き，修正を繰り返し，全体の意見としてまとまったものが構想案となった。

その際に最も大きな問題となったのが，表6-5で示す第１段階の都市計画で決定した骨格となる都市計画施設，特に面積1ha以上の近隣公園の位置と規模の問題であった。土地区画整理事業の六甲道駅北地区，新長田駅北地区と鷹取東第２地区の３地区では，全てが「無」から「有」の公園を作り出す計画であった。当然その位置のところには，震災前までそこの宅地に居住していた住民（地権者）がいたため，何の説明もなく案が打ち出されたことに不満，あるいは反対する意見が続出した。

これらの意見を受けて，協議会は第２段階の都市計画の変更に向けて動きだした。

5　試されたプラットフォーム

――六甲道駅北地区の第２段階の都市計画の事例――

六甲道駅北地区の震災前の状況

震災復興事業の六甲道駅北地区は，JR 六甲道駅から西北100m ～500m に広がる利便性の高い住商混在地であった。面積は16ha で，その中に８町丁目があり，震災前は人口4,128人，世帯数1,810世帯が生活していた。戦災を免れた戦前からの長屋と戸建て住宅が主体で，70m²以下の敷地がほぼ半数を占める，いわゆる老朽住宅密集市街地であった。

道路については，地区の北側に接する形で山手幹線（計画幅員27m）があり，幅員22m で概略整備されており，南側には JR 東海道線が走り，地区の東端には六甲道駅がある。その間に東西に走る神若線が幅員18m で整備されており，南北には花園線（幅員18～26m）があるが，現道は幅員12m 分だけが整備されていた。また地区内部の道路は，幅員６～８m の公道が50～100m 間隔であるほかは全て私道であり，その大半は幅員３m 前後であった。

公園は地区の北東に１カ所，森後公園（500m²）が整備されていた。従前の公共用地率は，道路と公園等で約22.5％であった。

六甲道駅北地区の被災状況

阪神・淡路大震災で，老朽住宅密集市街地のため，震度７の0.5～２秒の短周期の10数秒の激震で，木造建物の大半が倒壊した。

さらに，震災発生直後の５時50分に発生した六甲町１丁目の火災は，消防水利が水道管の破断等で使用できず，駆けつけた消防隊による消火活動が機能せず，燃え広がった（図６-５）。延焼を食い止めたのは，山手幹線や花園線の道路であり，さらに地区内に点在した空地と，堅牢建物が大きく貢献し，数カ所の防火水槽の水を使って，同日の15時に何とか鎮火することができた。被害は六甲町１・２丁目の北側を焼損させ，延べ床面積29,160m²を消失した。火災

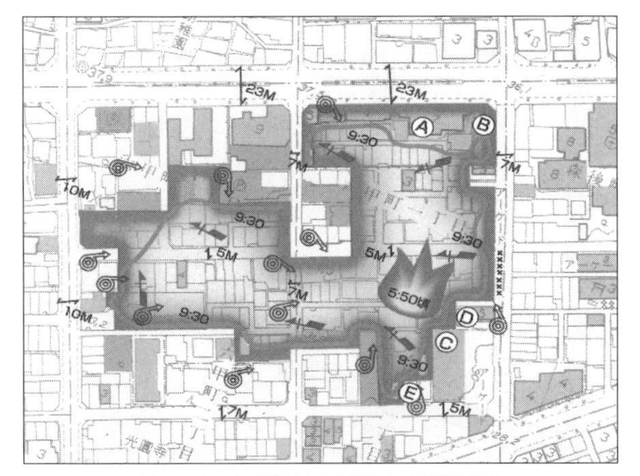

図6－5　六甲町1丁目付近の火災延焼図

出典：神戸市消防局編『阪神・淡路大震災における火災状況』p. 49。

の被災規模では神戸市で7番目の大きさであった。

地区内の被災状況を表6－6に示すが，建物の倒壊または消失した棟数の割合は約67％である。なお，犠牲者は，火災による犠牲者42人をはじめ，建物の下敷きによる圧死や消失による犠牲者を加えて60余人であった。

第1段階の都市計画

第1段階の都市計画で，被災市街地復興推進地域，土地区画整理事業区域，骨格となる六甲町線（17m）の道路，近隣公園六甲道北公園（1ha）が決定された（図6－6）。

住民不在の突然の一方的な進め方に対して，「六甲の新しいまちづくりを考える会」（以下「考える会」；有志により3月10日発足）が中心になり，都市計画決定の延期や，土地区画整理事業そのものへの反対，減歩を強いられる事業に反対する等，931件の意見書が提出された。意見書の概要を表6－7にまとめた。なお，意見書は六甲道駅西地区（当初は六甲道駅北地区と同西地区を一体にした総称）の土地区画整理事業関連の意見書の内容である。内容的にはほとんどが六甲道駅北地区に関するものであった。

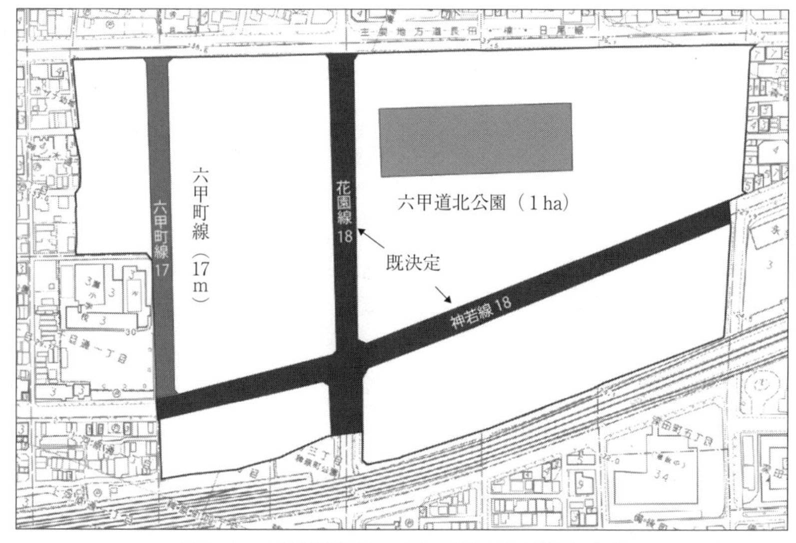

図6－6　六甲道駅北地区の第1段階の都市計画の内容

出典：筆者作成。

表6－6　六甲道駅北地区の被災状況

	地区面積	16.1ha
震災前の状況	人口	4,128人
	世帯数	1,810世帯
	建物棟数	1,019棟
被災状況	全壊（焼）数	568棟
	半壊（焼）数	115棟
	被災率	87%

第2段階の都市計画に向けた対応

都市計画決定後には，神戸市は森後町3丁目の駐車場に「まちづくり相談所」を開設し，職員が駐在し，住民との対話の窓口を置いた。4月には各自治会長からまちづくり協議会の結成の要望が出されたが，住民側からは，市の言うとおりにならないで，区画整理を勉強して対等に話し合えるには，まだ時期尚早だという意見で，結成は不成立となった。その間に「考える会」が5月10日に初会合を開き，16日まで9回にわたって，「神戸市に対してモノ申す会」を開催し，考える会と神戸市との話し合いの場が持たれた。そこでは，区画整理事業のスケジュール，まちづくり協議会，自宅再建の課題や質問が会員から出され，神戸市から回答がなされた。5月21日には地域復興の拠点としてシンボルテント「大テント集会所」を焼け跡地に設置し，生活の早期再建，早

表6-7 六甲道駅西地区の震災復興土地区画整理事業関連の意見書

（都市計画道路 花園線）
・現状で十分に車両通行・延焼防止の機能を果たしているので，拡幅の必要はない。拡幅すると環境悪化が生じるので賛成できない。
（都市計画道路 六甲道北公園）
・位置，広さの根拠が不明であり，日常生活では大規模な防災公園は不要なので，規模を縮小すべきである。
・六甲町にできる公園は，もう少し南側に作ってほしい。
・不要な公園の新設は，町の過疎化を強いるので反対する。
（土地区画整理事業）
・この計画案の根拠は，必然性が不明である。区画整理事業に反対する。
・生活道路は緊急車両のすれ違いが可能な幅に限定してほしい。
・大震災のどさくさにまぎれて土地の収奪や目減りに断固反対する。
・整備済の神若線を区画整理の対象とすることは，沿道住民に減歩の負担を強いるもので，是認することができない。
・元通りに住まわせ，生計を営めるよう求める。
・建築制限期間を再延長し，住民意見を反映し見直すべきである。
・官民一体のまちづくりを提言する。

期復興に向けての住民主体のまちづくりのための勉強会が開催された。

6月3日，4日，10日に，神戸市側からの呼びかけで事業についての説明会が行われた。一方で，「考える会」で検討を重ねた区画整理の問題点や住民側からの要望が，何度も市側に対してなされた。市側から住民や住民組織に働きかけたのが，交渉団体となる「まちづくり協議会」の組織化で，市としては協議会を協議の窓口にする方針を表明した。

まちづくり協議会の発足

2段階都市計画では，地域住民にとっても，自らの地域の復興事業を進めるため，自らの意見が主張でき，様々な意見を集約して神戸市に提案・要望するための組織が必要であるとの認識が急速に広まっていった。

こうした状況の中で，「考える会」のメンバーが中心となり，8月から11月にかけて，図6-7に示すようにそれぞれの町丁ごとに8つのまちづくり協議会が結成された。公園の計画が決定された地区では，第2段階で都市計画変更

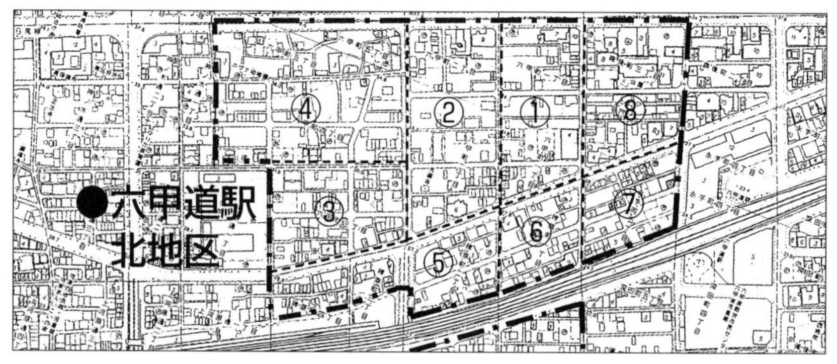

［六甲道駅北地区］
①六甲町１丁目まちづくり協議会（1995.8.26）
②六甲町２丁目まちづくり協議会（1995.8.6）
③六甲町３丁目まちづくり協議会（1995.8.20）
④六甲町４・５丁目まちづくり協議会（1995.8.5）
⑤稗原町２・３・４丁目まちづくり協議会（1995.9.17）
⑥稗原町１丁目まちづくり協議会（1995.11.18）
⑦ JR 六甲道駅前・永手町５丁目まちづくり協議会（1995.11.5）
⑧森後町３丁目まちづくり協議会（1995.8.19）
※六甲道駅北地区まちづくり連合協議会（1996.4.27）

図６－７　六甲道駅北地区のまちづくり協議会の区域設立域及び設立時期
出典：神戸市パンフレット「安全で快適なまちづくりをめざして」p.15。

ができることを条件に協議会が結成された。

協議会の結成後，住民によるまちづくりを進めるために，専門家として８協議会共通のコンサルタント３社（地区のすぐ北の阪急六甲付近にある会社）が，こうべまちづくりセンターから派遣された。毎週定期的に開催される勉強会で，震災前のまちの状況について再認識し，現状と課題が整理され，「ともかく反対」の姿勢から，事業の仕組みが少しずつ理解され，前向きに復興を考える方向に変化していった。

第１回アンケート調査

まちづくり協議会が今後のまちづくりを考えていく上で基礎となる住民の実情や意見を把握するため，1995年９月～12月にアンケート調査が実施された。

調査結果の一部を紹介する。

1）区画整理事業について

・問題点を解決しながら進める　　約70％

・納得すれば早く実施希望　　約70％

2）六甲のまちに住み続けたい　　約70％

3）公園は必要である　　約64％（うち，住民が望む公園，約45％）

4）新しいまちづくりの希望として

・災害に強いまち

・ゆったり落ち着いたまち

・お年寄りや子供が安心して生活できるまち

・緑や水のあるまち

・活気のあふれるまち

これらの回答意見を受けて各協議会では，「21世紀に夢を託し，住民のための新しいまちを1日も早く復興させる」ことを決意し，ニュースを発行し，道路や公園の配置案について「まちづくり素案検討意見交換会」を協議会ごとに開催し，まちづくり案としてまとめていくこととなった。

六甲道北公園の公園配置案

震災後の火災により焼損延べ床面積29,160m^{2}という大規模被災地となった六甲町1丁目と六甲町2丁目では，都市計画案が公表されたときから，大規模公園は不要，あるいは，位置を南側へ変更などの意見が強く，意見書の提出や都市計画決定後も，反対の姿勢を崩さなかった。「六甲町1丁目まちづくり協議会」と「六甲町2丁目まちづくり協議会」は，第2段階での公園の変更を求める交渉の窓口となることを条件に設立となった経緯があった。両協議会では，専門家と相談し，地区の住民が少しでも多く元の場所に戻れるようにと考えた4つの素案（A案：小公園ネットワーク型，B案：2つの街区公園型，C案：縮小「近隣公園型」，D案：1ha近隣公園型）を，まず，たたき台として住民に提案した（図6−8）。

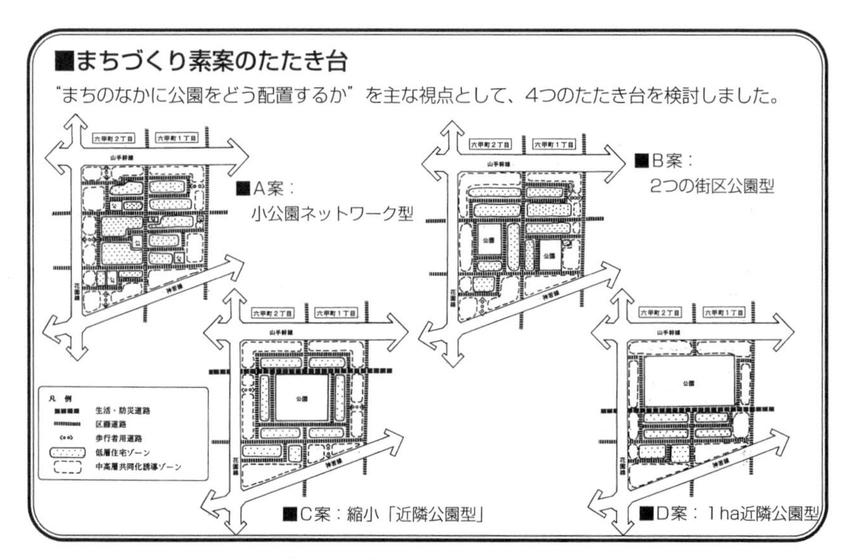

図6－8　六甲道北公園の位置・規模と道路配置のまちづくり素案

出典：六甲道駅北地区まちづくり協議会連合会『六甲道駅北地区　復興まちづくり記録誌』p. 37。

このたたき台に対して多くの意見が寄せられた。両協議会では中間段階のまとめとして，小規模分散（A，B）案は，安全なまちを考えると防災拠点の確保ができないという問題があるので，C案，D案をもとにさらに検討を加えることとなった。

そして，1996年2月に両協議会は，単独で住民アンケート実施した。その結果を表6－8に示す。近隣公園は，必要である人の割合が必要でない人の割合を大きく超える結果となった。

しかしながら，現地に残留を希望する人のためには，現地付近での宅地の面積を確保する必要があった。そのためには，公園面積を縮小してほしいとする意見が強くなった。

両協議会では，住民の要望を組み入れるために，2割程度の面積縮小を市側に要望した。

表6-8 近隣公園の必要性について

	防災上必要である	必要ない	どちらともいえない	未回答
六甲町1丁目	48.2%	28.6%	24.7%	8.2%
六甲町2丁目	51.5%	8.7%	30.1%	9.7%

出典:「まちづくり素案検討アンケート」 1996年2月実施。

試された「2段階都市計画」と「まちづくり提案」制度の意義

協議会からの変更要望に対して，市側からは，根幹となる公園であり，阪神間も含めた他の地区の要望との整合を考えると，都市計画の変更は難しいという回答であった。その背景にあったのは，公園の規模と種別と，補助金の関係であった。六甲道北公園は1haの近隣公園として都市計画を決定していた。近隣公園の標準規模は2haであるが，その2分の1の1haまでを容認された。しかし，それを0.8haに縮小すると，公園の種別は街区公園となってしまう。近隣公園は半径500mの範囲（約80ha）内の不特定多数が使うため，用地費や施設整備費が国庫補助金の対象になるが，街区公園は半径250m程度（20ha）の特定多数の利用が前提となり，その当時は国庫補助の対象にはならなかった。市側は，補助金がなくなれば，事業地区の地権者の負担や自治体の負担が増えることを考慮したのであった。まさに，この考え方は，震災前からの中央集権的な全国を画一的な基準で縛るやり方であり，国・県・市町村の担当者の共通の思想となっていた。そのため，面積の規模に対する裁量を持ち込むことは難しい時代でもあった。

一方で協議会側は，都市計画変更を目的として協議会を設立した経緯もあり，都市計画案の変更ができないなら，協議会として今後活動しないとする強い姿勢で行政に迫った。

住民，協議会，行政との間は膠着状態となり，時間だけがむなしく経過していった。県と市の行政側は，このままでは住民の合意が得られず，事業化に向けた第2段階の都市計画に進めず，暗礁に乗り上げてしまうという焦りも出始めた。しかし，こうした都市計画施設に対する変更要望は，神戸市内の被災地だけではなく，阪神間の都市の間でも同様の課題として浮上し，第２段階に向けて停滞する状況が出ていた。

この状況は，「２段階都市計画」の制度が崩壊しかねない大きな危機となった。

また，協議会から公園計画の変更を求める「まちづくり提案」が出された場合，市は受け取りを拒否できない。受領した市長が提案内容を尊重すれば，第２段階での都市計画の変更を，決定権者である兵庫県知事に手続きしてもらわなければならない。それを知事が拒否すれば，市は条例でまちづくり提案内容を配慮（尊重）するとした条文に反したこととなり，協議会との間の信頼関係があらためて揺らぐこととなる。協議会が解散されれば，住民参加の道は大きく閉ざされることにもなりかねない。

まさに「まちづくり提案」制度も崩壊の危機に陥るところだった。

一方で県側も，住民提案を第２段階の都市計画に反映できなければ，第１段階の都市計画審議会後の知事の記者会見で「具体的なまちづくり案は住民と今後の話し合いで決まる。その時，今回の決定を修正するべきだとなれば柔軟に対応する」と表明した知事の発言は，単なるリップサービスか方便だったのかと，あらためて問われることにもなりかねない。

住民提案が受け入れられなければ，本章の冒頭で提示した「住民主権型」まちづくりのプラットフォームは崩壊する事態になっていただろう。

膠着状態が続いたが，行政側が折れざるを得なかった。条件は，外の地区に影響しない範囲の，地区内の最小限の変更にとどまること，近隣公園の機能が極端に損なわれないこととした。これらが満たされれば変更はやむなしという結論が国・県・市で調整され，行政側は変更内容についての相談に応じることになった。近隣公園の規模での妥協点は，防災性を担保する空間の確保を，公園と周囲の道路空間と合わせて１haが確保できれば，機能は損なわれないとして，２割程度までなら縮小しても仕方がないこととなった。

この行政側の方針の変更を受けて，まちづくり素案として面積を20％程度縮小した図６−９の公園（0.8ha）を中心に，区画道路の性格に応じた構成と配置，土地利用として低層住宅地区・中高層住宅街区を設定した「まちづくり構想」がまとめられた。

1996年3月24日に，公園が予定された六甲町1丁目と六甲町2丁目の協議会総会で「まちづくり構想」が承認された。

まさにここで，「2段階都市計画」と「まちづくり提案」の制度の崩壊の危機は回避され，「住民主権型」のまちづくりのプラットフォームも持ちこたえることができた。復興事業を進めるための大きな1つの試練を乗り越えることができたのである。

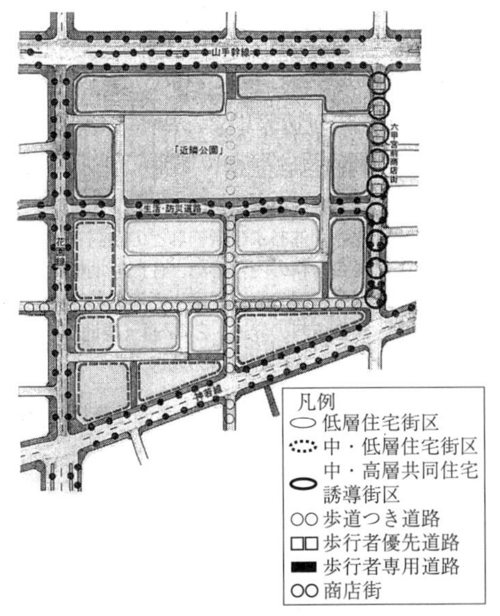

図6-9　まちづくり構想の内容（公園0.8ha と道路配置）

出典：図6-8と同じ，p. 39。

市長への「まちづくり提案」の提出

六甲町1丁目と六甲町2丁目の協議会総会での「まちづくり構想」の承認に合わせて，残りの協議会でも「まちづくり素案」が検討され，アンケートで意見を聞き，若干の修正をした上で，各協議会の総会等で，各地区のまちづくり構想案が承認された。

4月5日に，森後町3丁目，六甲町4・5丁目，稗原町1丁目の3協議会の会長から，「まちづくり提案」が先行する形で提出された。そして，4月10日に残りの六甲町1丁目，六甲町2丁目，六甲町3丁目，稗原町2・3・4丁目，JR 六甲道駅前・永手町5丁目の5協議会から市長に，六甲道北公園の面積変更を含む構想が「まちづくり提案」として提出され，全ての協議会が足並みを揃えた。図6-10はそれぞれの協議会からのまちづくり提案の図であり，それ

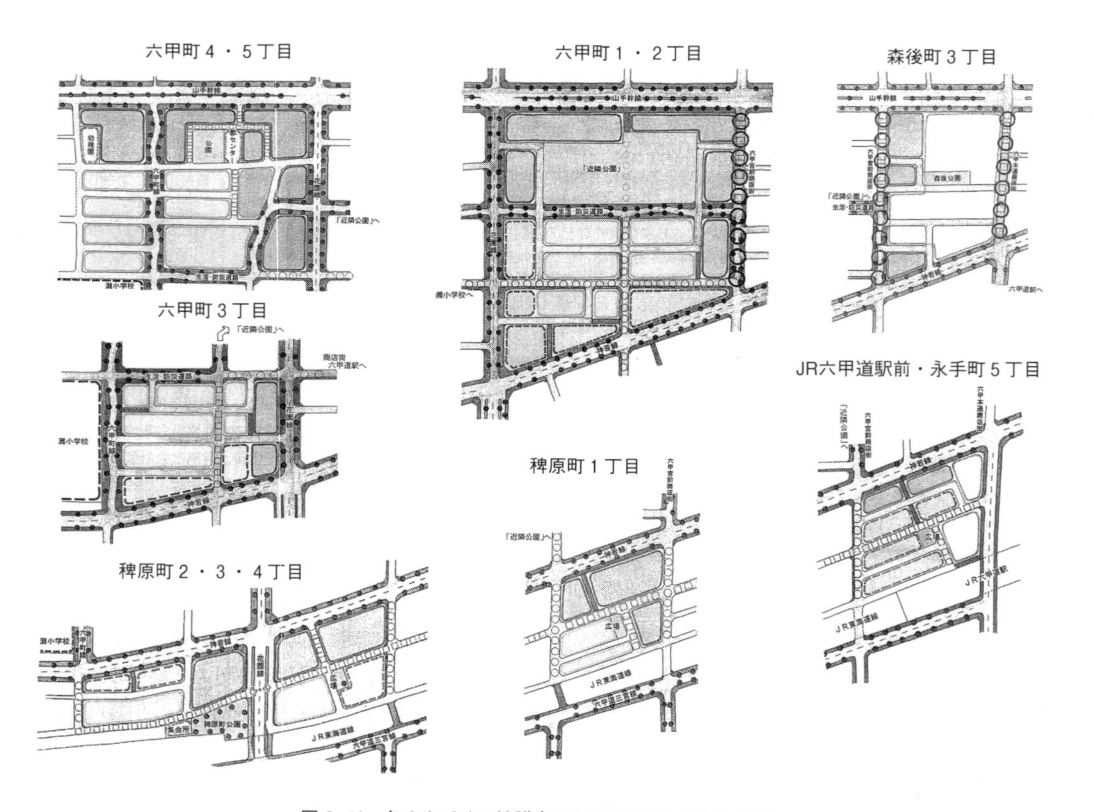

図６-10　各まちづくり協議会からのまちづくり提案の図

出典：図６-８と同じ，p.30，39，43，47，51，55，59。

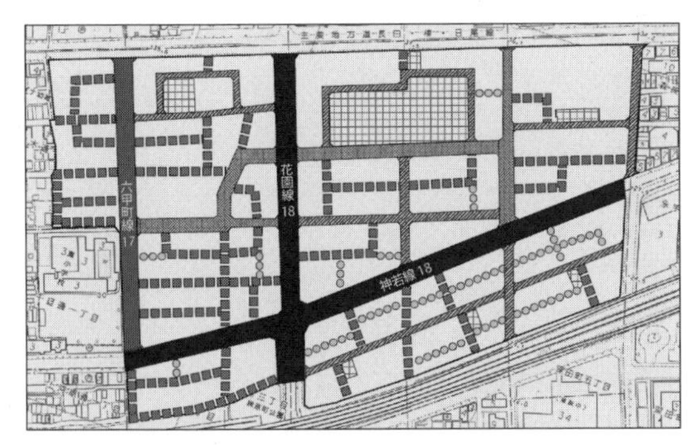

図6-11　まちづくり提案　1996年4月10日

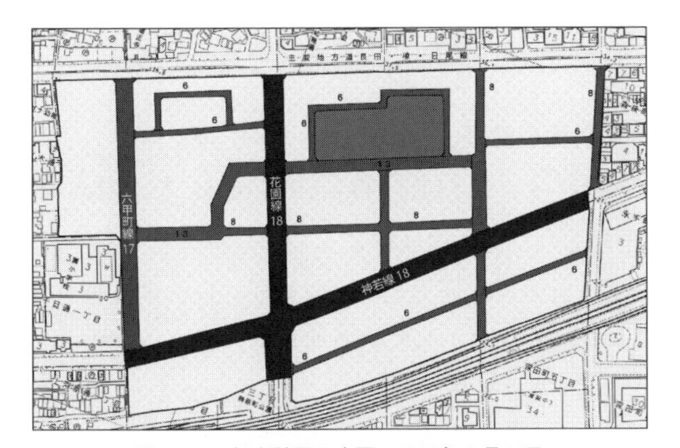

図6-12　都市計画の変更　1996年8月14日

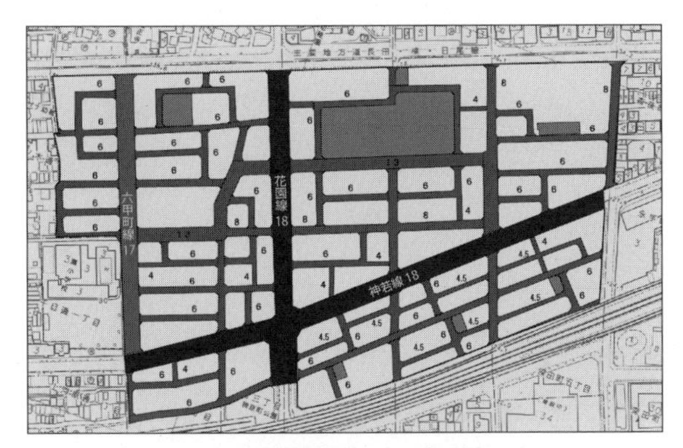

図6-13　事業認可図　1996年11月6日

を総合した図が図６-11である。

５月12日に，８協議会から提案を受けた市側から，正式に「六甲道北公園の面積を8,000m^{2}に縮小変更する」ことを明らかにした。ここに協議会側は，ようやく行政を信頼できるとして受け入れることとなった。

なお，協議会からの（第１次）まちづくり提案では，近隣公園は，災害時には一時避難所，医療，通信基地，物資補給基地などとして機能し，六甲道駅の周辺地域の中心的な防災拠点とする。加えて，西側の地区外に接触するもうひとつの防災拠点である灘小学校と近隣公園を結ぶ幅員13m の生活・防災道路を災害時の避難路と補給路として，平時には安心して歩ける通学路・買物路として，総合的にまちの防災性能を高めるものとして盛り込まれた。

第２段階の都市計画の変更

そして，図６-12に示すように，1996年８月14日に都市計画変更（公園の変更と道路の追加）が行われた。近隣公園としての六甲道北公園の面積が１ha から0.8ha に縮小変更された。地区外の灘小学校から同公園南側を経て神若線（歩行者優先道路として整備）までの地区の東西を結ぶ幅員13m をシンボル道路（生活・防災道路）とした。さらに地区外となる六甲道駅前線につないで，駅まで安心して歩けるネットワークの確保ができることとなった。これらは，「被災市街地復興推進地域」の指定による，補助対象の拡大（幅員６m 以上が国庫補助対象）により，市の財政負担の軽減と地権者の負担（減歩）軽減につながるものである。また，公園については，近隣公園を中心に，まちに緑とうるおいを与え，災害時には身近な防災拠点になる街区公園や，まちかど広場などが配置された。

事業計画の認可

1996年11月６日に土地区画整理事業が認可され，第２段階の都市計画が完了した。

図６-13に示すように，事業計画は事業施行者である神戸市が策定するもの

表6-9 第2段階の都市計画での近隣公園の変更

事業地区名	第1段階の都市計画	第2段階の都市計画
	都市計画公園（面積）	変更の内容
六甲道駅北	六甲道北公園（1ha）	面積の変更（1ha→0.8ha）
新長田駅北	水笠通公園（1ha）	変更なし
鷹取東第2	千歳公園（1.3ha）	位置と面積の変更（1.3ha→1ha）

であるが，前述の図6-11のまちづくり提案と比較してもわかるように，基本的には詳細計画の提案内容をそのまま受け入れた計画になっている。

これが，住民参加を達成して，被災地区の安全で安心して暮らしたいとする考えを具体化したものであり，また，協議会自身が住民との協議を重ね，専門家の力を借りてプランを修正するだけではなく，時には住民が住民を説得するという形で自ら決める，すなわち「住民主体型」のまちづくりに帰結したものであった。

6 協議会からの「まちづくり提案」と第2段階の都市計画へ

六甲道駅北地区の事例を紹介したが，他の2地区でも，同様のプロセスをたどりながら，それぞれの結論に到達している（表6-9）。

新長田駅北地区では，事業地区面積42.6haのほぼ中心の水笠通2丁目という1つの町丁目を構成していた道路で囲まれた街区全てを水笠通公園（1ha）として近隣公園が計画された。元の町全てが公園となり，そこに住む場所がなくなる住民は反対の声を上げた。しかし，大きな公園の必要性が住民アンケート等の回答で明らかにされたので，協議会で位置の変更や規模縮小が検討された。一方で，公園予定地としての用地買収に応じて転出する権利者も多くなった。また，東隣の街区（水笠通1丁目）にあった街区公園の都市計画公園（5,700m²）が必要なくなり，結果的に廃止になり，近傍に換地先が生み出されることとなり，換地を希望する権利者が多くなった。そんな中で，公園面積を縮小してそこに共同化ビルを建てて同町内に残る案も検討したが，希望者が少

表6-10　まちづくり提案の提出日

事業地区	面積(ha)	協議会数	協議会設立年月日			まちづくり提案提出日			期間年月		説明回数
鷹取東第1*	8.5	1	1995	7	2	1995	9	12		2	95
六甲道駅西	3.6	1	1995	3	26	1995	11	24		8	36
松本	8.9	1	1995	5	7	1995	12	18		7	64
六甲道駅北	16.1	8	1995	11	18	1996	4	10		4	84
御菅東	5.6	1	1995	6	18	1996	4	16		8	67
御菅西	4.5	1	1995	4	23	1996	9	13	1	4	45
鷹取東第2	19.7	10	1996	2	25	1996	10	25		8	90
新長田駅北**	59.6	21	1996	6	13	1996	10	30		5	361
森南第1	6.7	1	1996	12	8	1997	3	10		4	
森南第2	4.6	1	1997	1	19	1997	9	5		8	***69
森南第3	5.4	1	1995	4	8	1999	3	9	3	11	

注：設立日は協議会が複数の場合，最遅日とした。
*　鷹取東第1地区はまちづくり提案ではなく確認書提出。
**　1996.11.5にJR鷹取工場エリア（19.7ha）を追加編入した。
***　森南第3地区の提案提出日までの3地区合計の回数。

なく，西隣の街区（水笠通3丁目）の建物共同化の計画に参加することとなり，苦渋の決断として原案通りの近隣公園の計画を受け入れることとなった。

鷹取東第2地区では，防災空地の構想で，千歳小学校（0.8ha）の横に新たに千歳公園（1.3ha）が計画決定された。公園の予定地となる千歳町1・2丁目の住民は戻るところがなくなるため，協議会としては反対し，公園の分散案を1995年12月に「まちづくり提案」した。しかし，1996年8月に地区に隣接するJR鷹取工場が被災し兵庫県西部の網干電車基地に移転が決まり，工場跡地を事業区域に編入して，事業地区は拡大することとなった。それに伴って，千歳小学校が地区外の大黒小学校と統廃合し，工場跡地地区内に移転することが決定した。これらを受けて，旧千歳小学校用地に千歳公園の位置を変更するとともに，面積も1haに縮小する計画に変更することが最終的には結論となった。(3)

このように各事業地区では，根幹施設の公園や主要道路の位置や規模が住民と協議会の間で決まることで，復興まちづくりの詳細計画が固まり，さらに住民の合意を得た「まちづくり構想案」が，「まちづくり提案」の形で，市長に受理された。

表6-10に各地区のまちづくり提案の期日について示している。協議会設立からまちづくり提案までの期間を見ると，基本的には8カ月程度の時間を要している。この期間は，協議会で住民にアンケート等を実施して意見を聞き，コンサルタント等とまちづくり構想を作成し，さらに集会やアンケート等で住民の賛同を得るまでに要した時間である。

例外的に森南地区の協議会は，本来事業反対のために早期に設立したが，事業化を求める地域が協議会を脱退して独立した（第1地区と第2地区）後も，森南第3地区だけは最後まで当初のまま反対の意向を示し，最終的にはほぼ減歩率0の現状維持的な案で妥協するまちづくり提案が提出されるまでに多大な時間を要したのである。[(4)]

7 「住民参加型」から「住民主体型」まちづくりへの移行

第2段階の都市計画に向けての，まちづくり協議会の活動で重要な点は，協議会とコンサルタントや専門家で詳細計画を策定するまでの過程である。協議会では，住民自身が考える復興のまちづくり計画案を，地区の住民の総意が得られるまで，修正して作り直す努力が何度もなされた。つまり，住民自身が積極的に参加した協議会が，それまでの行政がしてきたような，計画を作り，住民の意見を聞き，それらをプランに反映することを，協議会自身が責任を持ってやっただけではなく，住民が住民を説得するという行動にまで発展させたことであった。

それまでの「住民参加」とは，行政が提案してきた計画内容に対して，住民は行政側に，反対や修正等の様々な意見を出す形態が一般的である。その際，住民側から出された代替案の内容のうち，実現できないことは，行政側からその理由を説明し，住民側の納得を得るか，修正案で妥協点を見つけるようにしなければならない。図6-14の左図に，住民，コンサルタント，行政の関係を

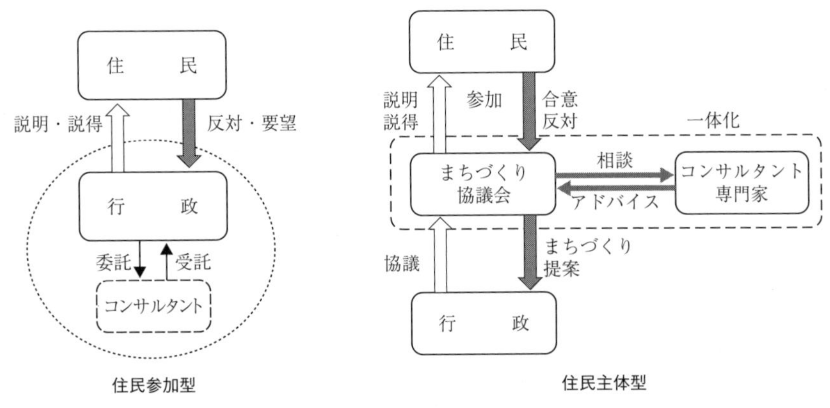

図６−14　住民・まちづくり協議会・コンサルタント（専門家）・行政の関係図

示している。「住民参加型」では，コンサルタントや専門家は行政とは委託↔受託の関係であり，裏方に徹するか，場合によっては，専門的知識を持つ者として参考意見を述べるのが通常である。「住民参加型」のまちづくりは，このように，行政が進めようとする事業やまちづくりに住民の代表者や反対する住民が参加して，協議の場で出された住民側の意見を取り入れながら進めるのが基本である。

一方で，震災復興事業で進められたまちづくりの方法は，そもそもが第１段階で行政側が住民の参加が充分でなかったことから，第２段階で住民参加を推進しようとして考案された手法であった。その進め方は，すでに神戸市にまちづくり条例があったことで，図６−14の右図に示すように，まちづくり協議会を基盤とした住民参加活動の形態がとられ，協議会は派遣されたコンサルタント・専門家に相談しながら一体化し，行政と協議しながら，そして，全て住民間で意見の調整を図りながら進めていくことになった。

そのためには，住民側（まちづくり協議会）の「まちづくり提案」には，地区の将来像に対する，単なる行政への要望の羅列であってはならない。そもそも自分たちで主体的に復興のまちづくりの計画を考える行為が住民自身に委ねられたとすれば，そこには一定の責務が発生することとなる。つまり，住民と行政が応分の負担（住民側は労務負担，行政側は事業費用と工事の負担）を伴いながら，協働して実施することが前提でなければならない。また，公共施設の整備等は，それぞれの施設に関する法律（例：道路法や河川法）に基づかなければ実施できないことを，住民側も理解することとなった。

そもそも，震災復興事業を行う本来の事業施行者は行政であり，財政的措置や法律的措置，及び工事の発注と施工管理等の行為に責任と権限がある。第2段階の都市計画では，その計画策定の責任の一部を，まちづくり協議会にまちづくり提案という形で試験的に委ねた形をとった。しかし，行政側が物理的財政的に不可能と判断する内容は，現実的には実現できない。その場合には，事前に協議会側にできない理由を伝えなければならない。協議会として，専門家の意見も聞き，提案内容として却下するか，変更して対処できるのか，事前に行政と調整できる形にしなければならない。

そのために，もうひとつ重要なことは，協議会として会議等を重ね，そこで様々な要望を出した住民に対して，その提案内容が実現できないことを説明し，代替案を打ち出すか，提案内容を却下しなければならない責務が発生することとなる。

「住民参加型」まちづくりから脱皮し，「住民主体型」まちづくりに移行できるかは，住民の有志の会である協議会が，ひとつの「機関」として判断して，その構成員である住民と正面から向かい合い，協議，あるいは説得という行為で，自分たちが考えるまちづくりに向け実現できたかどうかである。

神戸市内で進められた復興土地区画整理事業の11地区の中で，森南第3地区を除く10地区では，協議会がリード役を務め，専門家のアドバイスを受け，行政と調整して，自分たちの描いたまちの復興を成し遂げたので，「住民主体型」まちづくりが実現できたのである。例外となった森南第3地区は，当初から神戸市の復興事業に反対し，形式的には協議会が設立され，継続したが，「現状維持」の要望を変えることもなかった。ある意味，「住民参加型」の状態で，最後まで住民が主体的に動くことはなかった。

住民参加型から住民主体型へのプロセスは，有志の会である協議会の役員と専門家が共同で役割分担を図りながら，地区住民の合意を得るまでのプロセスでもある。住民主体型のまちづくりを確立した協議会は，その主体的な活動に責任を加えたより高い段階として，「住民主権型」に発展することとなる。次章で具体的事業の事例をあげ，説明していく。

注

(1) 震災の発生直後に設置された現地相談所の場所　森南地区：東灘区森南町２丁目森公園内仮設テント（～８月末まで），六甲道駅周辺：灘区森後町３丁目駐車場（～３月末まで），松本地区：兵庫区松本通２丁目川池婦人会館内（～３月末まで），御菅地区・新長田／鷹取地区：長田区五番町８丁目長田工業高校内（～３月末まで）

(2) ㈶阪神・淡路大震災復興基金：阪神・淡路大震災からの早期復興のための拡販の取り組みを補完し，被災者の救済及び自立・支援並びに被災地域の総合的な復興対策を長期・安定的，機動的に進め，災害により疲弊した被災地域を魅力ある地域に再生させることを目的に設立された。基本財産（出捐金）200億円，運用財産（長期借入金）8,800億円，計9,000億円であり，うち兵庫県及び神戸市は地方債を発行して，8,800億円を基金に無利子で貸付し，地方債にかかる利払いの一定割合を国からの地方交付税により補塡されている。

(3) 両公園の都市計画変更の経緯は，中山久憲『神戸の震災復興事業』p. 115-120で詳述している。

(4) 都市計画変更の経緯は，中山久憲，同前書，p. 123-129で詳述している。

第7章
「住民主権型」まちづくりの確立

1　第2段階の都市計画の進め方

まちづくり提案から事業化へ

まちづくり協議会は，復興後のまちの姿を検討し，住民の合意を得て構想案をまとめ，「まちづくり提案」として，事業の施行者である市長に提出した。

これにより，バトンは施行者である行政に引き継がれ，「まちづくり提案」はほとんどそのまま反映され，第2段階の都市計画として，都市計画の変更と追加，さらに事業計画の認可を経て，行政が施行者となって復興事業が開始されることとなった。表7-1に各協議会の第2段階の都市計画が完了するまでの時期と期間を示している。

事業化されるまでの時期を見てみると，最も早いのが鷹取東第1地区の11カ月で，震災から1年も要さずに事業化に至った。他の地区でも概ね2年以内に事業化までこぎ着けることができた。通常の事業と比べても短い期間であり，2段階都市計画の手法は，まさに「急がば回れ」的になった。森南の3地区は，住民間の対立から事業区域が3分割になったことなどにより，話し合いや手続きに時間を要し，3～5年近くかかった。

ここまでが，2段階都市計画で求められた住民参加，そして住民の主体的な活動から，その形態が住民主体型のまちづくりに変化していったプロセスの終着点である。つまり「まちづくり提案」こそが，協議会の目指してきた「ゴール」である。

その後の復興事業としての土地区画整理事業は，事業計画の認可後に土地区画整理審議会の委員の選挙が実施され，選ばれた委員による審議会が開催され

表7－1　第2段階の都市計画（まちづくり提案と事業計画決定）までの時期（事業化順）

事業地区	面積(ha)	協議会数	まちづくり提案提出日			震災から提案までの期間（月）	第2段階の都市計画（変更）			事業計画の決定日			震災から事業計画までの期間(月)
鷹取東第1*	8.5	1	1995	9	12	8	—	—	—	1995	11	30	11
六甲道駅西	3.6	1	1995	11	24	11	1996	3	27	1996	3	26	14
松　　本	8.9	1	1995	12	18	12	1996	3	27	1996	3	26	14
新長田駅北**	59.6	21	1996	10	30	21	1996	7	10	1996	7	9	18
六甲道駅北	16.1	8	1996	4	10	15	1996	8	14	1996	11	6	22
御　菅　東	5.6	1	1996	4	16	15	1996	8	14	1996	11	6	22
御　菅　西	4.5	1	1996	9	13	20	1997	2	28	1997	1	14	24
鷹取東第2	19.7	10	1996	10	25	21	1996	12	27	1997	3	5	26
森南第1	6.7	1	1997	3	10	26	1997	6	3	1997	9	25	33
森南第2	4.6	1	1997	9	5	32	1997	11	27	1998	3	5	38
森南第3	5.4	1	1999	3	9	50	1999	7	23	1999	10	7	57

注：年月日は協議会が複数の場合，まちづくり提案は，最遅日とし，事業計画の決定日は最早日とした。
＊　鷹取東第1地区はまちづくり提案ではなく確認書提出。
＊＊　1996.11.5にJR鷹取工場エリア（19.7ha）を追加編入した。

る。施行者は，認可された事業計画により，道路や公園等の公共施設の配置を基本に，各権利者の宅地の換地のための作業（換地設計標準に基づいた個々の宅地の減歩率に応じた換地後の面積の計算と位置の案）により作成された仮換地案を土地区画整理審議会に諮問し，意見を聞き，答申を得る。この仮換地[1]指定作業によって，宅地の規模と位置が確定し，道路等の公共施設の地下には水道，下水道，ガス等の供給管の埋設工事を施工し，その後に道路の側溝等の街築工事が行われる。こうしてライフラインが整備され，宅地として使えるようになり，権利者に仮換地指定通知書を送付する。そこで初めて使用収益が開始され，地権者は仮換地先に本格的な建物の再建ができることになる。最後に道路の舗装が施工され完成する。

全ての仮換地が確定する段階に達すれば，従前地と換地の土地の評価を行い，清算金を確定する。その方法や評価内容について専門的な立場からの意見を聞くために，評価委員会の委員を土地区画整理審議会に諮り選任する。施行者は選任された評価委員の意見を聞きながら，全ての換地に対する従前と従後の比較評価を行い，その差を清算金として確定する。その結果の内容を換地計画として地権者に縦覧し，地権者は不満等があれば意見書の提出ができ，その採択は土地区画整理審議会に諮る。審議の結果，意見書の採択がなければ，その答申を受けて，施行者は換地計画を公告し，換地処分により，法務局に換地の内容が登記されて，清算金の交付・徴収が行われる。このような作業が全て行われて，事業の完成を迎える。

まちづくり提案を尊重した第２段階の都市計画の変更

神戸市まちづくり条例の第８条に，市長のまちづくり提案への配慮が明記されており，２段階都市計画を採用した神戸市は，住民参加を重んじるため，提案内容を尊重して，そのまま都市計画や事業計画に反映することとなったことは第６章で説明した。ただし，そのためには住民側からの単なる要望ではなく，実現性を考慮して，事前に行政側との調整や住民間での説明理解を得ることも必要であった。

その１つの結果として，第２段階の都市計画変更が実施された。表７−２にその具体的な内容を示した。

第１段階の都市計画の案が公表された際に，広幅員道路や１ha 規模の公園は必要ないという反対意見が強かった。しかし，まちづくり提案を経て，行政が都市計画の変更を認めたのは，森南３地区の道路の変更だけであり，近隣公園は第６章で説明したように，六甲道駅北地区と鷹取東第２地区で変更になった。そして，地区の住民が利用する街区公園の位置と規模（1,000〜2,500m^2）は，事業地区内の適切な配置（地区の全てが公園から半径250m の圏内にあること）となるように，協議会と住民が話をして案としてまとまり，新たに都市計画で追加決定となった。最終的な決定までに，町丁ごとに賛否の意見があり，協議会の会長同士で話し合いをして決定した公園もあった。街区公園の計画決定は，行政の意見に左右されず，まさに「住民主権型」で，決定までの全てを住民が仕切った典型事例であった。

森南の３地区は，地区が分裂したことを受けて，東西を結ぶ主要道路であっ

表7－2　第2段階の都市計画での都市計画変更内容（道路・公園）

事業地区	第1段階の都市計画	第2段階での都市計画の変更内容
鷹取東第1	なし	なし
六甲道駅西	なし	*琵琶町公園*（1,000m²）
松本	松本線（17m）	*松本東公園*（2,500m²）， *松本西公園*（1,000m²）
六甲道駅北	六甲町線（17m）， 六甲道北公園（10,000m²）	六甲道北公園の面積縮小（10,000m²→8,000m²）， *六甲町公園*（1,000m²）
御菅東	なし	*御菅北公園*（1,000m²）， *御菅南公園*（1,000m²）
御菅西	なし	*御蔵北公園*（1,000m²）， *御蔵南公園*（1,000m²）
鷹取東第2	千歳公園（13,000m²）	千歳公園の位置変更と面積縮小（13,000m²→10,000m²）， *戸崎通公園*（2,500m²）
新長田駅北	五位池線（22m→25m），神楽御屋敷線（17m），神楽西代線（17m），松野御屋敷線（17m），水笠通公園（10,000m²）	水笠公園（5,700m²）の廃止， 水笠通西公園（1,500m²）の位置変更， *川西通公園*（1,500m²）， *細田町公園*（1,100m²），
森南第1 森南第2 森南第3	森本山線（15m→17m）， 駅前広場（3,000m²）， 本庄本山線（13m）	森本山線（18m）の廃止， 駅前広場縮小（3,000m²→2,700m²）， 本庄本山線（13m）の延伸， *森南東線*（13m），*森南線*（11m）， *森南西線*（6～12m）

注：斜体名は新たな追加。
　　なお，第2段階以降で定めた区画道路（6～10m）の表記は削除している。

た森本山線が分断され，南北道路に機能が移り，駅前広場も自動車の交通広場から歩行者専用の広場に変更し，面積の縮小も行われた。

道路の幅員変更を求めなかった背景

第1段階の都市計画が公表された際に，2車線道路の標準幅員の17m（車道3m×2，停車帯2m×2，歩道3.5m×2）などについて，広すぎる道路は不要とする意見が，松本地区，六甲道駅北地区，新長田駅北地区と森南地区から出

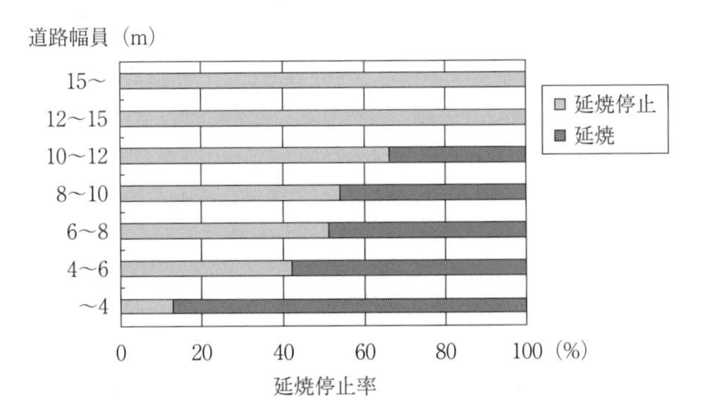

図7-1　道路幅員と延焼停止率

出典：国土交通省都市・地域整備局都市交通調査室。

された。

しかし，第2段階の都市計画では，森南3地区を除いた地区では，なぜか住民意見として，変更するべき提案がなされなかった。

松本地区，六甲道駅北地区と新長田駅北地区では，大規模火災が発生し，多くの家屋が焼失した。その原因となったのは，倒壊した家屋に延焼したほか，火災による輻射熱で延焼したケースもあった。その輻射熱に対して，震災後の現地調査で明らかにされたのが，図7-1で示す道路幅員と延焼停止率の関係である。道路幅員が6～10mでは，50%程度の停止率であるが，12m以上になれば100%の停止率になっている。

つまり，復興後のまちの道路の配置計画で，基本は区画道路の幅員6mとするが，火災時の延焼を遮断するために，一定の距離ごとにより広い道路を配置することが欠かせなくなった。被災した地区では，広い空間の確保の必要性を痛感した。広くても狭くても2車線の道路である限り，交通量はそれほど変わらない。歩道をしっかり取ることで，歩行者や車椅子でもゆっくりと通行ができ，植栽もできる。専門家を通して，都市計画道路は減歩の対象にならないことを説明され，道路の配置を検討した結果，17mの幅員の道路は原案通りとして，変更を求めないことで納得できたからであった。

道路幅員の変更ではなく空間の使い方に対する提案

広い幅員は火災時の遮断効果が認められたが，２車線の道路としては広すぎるという意見は根強くあった。それならば，空間の使い方を住民側で考えればよい。その意見を「まちづくり提案」すればいいのではないかという考えが，協議会で専門家を交えて検討された。その具体策として発想されたのが，火災延焼を鎮火できなかったのは，消火用の水が不足していたからではないか。震災時は水道の水に頼るのではなく，独自の水源を確保できないか。それには，道路空間の一部を利用して「せせらぎ」を作れば，いざというときの水源にできるのではないか，ということだった。

大規模火災で被災したが，道路の変更は求めなかった３地区は，「せせらぎ」をまちづくり提案することになった。どのようにして提案にまで至ったのか，代表地区となった「松本地区」の事例で紹介する。

2　松本地区のせせらぎの設置

松本地区の大規模火災被害

都市計画道路松本線の幅員17mの断面構成の中に，せせらぎの整備がまちづくり提案されたのは，協議会の会合での，１人の被災者からの「火事の時に水があったら……」という切実な一声[(2)]からであった。

震災直後の５時50分頃に地区の南に隣接する上沢通３丁目で火災が発生した。200mほど東に兵庫消防署があったが，全市で同時多発的に発生した火災への対応のため，全ての消防車が出動して，松本地区の現地には１台も駆けつけることができなかった。そのため，消火できない火は，北西に吹く風に乗って，松本通３丁目と４丁目に飛び火し，倒壊した家屋に次々に延焼していった。やがて，消防車は来たが，消防水利の破壊・切断により消火栓が断水し，地域内の防火水槽６基，湊川中学校のプール１基の水で消火しようとしたものの鎮火できず，折からの北西に吹く微風で，木造住宅密集地は一昼夜燃え続けた。そこで，地区北側の会下山の北に流れる新湊川からホースを800m程度つないで

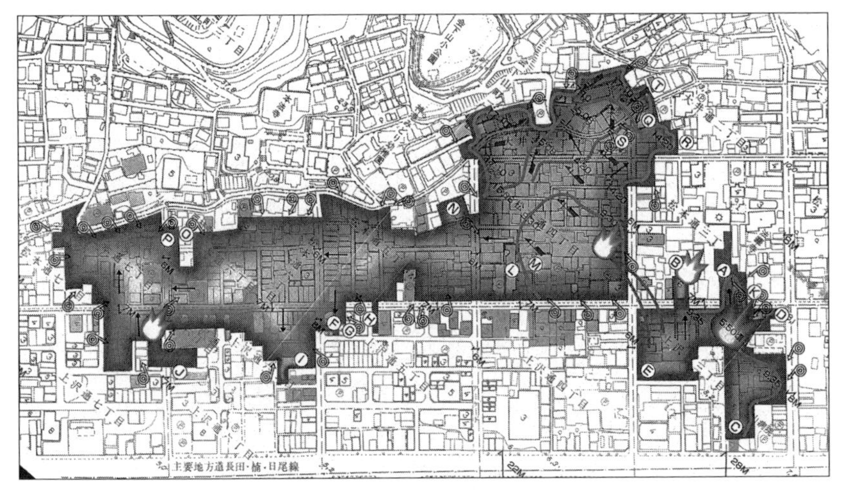

図７−２　松本地区火災延焼動態図

出典：神戸市消防局編『阪神・淡路大震災における火災状況』p. 61–62。

なんとか消火用の水を確保し，発生翌日の３時頃ようやく鎮火した。

地区面積約９ha のうち７ha が焼失した（図７−２）。被災状況は，火災では643棟が全焼，５棟が半焼となり，焼損延べ面積は94,787m^{2}で，神戸市内で２番目の大規模火災による被災地域となった。地区全体で，倒壊と焼失を合わせて建物の81％，1,021世帯が罹災し，40名の尊い命が犠牲となった。

せせらぎ設置のための課題の解決

「せせらぎ」設置の具体化のために，松本地区まちづくり協議会は当初の道路幅員構成の南側歩道を3.5m（当初案通り），車道を当初案10m から停車帯を不必要として7.0m とし，その減少分3.0m を北側の当初歩道3.5m に振り分けて6.5m とし，その中に幅1.0m のせせらぎを建設することとした（図７−３）。

最大の課題は，せせらぎを流れる水の確保であった。さらに，自然流下ではなく人工水路のため，管理の主体を誰がするか，そしてその経費をいかに少なくするかであった。

その点について，せせらぎに流す水は有料の水道水ではなく，無料の水源を

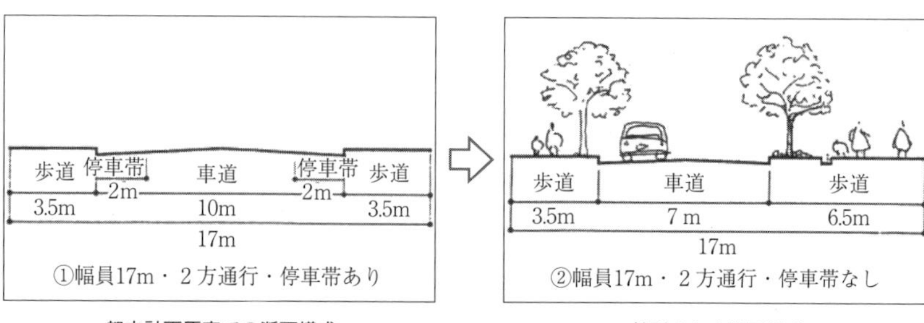

都市計画原案での断面構成　　　　検討された断面構成

図７−３　松本線の道路断面の考え方

出典：『松本地区まちづくり提案　その１』p. 9。

行政側で探す。完成後にせせらぎの躯体のハード面の管理は行政が，清掃等のソフト面は住民自身が責任を持って実施することが確認された。

協議会と行政の双方の努力の結果，行政側からの方策として，図７−４のように，地区から約３km 離れた北区の鈴蘭台下水処理場から，地区の約400m 北を流れる新湊川に放流されている下水道の高度処理水を水源とし，その水の導水路工事を行政側で実施することとした。水量は１日5,000トン（100トン防火水槽50個分）を予定し，新湊川から松本地区までは専用水路で引き込む。費用は，せせらぎを下水の放流渠として位置づけて，整備と事業費は行政側で担当することにした。一方で，栄養素の高い高度処理水は日照下では藻が繁茂するために，協議会では，一定期間ごとに地元組織（後の「せせらぎ管理会」）が水路の清掃を担当することとした。

こうした住民側と行政側による話し合いの結果，1995年12月10日に「松本まちづくり提案　その１」として，協議会から市長に提案された。そして，事業の進捗に合わせて工事も進み，2003年９月に総延長637m にわたる「せせらぎ」が完成し，提案が現実化した（写真７−１）。また，道路を地区の「シンボル道路」としても位置づけ，歩道部分には C-C-BOX を整備して，電線類を収納し，無電柱化を図った。さらに，景観的にも配慮し，美しい洗い出しの平板舗装，さらに，町ごとに線形や仕上げ材料に変化を持たせ，途中に金魚や鯉が泳げる深みを設けた。この深みは，火災発生時に消火用の集水枡を兼ねるも

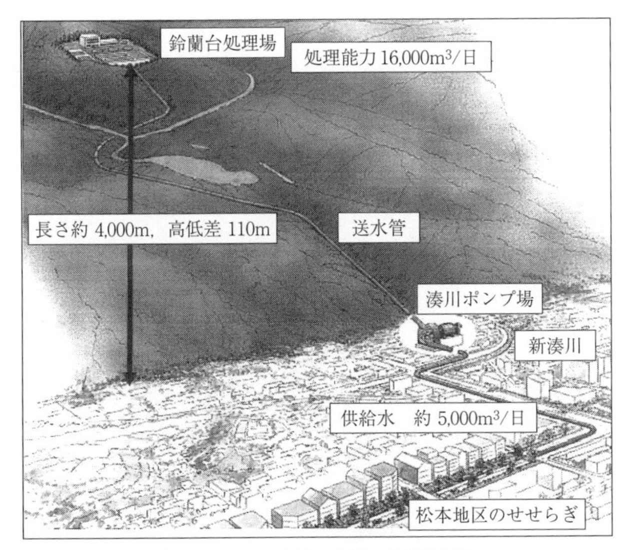

図７−４　せせらぎの水源の位置と流路

出典：神戸市。

写真７−１　完成した松本線のせせらぎ

写真提供：神戸市。

写真７−２　せせらぎの清掃活動（月に２回）

写真提供：神戸市。

のでもある。

せせらぎの完成以来，せせらぎは地域のシンボルとして受け入れられ，苔等の除草を中心に清掃活動が月に２回，欠かさず実施されている（写真７−２）。せせらぎの整備された松本線は，のちに「松本せせらぎ通」と呼ばれる地区のシンボル景観軸の形成に大きく寄与することとなった。

さらに，松本地区のせせらぎの設置を通じた住民の活動は教科書や副読本（神戸市教育委員会「幸せ運ぼう」中学校用・小学校１・２・３年用）にも載せられている。まさに事業を通じて培われ育てられた住民主権型のまちづくりの一面である。

卓越したリーダーの出現と「住民主権」の実践

震災前の松本地区には，地域全体をまとめる組織は特に存在していなかった。自治会すらない丁目もあった。このような地域を１つにまとめるのは一般的には非常に時間がかかるが，松本地区は１つの住民運動と行動力のある卓越したリーダーが出現し，地域をまとめるだけではなく，新しい住民活動の方向性を生むこととなった。

地震直後に発生した火災により焼失した家屋に対して，火災保険に加入していても，地震免責で火災保険の適用ができないことを地震後に初めて知った人は多い。地震免責は納得できないと，大井通３丁目の自治会長である中島克元氏（当時39歳，後の松本地区まちづくり協議会会長）が問題提起した。それに同調する罹災者と２月18日に集会を持ち，「火災保険会社を糾弾する会」が結成された。弁護士等にその後相談したが，普通の火災保険契約は約款上，大規模自然災害には適用されないことが明らかにされた。ただし，保険会社からの見舞金の支給についての不誠実な姿勢に抗議するために，住民大会が３月７日に開催された。組織の名前を「罹災者による罹災者のための松本地区復興委員会」（以下「松本地区復興委員会」）に変え，集まった70名を会員として活動が始まった。

２月28日に第１段階の都市計画案の縦覧が始まると，避難所にいた被災者の一部の人から，復興事業の名の下に，被災者に唯一残された財産である土地を奪ってしまう土地区画整理事業は許せないと，事業に反対する約500名の署名が集まり，「事業に反対する有志の会」という名の活動も始まった。その署名は意見書として兵庫県に提出された。

「松本地区復興委員会」は，「自分たちの地域には幅員17mの松本線は広すぎる。土地区画整理事業も反対だ。しかし，行政がいったん決めたことを撤回しないことは理解している。そもそも火災が広がったのは道路等の都市基盤が未整備であったからであって，これからは反対運動だけでは将来が開けない」（会長の弁）と，その姿勢を転換し，会として，土地区画整理事業を推進する立場を鮮明にした。その際に，神戸市に「復興委員会の活動を援助すること・事務所を用意すること・地区内に被災住民のための仮設住宅を造ること」などを意見書として提出した。行政への活動の傍ら，会員には活動するための事務所が必要だと訴えたところ，地区内の権利者からコンテナの寄付と，別の会員からは暖房設備と電話・電気工事の無料提供の申し出がなされた。復興委員会の事務所は，その後3月19日に松本通4丁目に完成した。

復興委員会は，提出した意見書は採択されなかったが，都市計画の決定が告示されると，あらためて，神戸市の担当部局に事業地区内に仮設住宅建設の要望を出した。その際に，行政との交渉窓口として，地域を代表する住民組織として「まちづくり協議会」を設立した方がよいと担当者から助言を受けた。具体的な組織設立のための相談をするため，4月上旬に地元の行政機関で区民に顔を向けている兵庫区役所まちづくり推進課に行った。

区役所からは，根拠となる神戸市まちづくり条例や，まちづくり協議会の役割，設立までの手続き，市長は協議会が提出するまちづくり提案を尊重しなければならないことなどが説明された。その後も数回にわたる話し合いで理解を深め，先行事例の真野地区や浜山地区の例を参考にして，規約づくりが進められた。さらに，行政の下部組織にならない自覚を持って，地域住民の代表組織と位置づけられるために，構成メンバーとして町丁ごとの代表（自治会長等）が入り，まちづくり協議会設立準備会がスタートした。

5月7日に「松本地区まちづくり協議会」の設立のための総会が開催された。名簿による案内と，口コミによる協議会への参加の呼びかけで，総会には270世帯340名が参加した。議論が尽くされた後に，一部の反対もあったが圧倒的多数で協議会の発足が承認され，役員は準備会のメンバーからと，他のグループからの立候補者を含めて選出され，協議会会長には中島氏が選出されたのであった。

松本地区のまちづくりのその後の特徴は，まちづくり協議会の会長である中島氏のリードによるオリジナリティにあふれたアイデアが協議会の中で検討され，各所に取り込まれた復興過程であった。会長は，それまで１つの町の自治会長として地域活動をしてきた存在にすぎなかったと本人が言うように，震災による火災で自宅を焼失したが，火災保険の適用が免責になることに疑問を持ち，同じ疑問を持つ人々と保険業界に問題をぶつけることから住民運動を始めた。それが，第１段階の都市計画の手続きが進む中で，復興土地区画整理事業の手法にも疑問を持ち，一時反対の立場で行政と対立する運動に進んだ。しかし，その過程で，被災が大きくなった原因を理解し，復興事業の必要性について半信半疑で取り組む中で，まちづくり協議会という被災住民組織を立ち上げることで，行政と対等に交渉できる窓口となり，住民側で独自の考えを条例による「まちづくり提案」で提起すれば，それを実現できる可能性があると信じ，協議会の仲間とともに強力にその運動を国・県・市に働きかけ，復興事業そのものに関わっていったのであった。

その具体的なアイデアが「せせらぎ」の設置であった。被災した住民の「……水があったら……」というつぶやきをヒントに，当初の都市計画道路松本線の幅員17mは必要ないが，防災対策として常時水の確保できる「せせらぎ」の設置を交換条件として受け入れることを提起した。それは，行政はいったん決めたことはいくら反対しても実行するのがこれまでの例だとする会長の考えの中で，それなら条件闘争として，道路の幅員構成を変更して，そこにせせらぎを設置したい。しかも，それをまちづくり提案に盛り込むことで，行政は受け入れざるを得ないという判断をし，協議会として粘り強い交渉を進めた。その際に水源の問題と管理の課題が提起されたが，水源は行政側で確保してもらうが，管理は提案側の住民側で受け入れる。つまり，まちづくりとは住民のコミュニティの主体的な活動であるという考えに立ち，自分たちのシンボルとなるせせらぎにボランティアによる定期的な清掃活動ができないならば，復興への住民の思いを行政には要求できないと主張し，住民の理解を得ることにも成功した。下水の高度処理水とはいえ窒素やリンを高濃度に含むため，太陽光にあたると藻の繁殖が活発で，２週間に１度のペースで清掃活動をしなければ美しいせせらぎが維持できない。その活動を住民自身のボランティアで支えることは大変であるが，逆にそれを通じて住民のコミュニティ活動を積極的に維持し，復興で培われた人との絆の大切さを大事にすることができると判断したのである。その後，２つの街区公園の整備，コミュニティ道路の整備などのアイデアの提案だけではなく，住民側も管理に対して責任を持つ「主権者」としての立場に立ち，住民自身で考え活動することで，行政の求める「協働」の事業の展開に結びつけた。ここに，「住民主権型」まちづくりが想起され，その後のモデルとして，震災復興事業を通じて各地区にも浸透していくことになった。

「住民主権型」まちづくりならばこそ，松本地区の復興後の姿は安全で安心して暮らせるだけではなく，創意工夫にあふれ，かつ美しいまちを創造し，住民自身で維持することに成功している。

せせらぎの完成で，火災等の発生時や水道が使えない場合の初期消火活動ができる災害に強いまちに，そして平時はまちに潤いと憩いの空間が生まれた。住民は，せせらぎのあるまちとしての評判や宅地の評価が高くなったと語っている[(3)]。また，せせらぎの清掃に地域の人が参加することで，まちづくりの実践の気運が盛り上がったとも語る。

こうした住民主体のまちづくりの取り組みは，2002年９月の国土交通大臣賞「いきいき下水道賞」，同年10月の都市景観大賞「美しいまちなみ大賞」を受賞したほか，2003年12月には神戸景観・ポイント賞2003特別賞「まちなみ賞」を受賞し，松本地区の活動が内外に大きく知られるようになったのである。事実，全国のまちづくりを目指す自治体や地域団体からの視察が絶えないほど有名になった。

3 復興事業展開後の新たなまちづくり提案

第２段階の都市計画は，震災で被災した地区の住民自身が考えた地区独自の

表7-3　まちづくり協議会からのまちづくり提案の回数

事業手法	事業地区	協議会数	提案回数
土地区画整理	森南第1	1	6
	森南第2	1	4
	森南第3	1	2
	六甲道駅北	8	9（6）
	六甲道駅西	1	3
	松本	1	5
	御菅東	1	2
	御菅西	1	1
	新長田駅北	18	65（5）
	鷹取東第1	1	1
	鷹取東第2	10	7（2）

注：（　）は連合協議会からの提案回数（外数）。
出典：神戸市データ（2011年末）。

復興詳細計画の構想案を「まちづくり提案」として市長に提出し，第2段階の都市計画決定（変更）と事業計画の認可で基本的には終わる。このため，「まちづくり提案」が行政側に受理されることによってゴールに到達したことになり，協議会はその役割を一応果たしたことになった。事実，その後に事業が動き出したことを境に，協議会の活動を終えて解散し，その後の活動を自治会等に引き継いだところもある。

一方で，協議会活動に参加した住民自身が，「住民主体」で何ができ，行政と協働で何ができるかも理解するようになった。その結果，協議会活動を継続し，新たな都市空間として確保される道路や公園という真白なキャンバスの上に，住民自身の手で独創的な絵を描き，完成後も住民側の責任で関与していこうとする「住民主権型」の考えも芽生えてきた。第2段階の交渉過程を通じて協議会側から信頼を得た行政側も，協議会の場に参加し，実現できることと，できないことの判断だけではなく，実現できるための条件を具体的に提示することとなった。そこでまとめられた案が，第2次，第3次と複数回にわたるまちづくり提案として協議会ごとに提出されることとなった。表7-3に各事業地区のまちづくり提案の回数を示した。

協議会平均で2.4回の提案回数である。新長田駅北地区のように協議会数が最終的に18もあり，それぞれが単独で出したことなどで，地区全体で65回（＋連合協議会から5回）を数えるところもある。

提案された内容は，主には住民が日常的に利用する立場から，施設の具体的な整備の方法や配置計画，逆に配置の変更，さらに換地計画に大きな影響を与える建物共同化用地の配置や受皿住宅の用地の設定，建物の建設に関わる用途地域（容積率や建ぺい率も含む）の変更，地区計画案などである。当然，最初のまちづくり提案が事業化推進を基本としたのに対して，それ以降は，地区ごとに地域の歴史や文化，あるいは地形や特性が配慮された，ある意味で多様で個性あるものが少なからず見られた。

これらの提案をもとに，施行者である行政側は，必要に応じて都市計画の変更手続きや事業計画の変更手続きなどを進め，事業の中で具体化していったのであった。

協議会の中には，行政との間にできた信頼関係から，あえて「まちづくり提案」という形式を取るのではなく，「要望書」という形で提案するところも出てきた。それは，形式をとるか，実質をとるかの区別であり，本質的にはまちづくり提案と同じように取り扱われた。

4 「住民主権型」による特徴あるまちづくり

住民主権型で個性と愛着のあるまちへ

第2段階の都市計画，あるいはそれ以降の段階でまちづくり提案されて実施された事業の中に見られた特徴は，提案内容を行政の手に委ねるだけではなく，住民自身が責任を持って自らの役割を果たすことを前提とする「住民主権型」のまちづくりが進められた点である。

土地区画整理事業の目的は，都市基盤の整備によって宅地利用を増進することではあるが，換地手法で宅地を元の場所から移転することができる利点がある。それを活用することで，道路の位置の変更や幅員の変更，あるいは宅地の集約化による集約換地（換地を短冊状に指定し全体で1つの土地として利用する）が可能となった。しかし，一方で「照応の原則」があり，換地先は従前地の位置や地形などを考慮して定めなければならず，換地先がその原則に反していれば，地権者は「不服申し立て」が可能であり，その裁定に不満であれば，訴訟によって裁判所で判断をしてもらうことができる。

協議会として，まちづくり提案に至るには，プラン作成には，事業手法に精通するコンサルタント等の専門家から，制度の紹介や手法の特徴，解決しなければならない条件の整理などの支援を受けることとなった。内容によって大きな条件となるのが，プランによって影響を受ける地権者の合意を得なければならないことであった。その合意の取得のため，協議会の役員や，提案内容の賛同者及び専門家は，影響を受ける地権者と話し合いの機会を設け，理解を得るまで案の修正や，場合によっては説得するという活動が必要となった。

まさに，限られた地域や地区の問題であり，広域的かつ公平性を重視する行政の立場だけではできない内容であり，一定の地域のまちづくりを請け負った形での協議会が果たす「住民主権型」の本領の部分であった。そのやり方は，一定の区域に限定されるが関係者の全員合意が不可欠であり，そのための条件の整理に責任を持たなければならない。すなわち，地権者に対する説明・説得部分の責任と，事業権限を持つ行政の理解を得る部分の責任，さらに，完成した後の管理に関する部分の責任である。

２段階都市計画の進め方を理解し，そのプロセスで初めて体験しなければならなかった課題を１つずつ解決していく中で，協議会として様々なことを学ぶこととなった。その過程で得ることができた経験を，第２段階の都市計画以降で住民独自のまちづくりの中に活かし，協議会独自の責任のとり方を展開することができた結果，各事業地区では特徴のある「住民主権型」のまちづくりが実現できることとなったのであった。

本節では，そのいくつかについて，発想の方法や調整の仕方を，事例をもとに紹介していく。

「せせらぎ」整備による地区のシンボル化

松本地区を１つの手本にして，六甲道駅北地区，新長田駅北地区でも，「住民主権型」のまちづくりの進め方で，行政と協働で整備し，住民側で管理する「せせらぎ」が実現した。その概要について表７-４に示した。

六甲道駅北地区では，８協議会で構成した「まちづくり連合協議会」からの

表7－4　土地区画整理事業で設置されたせせらぎの概要

地区名	道路幅員	延長	完成年	水　源	日常管理	清掃回数
六甲道駅北	17m	130m	2003年	地下水	まち協公園部会	4回／年
松　　本	17m	510m	2003年	下水処理水	せせらぎ管理会	2回／月
新長田駅北	14m	500m	2008年	トンネル湧水	まちづくり協議会	2回／月

「みんなが安心して暮らせるまち」の再建を目指した「第2次まちづくり提案」及び「第3次まちづくり提案」において，都市計画道路六甲町線（延長241m，幅員17m）の西側で灘小学校前の通学路である5mの歩道部分に，「せせらぎ」の整備が計画された。

「せせらぎ」の水源は，地下水を使用するとともに，取水のための電力については後述する受皿住宅の「六甲住宅」の屋上に設置した太陽光発電を使用するなど，エネルギーの有効利用にも配慮されている。2001年11月に工事着工し，2003年3月に幅約1m，延長130mのせせらぎが完成した。完成後，まちづくり連合協議会では，「せせらぎ」の景観を保全・維持管理するため，年間4回程度の美化（清掃）活動を行っている。六甲町線の愛称募集を行い，「六甲せせらぎ通り」に決定し，歩道部分には愛称を入れたタイルも設置され，地域に愛される施設となっている。

新長田駅北地区では，2002年頃にほとんどの宅地の仮換地が確定し，仮設住宅用地として使われていた水笠通公園予定地の整備ができる段階を迎えた。公園の整備にあたって，まちの将来の方向とした「お年寄りと子供が遊ぶ杜の下町・長田」の実現を目指して，公園を「杜の下町」のシンボルにするとして，「樹木と土と水」を基本とすることが確認された。また，シンボル道路であるコミュニティ道路は「公園のような道路」を基本イメージとすることとなった。この両者から新たに提案されたのが，水笠通公園をスタートとして，広幅員の歩道の中に「せせらぎ」を作ることであった。

具体的には，水源の確保は神戸市に要請し，市は阪神高速道路神戸山手線のトンネル内の湧水を専用管で地区に引き込むこととした。ただし，水量は限定されるため，地区内で井戸を試掘したが，鉄分が多い赤水でせせらぎの水としては利用が困難となった。そこで，水笠通公園内の北西角に小山を造成し，その地下に貯水槽を造って湧水を夜間に貯めて，昼間に放流する。せせらぎは公園の西端を南下し，シューズプラザの西側の南北コミュニティ道路（愛称：公園筋）と，東西のコミュニティ道路（愛称：せせらぎ通り）の歩道に設置する。東の事業地区界まで伸ばしたかったが，水路の勾配がとれずに1街区手前までとなった。地形に応じて北から南，西から東へ，幅1m延長約500mのせせらぎの流れが生まれ，平時はまちに潤いを与え，非常時には貴重な消火用水として利用される。日常の清掃活動や管理については，せせらぎの流れる細田神楽まちづくり協議会が担当することとなった。せせらぎは2008年3月に完成した。せせらぎの清掃は月に2回のペースで行われている。

シンボル道路・コミュニティ道路

震災復興土地区画整理事業による復興後のまちの姿を検討する中で，火災時に延焼遮断効果のある幅員12m程度の道路の確保と，日常時に小学校や公園をつなぐ安全な通学路や歩行路としての道路のあり方に独自のアイデアが盛り込まれた。すなわち，幅員9m～14mの道路の車道を1車線の一方通行利用の「コミュニティ道路」とし，歩行者がゆったりと通行できる広幅員の歩道を確保する。さらに震災による建物の倒壊で電線にもたれかかり，電柱が軒並み倒壊したため，道路を救急救援車両が通過できず，活動に支障が生じた。その反省から，「電線の地中化」を図り，すっきりとした道路景観を，シンボルとなる街路樹とその足下の緑化などによって，地域の「シンボル道路」とする提案等もなされた。その中には新たに設置される「せせらぎ」もその表情の1つとして取り込まれている。

表7-5には震災復興事業地区のまちづくり提案で整備されたコミュニティ道路やシンボル道路の概要を示した。これらの道路と幹線道路との階層化によるネットワークや，1ha規模の防災公園とリンクすることによって，安全で安心して暮らせる都市構造が築かれることとなった。

御菅東地区のコミュニティ道路の事例を紹介する。地区はJR兵庫駅と新長

表7-5 復興土地区画整理事業地区内のコミュニティ道路とシンボル道路

地区名	道路名・種別等	幅員	愛称	整備の具体化
森南	本庄本山線	13m	ととや道	森稲荷神社の参道
六甲道駅北	六甲町線	17m	六甲せせらぎ通り	せせらぎ設置・電線地中化
	生活道路	13m	ロッキーハナミズキ通り	電線地中化
六甲道駅西	コミュニティ道路	13m	(南北道路)	電線地中化
	コミュニティ道路	13m	(東西道路)	電線地中化
松本	松本線	17m	松本せせらぎ通り	せせらぎ設置・電線地中化
	コミュニティ道路	10m	公園通り	電線地中化
御菅東	コミュニティ道路	10m	すいせん通り	電線地中化
	コミュニティ道路	10m	(東西道路)	電線地中化
御菅西	コミュニティ道路	9m	(南北道路)	電線地中化
	コミュニティ道路	9m	(東西道路)	電線地中化
新長田駅北	コミュニティ道路	14m	せせらぎ通り	せせらぎ設置・電線地中化
	コミュニティ道路	14m	公園筋	せせらぎ設置・電線地中化
鷹取東第1	コミュニティ道路	10m	鷹取商店街	電線地中化
	コミュニティ道路	10m	(南北道路)	電線地中化
鷹取東第2	コミュニティ道路	14m	(東西道路)	電線地中化
	コミュニティ道路	14m	(南北道路)	電線地中化

田駅の中間に位置し，かつては市電網の全ての路線が利用できる，住商工の混在する利便性の高いまちであった。しかし，ドルショック後の工場の海外移転等で，工場で働く労働者も減少し，いわゆるインナーシティ化した老朽住宅の密集市街地となっていた。地区の中央には，東西を結ぶ十文字状の商店街が形成され，震災で全域を焼失するまでは，菅原市場とともに住民の生活上の台所となってきた。復興事業を進めるまちづくり提案の中で，東西・南北の十文字道路は「生活大通り」＝「歩車共存コミュニティ道路」と位置づけ，2001年2月にその整備の具体的な内容が決定された。

道路の幅員は10mであるが，その断面構成は，歩道2.5m＋車道5m＋歩道2.5mとした。歩車道の境界の段差をなくし，バリアフリーに配慮し，電線を準地中化（各戸引込線のみ照明灯から空中架線）した。その他，照明灯は直径21cm,

火災で焼失した菅原商店街　　　　整備された南北のコミュニティ道路

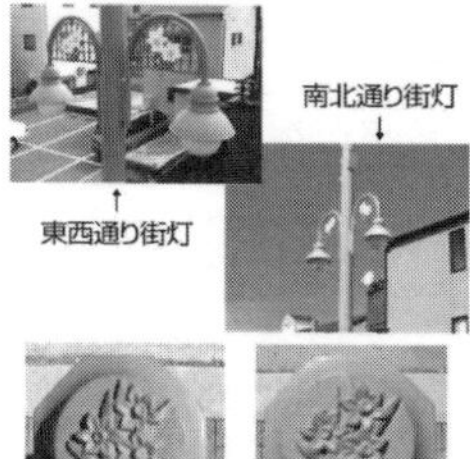

写真7－3　御菅東地区のコミュニティ道路（上）と水仙をイメージした街灯・車止め（左）
出典：神戸市パンフレット「協働と参画のまちづくり」p. 22。

高さ8ｍとし，車止めは直径15cm，高さ80cmとする。

デザインコンセプトは，震災直後の1995年1月31日に天皇皇后両陛下が地区を視察・御見舞された際に，皇后陛下から皇居に咲いていた「水仙」の花束を賜ったことから，アンケート調査の結果，モチーフに「水仙」を希望する意見が多数あった。そこで，南北の通りは，「明るくさわやかで，すがすがしい通りとし，明るいグリーンを基調に，照明灯・車止め等に水仙の花の図案を入れる」とし，東西の通りは，「暖かく親しみのある通りとし，レンガ色を基調に，照明灯・車止め等に水仙の花の図案を入れる」こととなった（写真7－3）。

鷹取東第2地区と新長田駅北地区では，第1段階の都市計画では神戸市最大の火災焼失地として土地区画整理事業によって整備する地区「新長田・鷹取地区」（69.2ha）として決定した。しかし，国の予算上の区分から「新長田駅北地区」（42.6ha）と「鷹取東地区」（26.6ha）に区分された。さらに，「鷹取東地区」はJR線で南北が分断されていたため，南側が「鷹取東第1地区」（8.5ha），北側が「鷹取東第2地区」(18.2ha) となった。さらに，第2段階の都市計画が決まり，事業が動き出そうとした1996年8月に，被災したJR鷹取工場を事業区域に編入することが決まり，最終的な事業区域の面積が「新長田駅北地区」(59.6ha) と「鷹取東第2地区」(19.7ha) になった。しかも，新長田駅北地区は，地区を鷹取東第2地区によって分断され，東 (新長田北エリア42.6ha) と西 (鷹取北エリア 17.0ha) に分かれるという複雑な事業区分となった。

このような複雑な事業区域設定下で事業が進捗する中で，3つに区分されたエリアに隣り合う「新長田駅北地区」と「鷹取東第2地区」は，歩行者の通行を優先し，古くからのコミュニティを生活レベルでつないでいこうとする「コミュニティ道路」の考えが，行政側と協議会側から高まった。しかしながら，コミュニティ道路に面することになる12の協議会から，車道が東向き一方通行になることや，車道の幅員に関して，様々な意見が出された。一方通行化は死活問題だと難色を示す事業主の声や，公園のような道路にしてほしいとする声もあがった。各協議会では，まず協議会内部の意見をまとめるための会議や交渉を重ね，その後ある程度まとまった区間でイメージの統一などの調整を経て，JR 鷹取駅から JR 新長田駅の区間に幅員14m，延長1,350m のコミュニティ道路が提案され，逐次整備された。幅員14m の中に車道は5m 程度のため，両側にはゆったりとした歩道をとることができた。いくつものコミュニティ間を結ぶとともに，老若男女が安心してゆったりと歩けるくつろぎの空間を提供できることとなったのである。発想から完成までの間に，協議会の役員とコンサルタントの昼夜にわたる努力は，全員同意型の「住民主権型」まちづくりの大きな成果であり，輝く実績でもある。

「コミュニティ道路」は，震災前から広く全国的に取り入れられた手法である。ある意味で，自動車数が増え続けた成長時代の車社会における自動車主体の道路を，成長神話の崩壊とともに，道路車線を削減し，歩道の幅を増やすことで，歩行者の安全を確保する政策転換の手法となった。震災復興で安全で安心して暮らせるまちにしたいと，まちの主人公である住民自身が，延焼遮断帯となる広い区画道路を町と町の間に配置しただけではなく，わざわざ車線数を減らすことに反対する沿道の関係者との調整を図り，事業化できた。それは，道路を，ようやく弱者であり主権者である住民の手に取り戻した実績でもあった。

共同建替事業（建物共同化）の推進

長年暮らしたまちが被災し，復興できることになれば，誰もが元のまちに戻りたいと考える。土地区画整理事業では，通常は仮換地が指定されると，地権者や借地権者はそこに建物を再建して戻ってくる。しかし，従前の宅地規模が小さく，建築基準法の建ぺい率に従えば間口の小さな家しか建てられない地権者や，あるいは長年借地だったが，地主は借地権の継続を望まず，借地権分割で相当分の土地を換地で取得したが，宅地規模が小さく同様の課題に直面する住民がいた。

そうした小規模宅地の地権者が土地活用できるのが，土地の共有化と建物の共同化をする共同建替事業である。土地の持分と建物の床面積を等価交換する一種の再開発でもある。一般的な建物共同化は，敷地が隣接する権利者が集まって事業化する必要がある。しかし，土地区画整理事業では飛び換地手法が活用でき，共同化を望む権利者の土地を集合住宅用地に集め，また，共同化を望まない権利者には集合住宅用地外に仮換地を与えることもできる。通常ではできない孤立した１筆の宅地であっても，建物の共同化への参加が可能になる。

また，共同建替が実現すれば，狭小宅地に小さな建物が建ち並ぶ密集市街地の再現を防ぎ，各筆それぞれで生じる狭い空地を集約してちょっとした広さの空地も確保でき，建物の不燃化で防災上，安全で安心なまちづくりを推進できる効果もある。さらに，道路の南側の位置に集合住宅用地を設定できれば，斜線制限をクリアして高度利用しやすく，指定容積率を充分に活用でき，権利床以外にも保留床が多く確保できる。保留床処分により，資金計画が容易になることで，土地はあるが住宅再建の資金が少ない人にとっても，負担の軽減を図ることができる。しかも，検討段階での建物共同化のための専門家派遣や，補助事業制度を活用した設計費及び共同施設整備費等に助成の導入も可能であるため，その結果，地権者への負担が減り，ケースによっては震災前の宅地面積に近い床（60～70m²）を交換入手できる。

補助事業に関しては，事業化段階で住宅市街地整備総合支援事業等の活用ができ，補助率も震災特例で通常の３分の２を５分の４に嵩上げが決まった。この特例措置により，補助実績として建設事業費の15～20%，戸当たりにして約420万円が交付されている(4)。

このような補助制度や土地区画整理事業の換地手法の有利性を生かすことで，元の地域に戻り住みたいとする被災者住民の思いを叶えることができた。ほとんどの事業地区内の協議会も，事業化当初より共同建替事業に取り組んだ。共同建替事業と区画整理事業の関わりの手続きについて，図７−５に示した。

手順として，共同化のために建築家等の専門家の派遣を要請し，勉強会を開催し，希望地権者の確定に進むことが不可欠であった。なぜなら，共同化する土地の面積と位置を，一般の換地作業に先立って決めなければならないからである。規模が決まることで，建築の条件が定まり，共同建替適地を検討できる。戸建てに比べて建物の高さが遙かに高いため，日影や車の出入り口の課題を解決しなければならない。一般的には広幅員の道路が北側にある土地が望ましい。位置と規模が決まれば，本来「照応の原則」から，そこに換地となる地権者に別のところへ換地することの承諾を得なければならない。こうした作業に時間がかかると，地区全体の換地作業にも支障が出てくる。ある程度固まってきても，建物の概略設計で資金計画が算定され，希望する地権者の取得できる床面積が算定されても，希望と違っていれば参加取り下げとなり，その分，計画自体の規模を下げなければならず，さらに条件も悪くなる。さらなる参加の取り下げが続けば，共同化自体が大変厳しくなってしまう。

これらの作業では，あくまで住民である地権者の意思に関わるものなので，専門家と協議会で課題を１つずつ片付けなければならない。基本的には，様々な制度紹介や補助金に関すること以外は，行政が口を挟むものではない。まさに，住民自身で企画し，行動し，そして責任を持って事業化まで進む「住民主権型」の事業である。

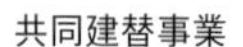

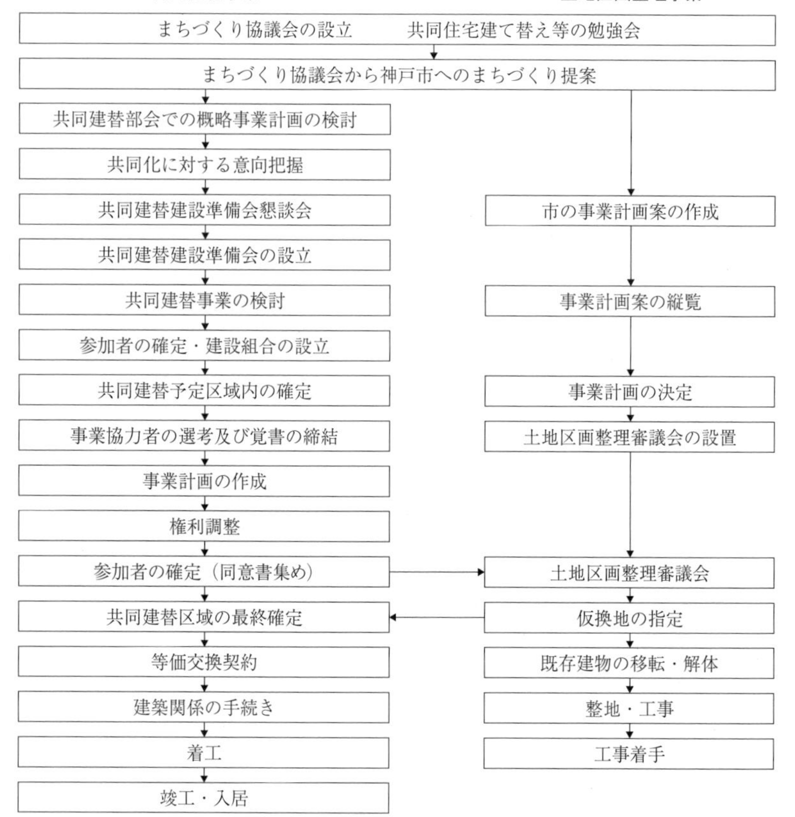

図７－５　共同建替事業と区画整理事業との関わり

出典：神戸市都市計画局『協働のまちづくり・すまいづくり』2000年，p. 160。

参加地権者が確定することで，建築の設計内容が固まって，デベロッパーの選定，補助金導入の支援を要請できた。そして，土地区画整理の事業計画に，共同住宅の位置を土地利用計画に定めるよう「まちづくり提案」に盛り込むことになる。

なお，全ての事業地区は「被災市街地復興特別措置法」による「被災市街地復興推進地域」に第１段階の都市計画で指定され，事業は「被災市街地復興土地区画整理事業」(同法第10条)に位置づけられた。これにより，従来の土地区画整理事業では実施できなかった事業手法として，換地計画上の照応の原則の例外として，申し出により，(飛び換地による)集約換地で「復興共同住宅区」の設定や，あるいは，換地不交付の場合，清算金に代えた住宅を給付する特例制度が活用できることになっていた。この手法は，自治体が復興事業を施行する際に，狭小宅地になって居住環境が維持できない場合に，事業計画に「復興共同住宅区」の設定をすれば，その場所に土地を持つ人が，別のところに換地をした場合に，「照応の原則」に基づき，換地の不服申し立て等の訴えがあっても，「復興共同住宅区」の方が優先され，申し立て等を棄却できるものである。しかしながら，神戸市での住民合意型の「まちづくり提案」により，単なる集約換地の事業計画には後で異論が出ることはなく，あえて法に基づく「復興共同住宅区」の設定をする必要がなかったことを付け加えておきたい。この点も法が予定していなかった，事前に争点を回避するまちづくりの1つの成果でもある。

さらには，共同建替事業の竣工年次が1999年から2000年に集中し，時代がバブルが弾けてからほぼ10年で，土地神話も終焉し，需要と供給が身の丈にあった床価格の設定が可能となった。特に，地権者以外の居住者の入居について，手法は後述するが，適切な価格帯や権利設定が可能で，また，過大な保留床もなく，投機買いによる不在家主もなく，地域に縁のある住民が主体に入居できた。その結果，新しいコミュニティの形成も容易に進めることができ，入居後の人間関係の構築も容易となった。さらに，設計に際しても，協議会と専門家が考える地域との調和が最重視され，地域紛争の種も事前に除去することができた。まさに，この復興土地区画整理事業と共同建替事業のマッチングこそ，作り方に責任を持ち，住み方にも責任を持つ，ひいてはまちの未来にも責任を持つ「住民主権型」まちづくりの典型とも言える事業手法になった。

こうした協議会の努力が実を結んで実施された共同建替事業の実績を，表7-6に示した。全体で339人の地主と76人の借地人が参加し，共同化ビルでの再建を図ることとなった。敷地面積は2.6haで，事業区域全体125haの約2.1%

表7－6　震災復興土地区画整理事業地区内の共同建替事業の実績概要

地区名	所在地	敷地面積 (m²)	参加権利者(人)		住戸数（戸）		店舗等 (区画)	竣工年月
			地主	借地人		うち保留床		
森　南*	森南町3丁目東	882	2	11	31	17	4	2000年4月
	森南町3丁目西	1,056	6	7	29	20	4	2000年12月
六甲道駅北	篠原町2丁目	1,235	4	13	40	29	1	1999年3月
	篠原町1丁目	1,520	8	20	67	43	5	2000年3月
	篠原町2丁目東	1,052	4	3	35	22	2	2000年9月
	森後町3丁目	2,148	11	10	88	59	4	2003年3月
松　本	松本通6丁目	272	3	0	8	0	1	1999年3月
御菅東	御蔵通4丁目	810	15	0	22	8	8	2000年3月
御菅西	御蔵通5丁目	495	10	0	11	2	2	2000年1月
新長田駅北	御屋敷通1丁目	2,072	41	1	99	68	15	1999年9月
	水笠通3丁目	1,639	25	0	93	64	3	2000年7月
	神楽通4丁目	1,033	18	1	35	21	7	2000年3月
	水笠通4丁目	1,669	44	1	88	56	22	2000年10月
	御屋敷通5丁目	1,226	19	1	73	48	2	2000年11月
	水笠通6丁目	651	19	0	18	12	／	1999年12月
	大道通5丁目	728	17	0	34	20	2	2000年11月
	松野通1丁目	195	4	1	11	5	1	2001年3月
鷹取東第1	若松町10丁目	287	7	0	8	1	／	1998年6月
	若松町11丁目北	2,135	34	0	68	36	9	2000年3月
	若松町11丁目南	1,424	1	7	47	0	3	2000年2月
	海運町2丁目	1,169	3	0	40	25	／	1999年3月
	日吉町6丁目	661	14	0	26	10	／	1998年11月
鷹取東第2	千歳町4丁目	1,131	6	0	35	0	4	1999年6月
	大田町1丁目北	516	13	0	24	13	2	1999年10月
	大田町1丁目南	351	11	0	15	7	／	1999年6月
合　計		26,357	339	76	1,045	586	101	

注：補助事業は住宅市街地総合整備(支援)事業，＊は優良建築物等整備事業。

である。道路が広くなり公園が整備された，基盤の整った中でのマンション生活で，安全で安心した暮らしが実現できたと言えるだろう。

一口に共同建替事業といっても，多様なタイプの事業がある。なぜなら，従前地の土地権利者，すなわち所有権者と借地権者の種類で対応が異なる。一般的には，地主で持家の居住者と借地して持家の居住者が存在する。ただし，借地人は権利割合を設定して参加するタイプと，換地の際に権利割合に基づき所有権部分を買い取って所有権者として参加するタイプがある。従前に所有権も借地権も保有しない居住者である借家人の場合には，権利者ではないため，家主が取得した床を賃借するか，保留床を取得して入居することができる。

また，事業手法には，権利床以外に保留床があるタイプと，保留床がないタイプに分かれる。これは事業成立の大きな要素となるので，手法ごとにそれぞれについて説明する。

1）保留床処分型等価交換事業による建物再建（全部譲渡方式）

建物ができると，土地の権利者は土地と建物の専有部分と共有部分の区分所有権者となるが，その権利を事前にいったん全てデベロッパーに譲渡し，再建できた建物と土地の権利をあらためて等価交換で買い戻す方式。権利の譲渡の際には，抵当権が設定されていれば抹消しなければならないため，一時抹消，付け替え等，金融機関の協力がなくてはならない。保留床の販売や途中離脱者等の事業リスクは全てデベロッパーの負担となるため，事業が開始されれば，完了，引き渡しまで権利者は身軽になれる。ただし，デベロッパーとしては，事業の採算性があるかどうかが参入の鍵となり，敷地規模や形状，斜線制限や日影規制等の形態に関する建築制限等が重要な要素となる。

全部譲渡の特徴は，権利を全て譲渡し，再建後に建物と土地の権利を買い戻すものであるが，被災者の資金の状況で全てを買い戻せない場合には，売却した土地に定期借地権を設定して建物だけを買い戻す，「定期借地権方式」の応用例がある。また，抵当権の抹消が困難な場合に，工事期間中にデベロッパーが順位第1位の地上権を土地全体に設定し，再建後の再分譲の際に地上権を抹消し抵当権を再設定する，「地上権設定方式」による場合がある。

2）保留床処分型自力分譲による建物再建（自力再建型）

共同建替事業で，共同住宅用地の規模が小さい等の立地条件や住宅需要の減退などで，事業協力者（デベロッパー）による保留床住戸の処分を前提とする資金計画の目処がたたないケースがある。その場合には，事業協力者に頼らず地権者自らが組合を作り保留床住戸を募集して購入者に組合に参加してもらい，組合方式で資金完結する事業である。事業が成立すれば，長年住み慣れた人たちによるコーポラティブ方式となるため，地域コミュニティの維持に貢献できる。

事例として，鷹取第１地区の「シャレード若松（8戸，うち保留床1戸）」，御菅東地区の「みすがコーポ（22戸，同8戸）」，御菅西地区の「みくら５（ファイブ）（11戸，同2戸）」がある。この場合，当時の住宅都市整備公団（現：都市再生機構）の割賦，資金融資を活用し，高齢者の共同再建参加を，年齢制限のない融資が得られたことで事業化できた。

3）完全自力再建型事業

いわゆる保留床を募集して資金回収するのではなく，すべての床を賃貸住宅経営者と自宅再建の参加地権者とする事業で，この場合には，住宅施策を展開する神戸市の民間借上賃貸住宅制度（民借賃）の活用で，大地主と零細権利者との共同事業を援助するとともに，地域内で公営住宅の供給が図れるメリットがある。

事例として，鷹取東第１地区の「ボシュケ鷹取・イレブン若松（47戸，うち賃貸住宅40戸）」，鷹取第２地区の「グリーンレジデンス須磨（35戸，同32戸）」，松本地区の「さざなみマンション（8戸，同5戸）」がある。

近隣公園の確保と共同建替事業

新長田駅北地区の面積１haの水笠通公園の都市計画手続きの経緯（第6章6節参照）と，移転を余儀なくされた地権者と協議会が共同建替事業の実現までに苦労を重ねた事例を紹介する。公園の計画決定で，戻る場所のなくなる水笠通２丁目の住民から，当初反対の声があがった。11月に「水二まちづくり協議会」を設立し，市との交渉窓口とした。東隣の1丁目に既存の街区公園の水笠公園（6,700m²）があるので，それを拡大することができないかとの案を出したが，1丁目地区の住民の反対で拡大案をとりさげざるを得なくなり，具体的な代替案を提示できず，1996年3月の地区全体の第2段階の都市計画では，水笠通公園の位置や形状・規模の計画変更を求めず原案通りとして渋々であるがいったん認めた。

しかし，第6章の5節で記述したが，1996年の4月に，六甲道駅北地区で六甲道駅北公園の面積が1haから0.8haに縮小となることが新聞で発表された。それを機に，防災公園として面積1haの確保が絶対ではないなら，あらためて見直しはできると，再度，街区全てが公園となることへの反発の声があがった。そこで，7月の協議会の総会で，水笠通公園の計画面積を縮小し，そこに地域住民が少しでも残留できるよう，地区内に共同建替街区を検討することとなった。

8月の仮換地の意向調査では，共同建替を希望する権利者の面積は400m²しかなかったが[(5)]，水笠通2丁目内での残留を実現するため，公園面積を80％程度に縮小して，地区の東側の道路沿いあるいは東北角を宅地として残せるよう要望することを役員会で決めた。その具体化として，共同建替住宅の敷地面積を1,600m²とし，1階に店舗とデイケア施設，2階以上を住宅床として希望する住民に分譲する計画案が検討された。そんな中，市からの用地買収に応じて転出希望者も出て，12月のアンケートでは参加希望者の面積が820m²にしかならず，単独で建物共同化するには採算面から難しくなった。

その隣の街区の水笠通3丁目でも建物共同化を望む声があり，1995年12月17日に「水笠通3丁目まちづくり協議会」のまちづくり提案で，共同建替用地として街区の北東角に面積2,100m²を位置づけた。その後，1～3月に勉強会を5回実施し，1996年4～5月に意向調査をしたところ，共同建替を望む人の敷地面積が400m²程度の人数（所有権者10名，借地権者6名）しか集まらなかった。

こうした状況下の1997年1月に，両協議会の正副会長が相互協力して共同化に取り組むことに合意し，あらためて2月から検討に入った。その結果，7月

写真７－４　エクセルシティ水笠公園

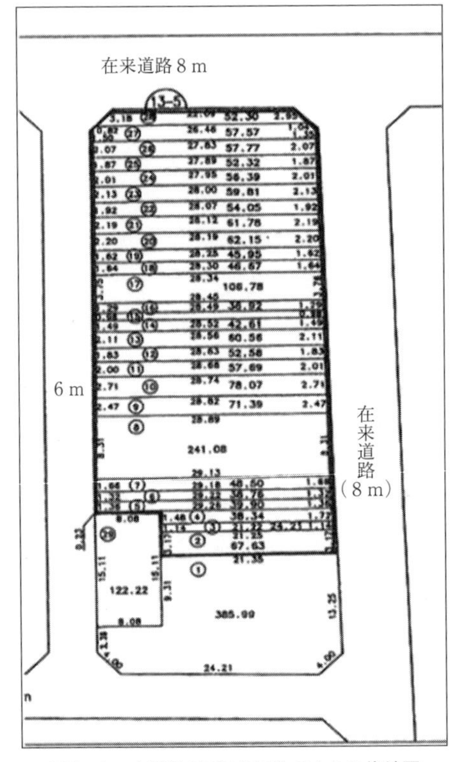

図７－６　水笠通３丁目共同化のための換地図

出典：神戸市都市計画局『協働のまちづくり・すまいづくり』p.80。

に，２丁目の希望者が３丁目の計画に参加するという共同建替住宅の事業が成立することになった。[6] 具体的には，敷地1,639m²，25名の地主が参加した。共同化の換地図を図７－６に示した。結果的には，事業地区の中心に位置する１haの防災公園ができたことと，その隣接地に公園を見下ろすことができる恵まれた環境の地上12階建て「エクセルシティ水笠公園」(93戸）が2000年７月に完成した（写真７－４）。

この事例は，防災公園の創設の必要性を認めつつ元の場所に住みたいと考える住民が，矛盾する論理の中で悩み，紆余曲折の経過をたどりながら解決策を探し出した「住民主権型」ならではのまちづくりの一つの結果である。

借家人対策としての受皿住宅

震災復興事業のための第１段階の都市計画決定と被災市街地復興特別措置法の施行によって，行政は，売却希望がある土地所有者の土地を，土地区画整理の事業計画に先立ち買収することができることとなった。また，第1段階の都市計画告示と同日の3月17日に「住宅市街地整備総合整備事業」（以下「住市総事業」）の大臣認定を受け，市が買収した土地（減価補償金買収または受皿住宅建設買収）の上にあった建物に居住していた借家人や，建物共同化に伴い家賃が増額して再入居が困難となる借家人を，市営住宅の一種である「受皿住宅」（従前居住者用賃貸住宅）を建設し，そこに優先的に入居させることができることとなった。

第2段階の都市計画に動き出した際に，設立された協議会は，住民の今後のまちづくりへの思いを聞くアンケートを実施した。その中から，元のまちに戻って住み続けたいと望む住民の強い思いが明らかになった。大規模被災した地区は老朽木造住宅の密集市街地で，戦前や戦後に建てられた古い長屋やアパートに暮らしてきた借家人が多かった。特に，高齢化した居住者にとって，「終の棲家」として人生の終わりまで慣れ親しんだところで過ごしたいという思いは強かった。どの協議会でも，これらの住民の希望を実現化するべく，地区内居住者の優先入居が可能で市営住宅である，「受皿住宅」の建設を急ぐ内容が「まちづくり提案」の中に盛り込まれた。

この仕事は，協議会と行政が二人三脚で進めることとなった。協議会は，震災時に住んでいた建物が建っていた土地が買収された借家人の中で，受皿住宅への入居希望者を把握するためのヒアリングやアンケートを実施し，必要な戸数を算定した。次に，必要戸数が入る受皿住宅建設のための候補地選びにかかった。土地区画整理の場合の利点として，市が買収した土地がバラバラに散在していても，換地操作で共同建替事業同様にそれらの土地を集約することができる。入居希望者が多ければ，できるだけ高層建物が建設可能な程度の広さの敷地を探した。原則的には，共同建替住宅と同様，北側宅地の日照時間の確保のためには，区画道路より広い道路に面する南側の土地が望ましかった。その場合，i)神戸市が所有していた土地を一時的に利用する，ii)市が買収したところとその周辺を利用する，iii)適地を決め，そこに居住してきた権利者が移転の同意できる換地先を探す，というのが基本で，その組み合わせもあった。

表7－7　震災復興事業地区内での受皿住宅の建設概要

地区名	住宅名	建設戸数	必要戸数	竣工年月
六甲道駅北	六　甲　住　宅	61	59	1999年10月
六甲道駅西	琵　琶　住　宅	52	40	2000年3月
松　　本	松本東住宅	20	19	1999年3月
	松本西住宅	20	19	1999年3月
御　菅　東	御菅第1住宅	14	14	1999年2月
御　菅　西	御菅第2住宅	28	11	1999年10月
	御菅第3住宅	66	30	1999年9月
新長田駅北	水笠西住宅	42	42	1997年3月
	神楽住宅（Ⅰ期）	65	65	1998年9月
	神楽住宅（Ⅱ期）	36	25	1999年3月
鷹取東第1	エヴァタウン海運	25	20	1999年3月
鷹取東第2	千　歳　住　宅	17	17	1998年10月
	大田東住宅	38	36	1998年10月
	フレール須磨千歳	44	8	2000年12月
計		528	405	

市側は積極的に予算を獲得し，買収の手続きにかかった。しかし，土地の取得あるいは完全な更地になるまでに時間を要する。建物が残っていれば，移転補償金の算定や代替地の斡旋，換地を望む場合には仮換地先の交渉等に時間を要し，権利者の数が多ければその分だけ時間が必要となった。中には代替地先や仮換地先が決められず，必要以上に時間がかかったケースもあった。

最も早く受皿住宅が建設できたのはi)の場合で，市の管理する土地を内部で所管替えをした後，住宅の設計，建設に着工できたケースである。その事例として，新長田駅北地区では，新たに設置する1haの近隣公園と街区公園の配置のバランスから，既存の街区公園（水笠西公園）を別の場所に移すことが提案され，もとの公園の場所を受皿住宅用地として，1997年に神戸市内の事業地区全体で第1号の水笠西住宅（42戸）の建設が実現した。

協議会と行政が協働で進めた結果として，各復興事業地区内に建設された受皿住宅の実績の概要については，表7－7に示した。森南地区を除く地区で計

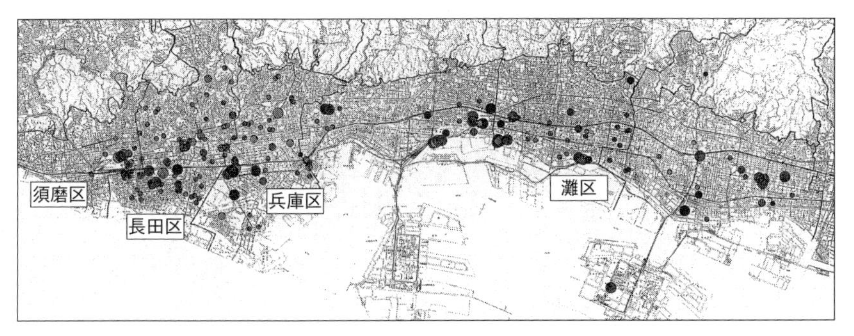

図7－7　復興公営住宅の建設位置図

出典：神戸市。

14棟528戸が供給されている。

しかし，実際に地区内借家人が最終的に入居した合計数は405世帯となっており，事前に必要とされていた建設戸数の総計値の77％という割合になっている。特に，1999年10月以降の受皿住宅への入居者の地区内借家人の入居率が低くなっている。

表7－8　市営住宅募集状況

募　集	年	月	戸数	倍率
暫　定	1995	7	738	27.0
第 1 次	1995	10	2,368	19.4
第 2 次	1996	7	2,574	8.7
第 3 次	1997	2	3,154	6.6
第 4 次	1997	9	7,455	2.4
第 5 次	1998	4	3,851	2.6
第 6 次	1998	9	1,785	8.3
第 7 次	1999	4	1,179	8.8

なぜ受皿住宅への入居の希望を確認したのに入居率が下がったのか。被災して住宅に困窮する被災者は，避難所から郊外等の応急仮設住宅にとりあえず入居した。しかし，誰しもが狭くて遠いといった居住環境下から，できれば早期に恒久住宅に落ち着きたいという思いが徐々に強まっていった。しかし，表7－8に示すように，順次建設される復興公営住宅の当初募集の競争倍率が，震災から2年までの間は非常に高く，ほとんどが当選できなかった。そして，仮設住宅の入居期限が当初2年と言われていたため，恒久住宅に移転しなければと焦りが出始めたときの，第4次（1997年9月）や第5次（1998年4月）募集で大量の戸数が供給された。図7－7に建設された復興公営住宅の位置図を示したが，六甲道駅周辺の地域や新長田駅・鷹取駅周辺でその時期に大量の戸数が

供給された。このため，応募者が倍増（第4次）しても，倍率は2～3倍程度近くまで下がって，多くの世帯が当選し入居した。当然，その入居者の中に受皿住宅に入居を希望した人たちもいた。

一方で，受皿住宅の整備は，市の役割である用地買収に伴う権利者の調整に時間を要したため，建物建設，完成までに時間がかかった。そのため，1999年後半以降に竣工する受皿住宅の入居募集をした際には，すでに復興市営住宅に当選し，入居してしまったため，同じ市営住宅である受皿住宅には応募ができなくなった。この結果，元のまちにできる受皿住宅に戻りたいと入居を希望した借家人は戻ることができなくなった。表7-7に示した1999年9月の御菅西地区の御菅第3住宅，同10月の御菅第2住宅の入居率は，50%を切っている。同様に，最後の受け皿住宅となった2000年12月の鷹取東第2地区のフレール須磨千歳の入居率は18%という結果になった。

両地区の協議会の会長は，受皿住宅の建設が遅れたことを斟酌して，一度復興公営住宅に入居しても，戻りたい人は地元に帰れるようにしてほしいという要望を市側に出した。市からは，空室となっている受皿住宅は市営住宅になり，一般抽選の住宅となる。入居を希望する人は入居した公営住宅の契約を解除して，新たに一般抽選に公募してもらう。その際には，優先入居の保証はできない，という原則的な回答であった。

震災復興事業の用地買収の特例と受皿住宅の制度，それを支えた協議会からのまちづくり提案の仕組みにより，借家を失った借家人が，元のまちに戻って災害に強い恒久住宅で生活再建できる道を開いたことは，「住民主権型」のまちづくりの意義として大きい。

しかしながら，遠隔地の応急仮設住宅の入居者に対して，待機していれば確実に受皿住宅に入居できる保証ができるかといえば，その権限まで協議会に付与されているわけではない。情報の伝達や説明を十分にするのが責任の限界である。もともと住んでいた街に戻り，終の棲家としたいと願う人々の思いを全て叶えられるようにするには，制度の壁に挑戦しなければならないという課題は残ったと言えよう。

表7－9 松本地区の地区計画と仮換地指定の行程

年	月	日	事項
1996年	3月	26日	松本地区震災復興土地区画整理事業の事業計画決定
	7月	1日	審議会委員選挙立候補受付（7/11）
		16日	地区計画素案と縦覧（～7/29）
		15日	まちづくり提案（その2）提出
	8月	27日	第1回土地区画整理審議会（会長選任）
	9月	11日	地区計画案縦覧（～9/24）
	10月	31日	第2回土地区画整理審議会（仮換地答申）
	11月	5日	地区計画決定
		30日	仮換地指定開始
	12月	15日	工事着手

5 「住民主権型」のルールによるまちづくり

地区計画の決定

被災した密集市街地の再生のために地区が抱える課題は，狭小宅地での建築の問題だった。第4章の5節で説明したが，松本地区の例では，換地を予定する宅地のうち54％が60m²未満であった。それに減歩された仮換地指定後の宅地は，第1種住居地域の指定（建ぺい率60％）の場合，住宅の再建時は間口の小さな家しか建てられない。その対策として，神戸市では震災前からインナーシティでの住環境整備を地域ぐるみで推進する「神戸市インナーシティ長屋街区改善誘導制度」（インナー長屋制度）を策定しており，条件として地区計画等の一定のルールを定めれば，街区内のすべての画地に「角地」の建ぺい率を適用して，+10％の緩和ができることになっていた。

協議会としては，少しでも住宅を建てやすくしたいと，インナー長屋制度の適用を検討した。協議会ニュースで制度を解説し，アンケートを実施するなどして意見の集約を図り，地区計画の目標として『集まって住むことが楽しい《あたたかいまち》』として，表7－9に示したように，11月30日の仮換地指定前の11月5日に地区計画を定めた。その際に，建物の建て方のルールを確立するという意見も反映させて，地区を「住宅地区」と「住商協調地区」に区分し，

表７-10　松本地区の地区計画による建築物等に関する事項

地区の細区分	住宅地区	住商協調地区
建築物等の用途の制限	次の各号に掲げる建築物は建築してはならない。 １．ホテル又は旅館 ２．ボーリング場，スケート場，水泳場その他これらに類する建築物 ３．自動車教習所 ４．店舗，事務所及び危険物の貯蔵庫等でその用途に供する部分の床面積の合計が1,500平方メートルを超える建築物	次の各号に掲げる建築物は建築してはならない。 １．マージャン屋，ぱちんこ屋，射的場，勝馬投票券発売所，場外車券売場その他これらに類する建築物 ２．原動機を使用する工場で作業場の床面積の合計が50平方メートルを超えるもの ３．準住居地域で禁止されている事業を営む工場 ４．準住居地域で禁止されている危険物の貯蔵又は処理に供するもの
敷地面積の最低限度	80平方メートル*	80平方メートル*
建ぺい率の最高限度	-	80% ただし，当該敷地の２辺（当該辺又はその延長線の内角が120度を越える２辺を除く。）が道路，公園又は広場にそれぞれ２メートル以上接し，かつ当該敷地周囲の延長の１/４以上が道路，公園又は広場に接する敷地内にある建築物についてはこの限りではない。
建築物等の高さの最高限度	20メートル	25メートル

注：＊　ただし，以下のいずれかに該当する場合はこの限りでない。

(1)　現に建築物の敷地として使用されている土地，又は現に存する所有権その他の権利に基づいて建築物の敷地として使用する土地について，その全部を一の敷地として使用する場合

(2)　土地区画整理法第98条第１項の規定により仮換地として指定された際に存する所有権その他の権利に基づいて建築物の敷地として使用する土地について，その土地の全部（その土地の一部を建築基準法第42条第１項の規定による道路の用に供する場合にあっては，当該道路の部分を除く部分）を一の敷地として使用する場合

表７-10の規制内容により，望ましくない建物の用途規制や建物高さの制限及び土地の細分割を抑制する最低敷地面積を80m²とすることとした。地区計画の目的とした建ぺい率の緩和は「住宅地区」では＋10％の70％に建築条例で緩

和できるが，「住商協調地区」では，用途地域が近隣商業地域で容積率300％であるため，住環境面の配慮から，建ぺい率（80％）の＋10％の緩和は適用しないこととなった[(7)]。

松本地区と同様に，全11地区のうち鷹取東第1地区と森南第1～第3地区を除く7地区で，地区計画を指定した。

森南第1地区のまちづくり協定の締結

森南第1～第3地区では地区計画を定めなかった。それは，60数年前の土地区画整理組合の事業で，すでに道路幅員がほぼ6mで整備されてきたことと，比較的宅地規模が大きいこと，さらに減歩率が1％未満であり，建ぺい率の緩和を必要とする宅地が少なかったためである。

しかし，森南第1地区では震災前には存在していなかったJRの新駅の甲南山手駅が1996年に地区に隣接して新たに開設された。駅前地区になったことと，阪神国道沿いには近隣商業地域，その他が住居地域であるため，居住する住民にとって望ましくない用途の建物が建つ可能性を懸念する声が高まった。協議会では何らかの規制ができないか，コンサルタントや専門家から規制の手法や仕組み・効果，具体的な先行地区の事例に学んだ。その結果，単なる建築時の建物規制の地区計画ではなく，地区の住民が主体的となって先導できる神戸市のまちづくり条例に基づく，「まちづくり協定」による規制手法を選択した。専門家が策定した規制内容について，協議会は市の担当課とも相談し，住民にはどのような規制が課せられるかをニュース等で知らせ，最終的にはアンケートを実施して賛同を求めた。そして「（第4次）まちづくり提案」で市長とのまちづくり協定を締結することをまとめ，2001年12月19日に「森南町1丁目まちづくり協定」を締結した。協定の目標として，「良好な住宅地と活気あるまちが両立する，健全で魅力的なまち」を目指し，単なる建物の用途の規制だけではなく，入居する業種の制限や，いわゆるワンルームマンションを抑制するためのファミリー形式住居の奨励，垣・柵等の形態等の配慮，住む上での周辺環境への配慮，生活マナーの遵守など，地区計画ではなしえない内容を，新旧の

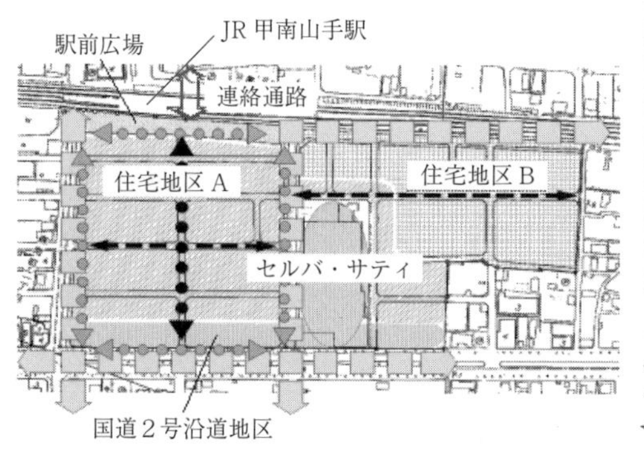

住宅地区 A	良好な住環境を承継しつつ，住宅と店舗等とが調和・共存した土地利用を促進する地区
住宅地区 B	良好な住環境の保全に配慮した土地利用を促進する地区
国道２号沿道地区	周囲の住環境に配慮しつつ，店舗等を中心に魅力ある街なみの形成を図る地区

凡例	
⇔	地区内外を結ぶ主要な動線
◀•••▶	主要な歩行者動線
◀---▶	通学路

図 7-8　森南町１丁目地区まちづくり協定の概要

出典：神戸市「森南町１丁目まちづくり協定」パンフレット。

住民にルールとして守ることを求めるものであった（図 7-8）。

ただし，地区計画が建築基準法によって法的に規制されるのに対して，まちづくり協定は，いわば紳士協定であるため，行政としての法的規制権限の範囲外にあった。そのため，協定内容の遵守は，協議会が先導して行為者に説明し，賛同を得なければ実現しないものであった。まさに，住民自身がルールを作り，それを守らせるために，住民自らが建築行為や開発行為をする業者や設計者に説明したり，場合によっては説得しなければならない。しかし，紳士協定であっても，内容を遵守した事例が多くなれば，慣習法的な効果が得られ，法律に違反しないが協定に反する行為を強行することが難しくなる。自分たちのまちを，自分たち自身でルールを作って，熱意を持って守り，愛情を持って育てていく。まさにこれこそが「住民主権型のまちづくり」の典型である。

協定は10年の有効期間を定めていたが，10年間のルールによるまちづくりの実績を地区の住民はあらためて評価して，若干の修正を含めて[(8)]，2011年に再度市長と協定を締結した。

新長田駅北地区での景観形成市民協定の締結とまちづくり協定の締結[(9)]

新長田駅北地区では，他の事業地区と異なるまちづくりのユニークな事業として，ルールづくりの一環としての「いえなみ」や「まちなみ」の基準を作って，仮換地指定後に再建される建物のあり方を提案した。具体的には神戸市都市景観条例に基づく「景観形成市民協定」を市長と締結した。

震災から2年が経過した1997年4月に，産業地区創造懇談会が結成され，集客できるような「景観と環境づくりが必要ではないのか」という意見が出た。同時に，地区計画の決定を済ませていた工業地域，準工業地域のまちづくり協議会役員会においても，仮換地指定による建築行為が始まることから，「建物を再建する場合に，住みよい，またよい相隣関係を作るための建築のあり方を検討しよう」という動きが出てきた。

その結果，「建築をする場合の作法」として「いえなみ憲章」を作ろうということになった。その後，名称は「いえなみ憲章」から「いえなみ基準」に変更された。

1998年3月，巨大な事業地区を2つに分ける道路の五位ノ池線東側の9つのまちづくり協議会（その後6月に，一部協議会の合併により6協議会となる）は，「いえなみ基準に関する正副会長会」を設置し，5カ月かけて各協議会で検討してきたそれぞれのいえなみ基準案を調整し，共通の「いえなみ基準」とした。

具体的には，傾斜屋根をはじめ緑化等の要素で統一感を図ること，零細な住宅が多く建ぺい率が高いという状況での小規模建築物の配置として，隣地間を狭め，その代わりに前面道路境界や裏側敷地境界から離すこと，不法駐車が多いという状況を改善するため駐車スペースを設置すること等，地域性を反映したルールにまとまった。

そして，1998年7月に6協議会から合同で市民協定「いえなみ基準」（約24ha）の認定が神戸市に申請され，10月に「新長田駅北地区東部景観形成市民協定」として認定された。

五位ノ池線の西側でも同様の検討が行われ，9つのまちづくり協議会で東部地区から遅れること1年の1999年10月に「新長田駅北地区西部景観形成市民協定」として「まちなみ基準」を認定した。具体的には，屋根は傾斜屋根にし色も黒，濃い灰色，濃い茶色にして調和を図ること，緑化を推進すること，前面道路からの後退，空調の屋外機器の配置場所，張り出しテント，看板のデザイン，店のシースルー化などのルールとなっている。

景観形成市民協定による「いえなみ基準」の認定によって，神戸市では「街なみ環境整備事業助成」制度を活用し，1999年4月から「いえなみ基準」に基づく建築物等に対して建設費の助成を開始し，2009年度までに計166件行われた。

助成の対象は，①外構の植栽・花壇，舗装等，②工場・作業所・店舗の1階部分壁面のシースルー化（シースルーシャッター，工場等の透明ガラス），③3以上連担した建築物のテント，④景観阻害物の改善，⑤アジアギャラリー構想・シューズギャラリー構想の先導的役割を果たす建築物の外壁全体，であり，建設費用の3分2かつ500万円を限度として助成するものである。

2009年5月には，五位ノ池線の東で「いえなみ基準」の設定区域（24ha）の西半分（約10ha）にある7つのまちづくり協議会が合併して「新長田駅北・中地区まちづくり協議会」を設立した。新長田駅北地区の中で「地区計画」が決まっていない地域であった。そのため，緑豊かな住環境や景観に配慮したいえなみを促進し，地域の産業資源などを生かした住商工が相乗する新しいまち「杜の下町」の形成を目指して，新たに「まちづくり協定」の締結を目指すこととなった。風俗営業等の規制や，ワンルームマンションを規制するため，30戸以上の集合住宅を建築する場合，ファミリー形式住戸（住居専用面積が30m^{2}以上）を総戸数の3分の1以上設置すること，敷地面積の最低限度を60m^2，建築物の高さの最高限度を45mとするなどの「新長田北・中地区まちづくり協定」を2009年11月に締結している。

新長田駅北地区では「景観形成市民協定」と「街なみ環境整備事業助成」制度の活用と，「地区計画」あるいは「まちづくり協定」によって，道路や公園による空間の広がりとともに，住環境保全のための建物用途の規制，傾斜屋根によって天空が広がり，建物の足回りでは緑化された庭やデザインされた門，門灯などで，副都心地区の住商工の建物が混在する地区とは思えないほど落ち着いたいえなみ・まちなみが実現されている。「景観形成市民協定」や「まちづくり協定」は，条例に基づくとはいえ紳士協定の一種にすぎない。しかし，地域に住む住民や地権者が中心になってルールを定め，住民等でルール遵守のための熱心な働きかけを建築主や設計業者に対し行っている。これも，「住民主権型のまちづくり」の実践であり，震災復興のためのまちづくり協議会が，新しい協議会の方向として次世代につないでいく「エリア・マネージメント」としての新しいまちづくりの姿である。

6 「住民主権型」まちづくりを支えたコンサルタント・専門家の役割

まちづくり協議会の設立で正式に派遣要請を受けたコンサルタントや専門家は，被災直後の交通機関が不通の中，苦労しながら避難所や地域集会所等に足を運び，昼夜の区別なく，自分たちの持つ人材・知識と熱意を持って，復興へのまちづくりの初動期に取り組んだ。具体的な活動は，当初は住民捜しから始まり，地区の課題を共通認識するためのアンケートの実施，復興のための課題の整理，復興像のイメージ策定，復興まちづくり構想の策定，そしてまちづくり提案のための資料作成など，第2段階の都市計画に必要な様々なステップを試行錯誤しながら，時には後戻りも繰り返しながら，前に進むべき道を探し出した。特に，第1段階の都市計画を震災発生から2カ月で定めたという，被災住民にとってはまさに寝耳に水の，何ら準備もできていない中で手続きが進んだことから，行政不信が住民間に広がっていた。派遣された専門家たちは，行政の費用で受託して復興事業地区の仕事をするという難しい立場の中で，まずは住民からの信頼を得ることが最大の仕事となった。被災地域の住民の間に，「行政側の回し者ではないか」とする疑心暗鬼な空気が漂う中で，住民自身が考える復興の絵を，何度も描いては取り下げ，ようやく住民が納得できるに至ったことで信頼を獲得できたとも言えよう。

その後，専門家派遣制度は，事業地区ごとに様々な種類の派遣内容で専門家が派遣された，その実績回数を表7-11に示した。派遣の主な業務は「区画整理」で，第2段階の詳細計画を協議会，すなわち，住民が考えるまちづくり計

表7-11　事業地区ごとの専門家の派遣内容別実数

<table>
<tr><th rowspan="2">地区名</th><th rowspan="2">面積
(ha)</th><th rowspan="2">協議
会数</th><th>派遣内訳</th><th colspan="2">区画整理</th><th colspan="2">共同化</th><th colspan="2">住まい
再建相談他</th><th colspan="2">まちづくり</th></tr>
<tr><th>最終年度</th><th>社数</th><th>延回数</th><th>社数</th><th>延回数</th><th>社数</th><th>延回数</th><th>社数</th><th>延回数</th></tr>
<tr><td>森南地区</td><td>16.7</td><td>3</td><td>2005</td><td>3</td><td>26</td><td>3</td><td>4</td><td>—</td><td>—</td><td>—</td><td>—</td></tr>
<tr><td>六甲道駅北</td><td>16.1</td><td>8</td><td>2005</td><td>2</td><td>11</td><td>5</td><td>7</td><td>—</td><td>—</td><td>—</td><td>—</td></tr>
<tr><td>六甲道駅西</td><td>3.6</td><td>1</td><td>2000</td><td>2</td><td>6</td><td>—</td><td>—</td><td>2</td><td>2</td><td>—</td><td>—</td></tr>
<tr><td>松本</td><td>8.9</td><td>1</td><td>2004</td><td>1</td><td>10</td><td>3</td><td>9</td><td>—</td><td>—</td><td>—</td><td>—</td></tr>
<tr><td>御菅東</td><td>5.6</td><td>1</td><td rowspan="2">2004</td><td rowspan="2">1</td><td rowspan="2">10</td><td>1</td><td>2</td><td>—</td><td>—</td><td>—</td><td>—</td></tr>
<tr><td>御菅西</td><td>4.5</td><td>1</td><td>3</td><td>4</td><td>1</td><td>1</td><td>—</td><td>—</td></tr>
<tr><td>新長田駅北</td><td>59.6</td><td>21</td><td>2009</td><td>11</td><td>64</td><td>6</td><td>12</td><td>1</td><td>1</td><td>5</td><td>13</td></tr>
<tr><td>鷹取東第1</td><td>8.5</td><td>1</td><td>2008</td><td>1</td><td>2</td><td>3</td><td>8</td><td rowspan="2">1</td><td rowspan="2">1</td><td>—</td><td>—</td></tr>
<tr><td>鷹取東第2</td><td>19.7</td><td>10</td><td>2007</td><td>2</td><td>24</td><td>2</td><td>5</td><td>—</td><td>—</td></tr>
</table>

出典：(旧) こうべまちづくりセンターデータより筆者作成。

画の作成を主に行う業務である。この費用は土地区画整理事業の補助金の「換地諸費」の適用を国が認めた。通常は施行者である市の業務を進めるためにコンサルタントに委託する業務に適用されるが，それを拡大して認めたものである。「共同化」は建物の共同建替事業の事業調整，「住まい再建相談等」は第1段階の都市計画決定直後の様々なまちづくりの相談業務，「まちづくり」は，ここでは新長田駅北地区独特のまちなみ景観形成のための業務である。

これら業務の中には，協議会と専門家の間に，考え方や仕事の進め方に対して信頼関係が築けなかった場合に，専門家の変更あるいは派遣不要の申し出があり，専門家や派遣会社等を変更したことや，派遣を中止したケースもあった。

まちづくり提案が協議会から提出されると，一応第2段階の都市計画に到達することになり，コンサルタントあるいは専門家としての派遣目的は達成され，1つの役割を終えることとなる。なぜなら，土地区画整理事業は，事業計画の認可が下りることによって，事業の主導権は一応，施行者である行政側に移ることになるからである。しかしながら，事業はまだ都市基盤を作ることと，被災者が住宅再建するための仮換地作業に入るだけである。復興のまちづくりとして住民が望み期待するのは，もっと安全で安心して暮らせる具体的なまちの姿であり，そこには，それまでの日常生活の維持や，子供の未来に対応するアイデアを求めることも多かった。

こうして，第２段階の都市計画以降も，専門家派遣の要請が続けられた。要請の具体的な内容として，地区計画制度の導入と具体的な規制案の策定，「まちづくり協定」や「景観形成市民協定」の内容と運用の方策，コミュニティ道路の設計による歩行者の安全性の確保，せせらぎやポケット広場の設置，植える樹木の種類の選定，さらには建物の配置や庭の設計，共同化住宅の設計や意匠など多様なニーズの具体化であった。さらに，行政との調整や事例地区の探索，現地見学の相手先との交渉などに奔走することも求められた。その結果が，道路の配置網，幅員構成，舗装の材料や形状，また公園やポケット広場の設計，居住環境の保全や景観の維持など，ユニークな成果として現れている。まさに，震災前の生活を取り戻すことと，後の世代につなぐ誇れるまちにしたいとする住民と事業施行者である行政との間で，これらのコンサルタントや専門家がうまく潤滑油の役割を果たすこととなった。事業地区では，それまでの日常を思い出させる部分，それぞれの個性がにじみ出た部分や，明日を感じさせる部分などをうまく引き出し組み合わせることで，成功したと言えよう。

そこに到達できたのは，専門家たちの力量だけではなく，昼夜や休日の区別なく取り組んだ意気込みや熱意が，活動を通じて住民に十分に伝わり，住民からの信頼や行政からも信頼関係も引き出し，これら三者の信頼感による，まさに協働の関係を創り出すことに成功したからである。しかしながら一方で，通常の仕事の延長として，枠をはみ出すこともなく取り組んだコンサルタントや専門家がいたことも事実であった。

阪神・淡路大震災で傷ついたまちが，結果的に新しい街として，また一方で古い形をどこかに残したまちとして甦ることができた。ある意味でコンサルタント・専門家派遣制度が，「住民主権型」まちづくりを背後で支える大きな役割を担ったのは確かである。

7　震災復興土地区画整理事業の完了

阪神・淡路大震災の発生で，惨状となった神戸市内の被災地の震災復興土地区画整理事業は，最大の事業地区の新長田駅北地区（59.6ha）で2011年３月28日に完了した。表７-12に示すように，最短で震災から６年，最長で16年で完了した。

阪神・淡路大震災で大規模に被災した地域は，行政の責務で災害に強いまちとして復興させるために，まず，「２段階都市計画」という手法を採択したことから始まった。大規模な災害が発生し，被災地が大混乱となる中，都市計画の手続きをあえて２つの部分に分けた。第１段階の都市計画は，復興事業の大枠としての事業区域と事業手法，さらに中心となる都市基盤についての計画を震災発生から２カ月で決定した。第２段階の都市計画は，震災直後の混乱していた被災者が，仮設住宅等に入居できるなどにより生活の復旧の目処がつき，復興のまちづくり活動に住民が参加ができるようになってから進めた。現実的には，被災者自身が参加してまちづくり協議会を結成し，協議会の場でコンサルタントや専門家の知恵や経験を借りながら，復興のまちの姿を模索し検討した。ここまでの進め方はまだ「住民参加型」であった。その後，構想案をまとめるために，利害が対立する住民間の意見の調整を協議会自身が担い，住民が住民に説明し，説得するという「住民主体型」のまちづくりへと進化していった。その成果として，まちづくり条例に基づく「まちづくり提案」として，事業の施行者である市長に提出した。これにより，施行者として事業計画をとりまとめ，復興事業を開始することができたわけであった。この点が，それまでの事業と異なるプロセスで，事業化までは時間がかかったが，住民の参加の意識，さらに主体性の意識を高めたことで，その後の手続きを進める上でスムーズな対応や理解が得られ，結果的に復興土地区画整理事業は事業化に至ったのであった。

当初の「まちづくり提案」の基本は，被災したまちを安全で安心して暮らせるまちにするための詳細計画を提案したことで，第2段階の都市計画後の過程は，あらためて行政が事業者として，法に従った必要な作業や工事が粛々と実施されていった。

協議会を設立する際の，条例に基づく1つの大きなゴールは，「まちづくり提案」を出すことで，協議会はその役割を果たし，解散に至ったところもあった。しかし，行政との間に信頼関係を築き，さらに協議会自身が主体的に行動し，単なる要望ではなく，結果に対して責任を持ち，行政と協働で新たな事業が展開できるという「住民主権型」まちづくりの方向性を見つけることとなった。それは，大規模焼失の要因となった消火水不足を解決し，さらにまちに潤いを与える「せせらぎ」設置の提案と，整備後の管理を協議会側が主体的に行った形で実現した。

表7-12 震災復興土地区画整理事業完了日

事業地区	面積(ha)	事業の完了日(換地処分／工事完了公告)		
鷹取東第1	8.5	2001	2	21
六甲道駅西	3.6	2001	7	24
森南第1	6.7	2003	2	14
森南第2	4.6	2003	2	14
御菅東	5.6	2003	4	11
松本	8.9	2004	12	24
森南第3	5.4	2005	3	14
御菅西	4.5	2005	3	24
六甲道駅北	16.1	2006	3	29
鷹取東第2	19.7	2008	3	24
新長田駅北	59.6	2011	3	28

また，輻射熱による延焼を防止するには12m程度の幅員の道路が有効であることと，まちのシンボルとなり，しかも高齢者から幼児までが安心して歩ける道路として「シンボル道路・コミュニティ道路」を提案し，さらに建物が倒壊しても緊急車が通過できるように無電線化を求めることで，景観に配慮した街並みの形成を進めた。さらに，その街路樹の選定に住民意見が反映された。新長田駅北地区では，その樹木の足下を飾るために，春や秋に開花する花を事業で整備した公園の一角を借りて種から育て，「足もと飾花」と題して住民自身で苗を植えている。朝の通学時には通学路となり，地域住民の見守りの中，子供たちが挨拶を交わしながら通学する風景は，安心を目指した新しいまちの象徴でもある。また，街並みの形成にも力を注ぎ，復興した街並みが機能的故に無機質にならないよう傾斜屋根を奨励するなど，空間の開放感の広がりにも寄与することとなった。

公園の整備にあたっても，戻ってくる住民が「ワークショップ形式」で参加し，地域に合った防災と日常のくつろぎ空間の創造に力を発揮し，それらを維持管理しようとする主体的な運動を高めることとなった。

阪神・淡路大震災で大規模に傷ついた被災地区では，震災復興事業が完成し，「創造的復興」の姿としての新たなまちに甦った。その典型的な手法として，土地区画整理事業が採択され，「被災市街地復興特別措置法」に基づき新たに導入された国の補助事業で，被災者の負担を極力軽減して，基盤の整った安全で安心して暮らせるまちに復興した。できたまちは，住宅建設もまだ途上で，街路樹もまだ育たず，潤いも少なく，道路の空間的広さだけが目立った。それを見たマスコミや学識経験者から，「無味乾燥で，かつてのコミュニティが消えてしまった街」といった表現で冷ややかに説明されることがあった。

しかしながら，土地区画整理事業のまちの主人公は地権者であるが，借家に住む借家人も，元のまちに住みたいと考えれば脇役として役割を持つことができた。住民自身の，自分たちのまちは自分たちの手で復興したいとする意欲が，「住民参加型」「住民主体型」そして「住民主権型」のまちづくりに変貌させることとなった。地権者であれ，借家人であれ，まちの住民である限り，まちの「主権者」である。道路や公園の整備は行政の責務で施行した。しかし，その中身を見てもらえば，住民が主権者として考え，行政に提案し，そして主権者として責任を持って実施あるいは管理する様々な施設や建物がある。事業地区ごとに住民は違うので「主権者」も異なる。主権者は呟いている。「できたばかりの無味乾燥なまちの姿ではなく，個性があふれ，しかも成長を続ける復興のまちの姿を見てほしい」と。

注・引用文献

(1) 仮換地について，「仮」の換地として理解し，さらに別のところに換地されると理解する人が多いが，誤解である。いったん仮換地指定がなされると，換地先の位置と地積が確定し，換地処分の公告がある日まで，使用と収益は新たな換地先の宅地ですることができる一方で，従前の宅地での使用権と収益権の行使はできなくなることを意味する。ただし，この時点ではまだ，処分権は登記簿上の従前の宅地にあり，売却による名義の書き換えや借地等の権利の設定は通常通り可能である。要するに，事業地区内の全ての宅地の換地先が確定し，土地の評価による清算金も確定して「換地処分」になれば，換地先に関する新たな登記簿が作られる。それまでの，法律における取扱上，「仮」換地という言葉で説明される。

(2) 松本地区まちづくり協議会編『松本地区復興記録誌』松本地区震災復興まちづくり発信事業実行委員会，2005年，p. 45。

(3) 下水高度処理水を用いたせせらぎの水質や維持管理に関する調査研究委員会『下水処理水を用いたせせらぎの水質や維持管理に関する調査研究報告書―神戸市松本地区せせらぎを題材にして―』2007年，資料編，p. 94。

(4) 神戸市都市計画局『協働のまちづくり・すまいづくり』2000年，p. 160。

(5) 水二まちづくり協議会『新長田駅北地区　水二まちづくり３』1997年１月27日発行。

(6) 神戸市都市計画局，前掲書，p. 78-79。

(7) 松本地区まちづくり協議会編，前掲書，p. 48-52。

(8) 協定の条文は神戸市役所ホームページ。改定された中で，「生活のマナーの遵守」の条文については削除となっている。

(9) 久保光弘『まちづくり協議会とまちづくり提案』学芸出版社，p. 166-178。

第8章
防災行政の責任と新しい課題
——東日本大震災の復興状況から——

1　巨大地震，巨大津波が懸念される時代へ

1000年オーダーの災害の発生

1995年の阪神・淡路大震災の発生で，日本列島とその周辺では，地震の活動期に入ったと言われた。確かに，その後マグニチュード（M）が7.0を超える地震が6度（M7台が5度，M8台が1度）も発生し，被害が報告されてきた。そして，2011年3月11日，M9.0という日本の観測史上最高で，世界的にも4番目の超巨大なプレート境界型の地震が発生した。その直後に発生した巨大津波で，東北地方から関東地方にかけての太平洋岸の地域では，まさに未曾有の被害が発生した。地震の名称は正式には「東北地方太平洋沖地震」と呼ばれ，その後，一般的には「東日本大震災」と呼ばれている。

地震発生のメカニズムは，地球の地殻エネルギーによって地球の表面を形成するプレートが動き続け，日本周辺では太平洋プレートが北米プレートの下に，またフィリピン海プレートがユーラシアプレートの下に，さらにユーラシアプレートが北米プレートの下に潜り込む際の，プレート間の蓄積された摩擦圧力が解放される際に発生する。その蓄積されたエネルギーの期間が長いほど地震規模は大きく，しかも連動型で巨大地震となり，巨大津波が発生する。

東日本大震災は1142年前の869年の「貞観地震」に匹敵すると言われている。そして，歴史は1000年間の蓄積エネルギーを発散する超大規模地震が繰り返し発生することを証明した。

このように，1000年オーダーの超巨大地震が発生したことで，これまでの地震の歴史をあらためて新しい視点から振り返る必要が生じた。関東地方すなわ

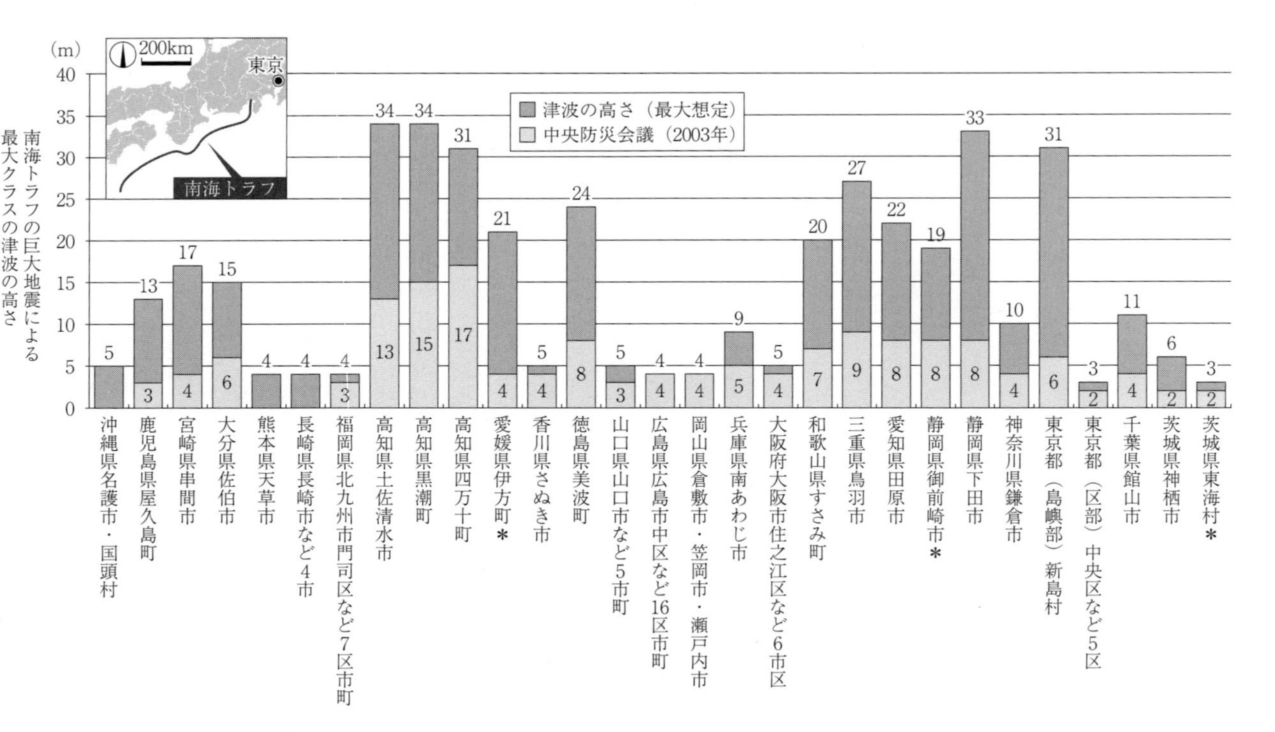

図 8－1　南海トラフ地震の見直しによる津波の高さ

注：各都道府県の最大津波地と，＊は原発所在地（高知県は2003年最高値の四万十町を追加)。マグニチュード（M）9.1の想定で最大級被害（津波満潮時）を予測（2003年の中央防災会議では M8.8の想定：2003年の中央防災会議「東南海，南海地震等に関する専門調査会」による東海・東南海・南海地震の津波高)。

出典：内閣府「南海トラフの巨大地震モデル検討会」(2012.8.29) 記者発表資料“1－2 都府県別市町村最大津波高一覧表〈満潮位〉”。

ち首都直下地震や，南海トラフ地震（東海・東南海・南海地震連動型地震）の発生の可能性が，2012年度の中央防災会議の専門調査会等で見直され，両地震とも30年以内の発生確率が70％という恐ろしい予測結果が，新聞やテレビ等で何度も何度も語られてきている。その上で，南海トラフ地震の津波の想定高さは，2003年に想定した高さの2～4倍になることと，図8-1で示すように，高知県の黒潮町や土佐清水市でそれぞれ15m，13mが34mに，静岡県下田市では8mが33mにという，想像を絶するような高さの津波が想定されている。想定の高さを数倍に変更された市町村では，これまでの対策が全く功を奏さないことになり，対策の見直しを急がれることとなった。

また，2014年8月には，日本海を震源とする大規模地震の初めての調査報告書が公表された[(1)]。日本海の海底断層は沿岸に近く浅い位置にあるため，揺れは大きくなくとも，大きな津波が発生し，沿岸までわずか1分というきわめて短い時間で到達する。津波の高さは窪地（北海道せたな町）で最高23m，人家のある平地部（同奥尻島）で12mと想定される。日本海の沿岸部でも，新たな浸水想定，警戒区域の指定，避難計画づくりの取り組みが迫られることとなった。

東日本大震災で通用しなくなった「想定外」

都市直下型の阪神・淡路大震災は，それまで経験したことのない（揺れに関する記録として残っていない）震度7という「想定外」の地震動による地震災害だった。そのため，地震で壊れた施設の管理者も，管理上の瑕疵責任を問われることがなかった。

東日本大震災の発生と同時に起こった津波では，被災地域が北海道から関東にかけての太平洋沿岸すべての県に広がった。死者が15,891人に達し，さらに発生から3年が経過しても，行方不明者が2,584人（警察庁2015年3月11日発表データ）と，これまでに類を見ないほどの災害犠牲者数となったのである。

東日本大震災の津波についても，当初は「想定外」という表現が使われた。

しかしながら，これまでに想定していた規模を遙かに超える規模の津波であるが，過去の津波到達の記録を遡れば，「貞観地震」に匹敵する規模であることが明らかになった。つまり，歴史の繰り返しとして，1000年に一度程度の非常に低い発生確率にはなるが，古文書等の資料の分析，津波堆積物調査等の科学的知見を総合し，「あらゆる可能性を考慮した最大クラスの巨大な地震・津波」として検討していくことになった。言い換えれば，これまで「想定の対象外」としてきたことを反省し，「想定の範囲内」であることとなった。現在を生きる我々にとって，超巨大な揺れの地震も，超巨大な津波も，「想定外」という表現で片付けることができなくなった。それは「起こり得る可能性のあるものは，確率が低くても，現実に必ず起こる」[(2)]，言い換えれば学説的にも「予見可能」の見解が生じたのであった。

防災行政の責任と限界——想定外から予見可能への思考の転換

東日本大震災規模の超巨大な地震が「想定外」ではなく「予見可能」となると，本来行政の責任である「国民や市民の生命と財産を守る」ためには，超巨大な地震や津波に対しても，叡智と最新技術で対応する必要が求められることとなった。

そのためには，従来の対策だけではなく，超巨大な地震に対する対策への見直しが求められ，特に東日本大震災で被災した構造物の復旧に反映することが急務となる。

たとえば，岩手県宮古市田老地区（2005年の宮古市合併以前は田老町）は，過去にも何度も大規模津波に襲われた。田老町はその対策として，表8-1に示した経緯で，1934年に防潮堤の第1期工事に着手し，その後，集落をとり囲む形でX字型の二重構造の高さ10m，総延長2,433mにもなる防潮堤を整備し，1979年に完成させた。2003年に「災禍を繰り返さない」と誓い，「津波防災の町」を宣言した。これらの堤防は「田老堰」と呼ばれ，別名「万里の長城」と言われるほどの長さで，日本いや世界でも津波対策上，有名になった。

しかし，東日本大震災の発生による高さ19mにも達する津波を防ぐことができず，絶対安心と信じてきた住民の避難が遅れ，地区の人口4,434人のうち181人の死者・行方不明者を出した。

表８－１　宮古市田老地区（旧：田老町）の津波被害と対策の経緯

1896年	明治三陸地震で13.8mの津波により1,859人が死亡
1933年	昭和三陸地震で8.9mの津波により911人が死亡
1934年	防潮堤第１期工事に着手
1958年	高さ10m超の防潮堤完成
1960年	チリ地震の津波の被害なし
1979年	Ｘ字型の二重の防潮堤が完成
2011年	東日本大震災の19.3mの津波で防潮堤は損壊し，住民181人が犠牲

高さ19mの津波が発生した事実を直視すれば，復興に際して，自治体や国は「人命と財産を守る」という防災の観点に立つ限り，防潮堤の建設に対して，高さ19mの津波には，せり上がりを考慮すれば高さ30m程度の防潮堤の建設をしなければならなくなった。そのためには莫大な予算を確保し，必要となる用地買収や工事などの仕事を進めなければならないことになる。

しかし，その地震の発生確率が500年から1000年に一度であることも，過去の歴史から説明されている。

もし，仮に高さ30mの防潮堤を建設するとすれば，必要となる用地は，高さ10mの防潮堤をつくるのに必要な用地幅が30～40m程度に対して，高さ30mは単に３倍ではなく，高くなれば防潮堤の法面の勾配が緩く（1：2程度）なるため，管理用通路などを加えると幅150～200m程度の用地幅が必要となる。それは陸上競技場のグランドと観客席をあわせた距離に匹敵する。さらに，10～20倍の莫大な量のコンクリートと土が必要となる。田老地区で仮に高さ30mの防潮堤を造るには，海側の端から陸地側の端までの長さをたとえれば，陸上競技場（３ha程度）が10数個並んだ程度の土地が必要になる。その分，用地の確保や建設にかかる工事費も膨大になる。

同様に，リアス海岸の全てを今回の津波の高さに対する防潮堤で覆うと，住宅は高台に移るとしても，地域住民が営んできた漁業や加工産業，店舗などに必要な土地そのものがなくなってしまうことにもなりかねない。

一方で，想定した巨大津波が数百年間起こらなければ，コンクリートの耐用年数を最大に引き延ばして100年程度としても，その間に一度も効用を発揮しないまま，数度壊しては造り替えるという「無用の長物」となる。しかも，建設は国が全額負担しても，その間に必要なメンテナンス費用は莫大で，自治体負担となるため自治体財政を圧迫し，本来必要な福祉や教育などの事業はほとんどできなくなってしまう。

つまり，大規模災害の予見可能性が高まり，その対策の全てを行政の責任だと考えることになれば，その責務として，莫大な費用をかけ，万全の対策を講じる必要が出てくる。一方で，無用の長物になるかもしれない巨大な防潮施設を，今後，巨大津波の発生が予想される地域全てに造るとすれば，国家の財政は破綻しかねない。

防災行政は非常時を念頭に置いた総合行政であるとすれば，まさに大きな矛盾を抱えることとなった。超巨大災害の予見可能性の捉え方をあらためて，現実面を考慮してその責任と限界についても再考せざるを得なくなったのである。

2　巨大災害の防災対策は「減災」で補完
――その方策について――

この矛盾解決の1つの答えとして浮上してきたのが，「災害からの被害を最小限にし，少なくとも人命を守るように努める」，すなわち「減災」という新たな命題であった。

技術的な災害対策としてその中心を担う「土木学会」は，次のような方針を明確にした[(3)]。その内容は，数十年から百数十年程度に一度の確率で発生する津波に対しては，これまで同様に津波を防御し，国民の生命と財産を守る「防災」を前提とする。しかし，それを超える数百年から千年に一度の低い確率で発生する最大クラスの津波は，完全に防御することを考えるのではなく，住民と行政で協働して，ハードとソフトを組み合わせた対策を講じ，越流する津波に対しては，「逃げる」ことを前提に「人命は守る」とする基本政策に転じることを決定した。

具体的には，津波対策を2段階で考える。前者は「レベル１」（津波防護レベ

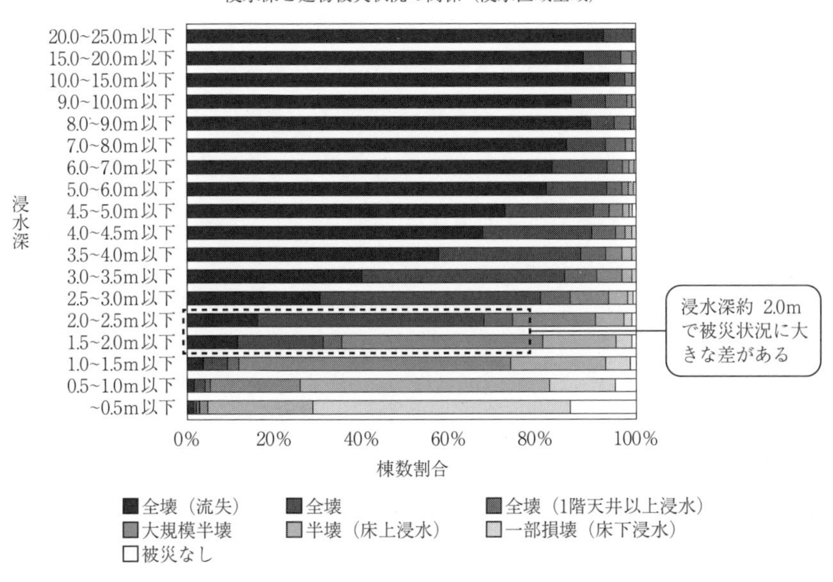

図8－2　津波浸水深と建物被害状況の関係図

出典：2012年度国土交通省調査データ。

ル）として，防波堤や防潮堤を建設して市街地を防護する。それは，単なる海岸部における防潮堤等の建設整備だけではなく，２線堤（内陸側にも防潮機能を持たせた高盛土の道路整備や河川堤防整備）による多重防御の仕組みである。あくまで数十年から百数十年に一度発生する災害には，「津波防護レベル」としての対応で完全に被害を抑えることが前提である。

後者は「レベル２」（津波減災レベル）として，レベル１で整備した防潮堤等を越流する津波の浸水深に応じて，非可住地の指定や条件付きの可住地とする土地利用計画によって，専用住宅の建築規制などの土地利用規制，さらに土地の想定浸水深までの嵩上げなどにより津波災害を防ぐ。

東日本大震災の被災後に国土交通省が実施した，津波に対抗して建物が残留できた津波高さに関する実態調査（図8－2）から，概ね２ｍ以下の浸水深であれば，過半の建物が全壊や流失しなかったという結果が説明されている。これらを受けて，自治体側の規制として，概ね2m以下の浸水深であれば，建物の2階以上に避難すれば命は守れるとして，居住を可能とする。それ以上の浸水深では，大半が流失した結果から非可住地区とし，産業系や公園・緑地系の土地利用ならば認めるとする1つの考え方を打ち出している。ただし，浸水深が少しでも想定されるところは，非可住地にしている自治体もある。

こうした行政側からのハードと土地利用規制のソフトに加えて，被災者になるかもしれない住民が，安全なところまで逃げるための避難道路や，避難ビルの整備のハード対策と，住民自身が経験した災害の恐ろしさを次世代へ伝承することや，防災訓練を実践的に実施する住民側のソフト対策との総合力も欠かせない。

数百年以上に一度の確率で発生する大規模な津波時には，とりあえずは防護レベルの施設で津波エネルギーを減衰させ，到達時間を遅らせた上で，安全な場所まで「逃げる」ために必要となる津波避難ビルの建設や，避難路整備による避難行動で，人命だけは必ず守る「減災」を目指すとするものである。

言い換えると，もはやレベル2の巨大災害への対応は，全てを行政の守備範囲とするのではなくなった。災害の規模によっては，津波浸水地域の被災者となるかもしれない住民と協働して「逃げる」ための対策を講じることによって，町や地域が津波で浸水し，財産は被災しても，生命・身体の安全は必ず確保する。これが新たに提言された2段階の防災・減災対策である。通常に発生する災害は防災型対策で対処，数百年に一度発生する巨大災害には，被害を最小化する「減災」の発想で補完する対応，という対策へと転換を迫られることとなったのである。

3　東日本大震災の復興の現状と課題

東日本大震災からの復興のための基本体制の確立[(4)]

震災発生後，復興の基本方針を定める基本法が，民主党政権下のねじれ国会の中，政府案が撤回され，修正され，議員立法という形で，2011年6月に「東日本大震災復興基本法」として制定された。

「財源なければ復興なし」の合言葉から，復興のために必要となる5カ年19兆円の財源確保のため，同年12月2日に制定された「復興財源確保法（東日本大震災からの復興のための施策を実施するために必要な財源の確保に関する特別措置法）」によって，所得税，法人税，たばこ税の増税（付加税）としての「復興特別税」を創設し，10.5兆円を捻出することとなった。

同法に基づき，同年12月9日に，縦割り行政の統合や現地での迅速対応のため，各省庁より「上位」に位置づけられる「復興庁」という特別組織が創設された。

また，同法により，同年12月26日に，土地利用規制の窓口を一元化し，規制緩和や各種税制の免除や減税を促進するために，「東日本大震災復興特別区域法」（復興特区法）が施行された。復興まちづくり推進，民間投資促進，水産業促進など8種類の「復興特別区域」を被災地域に適用し，地域の創意工夫による復興の支援が図られることとなった。

同時に，「東日本大震災復興交付金」の創設により，被災自治体が積極的かつ自主的に復興プランの下で進める地域づくりや復興を加速するために，「基幹事業」としての40事業を一括し，補助金の地方負担の2分の1を国庫負担することとなった。さらに，国庫補助の残りを地方交付税の加算，さらに基幹事業と関連する自治体の独自の事業である「効果促進事業」も対象にし，自治体の負担を0にする支援ができることとなった。しかし，復興交付金事業計画期間は，復興基本方針による集中復興期間として2011年度から2015年度までの5年間になっているため，復興を加速させる一方で，できる事業から着手しなければならないという圧力が自治体にかかっている。

「津波防護レベル」の対策が進んでいる

東日本大震災の発生から4年が経過した。被災地では，津波による流失や全壊の建物等の解体撤去がおおむね終了し，復興のための生活再建の事業が精力的に進められている。

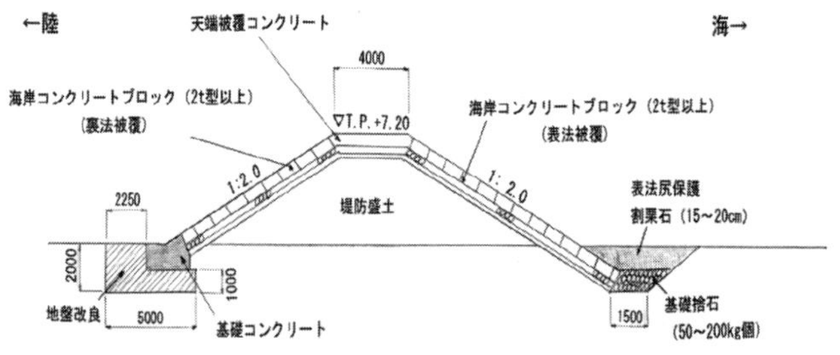

図８－３　海岸堤防（防潮堤 T.P.+7.2m）の断面図

出典：国土交通省東北地方整備局の HP の図より著者作成。

写真８－１　完成した名取市の高さ7.2m の防潮堤

出典：国土交通省東北地方整備局。仙台河川国道事務所，2014年３月６日記者発表資料。

主には，地震や津波で被災した道路，橋梁の復旧や復興のほか，漁港及びその関連施設，海岸の防潮施設，河川堤防の復旧などである。津波で大半が被災し，余震等に備えた復旧が急務の防潮堤の整備は，被災した468地区の海岸で実施され，着工率が78％で完了率は21％，河川堤防は2,113地区で99％まで進捗している（2015年１月末時点：国土交通省ホームページより）。

その整備の考え方は，津波に備える防潮堤の場合には，「レベル１」の津波に必要な高さとして，明治三陸地震津波（1896年）や昭和三陸地震津波（1933年）の高さを基準に計算されている。

仙台湾に面する南部の海岸部の防潮堤の整備は，今回の津波の被災を免れた

（まちづくり計画）

図８－４　田老地区の土地区画整理事業と防災集団移転促進事業

出典：ＵＲ都市機構，2014年３月14日資料。

海側法面被覆ブロックの構造をヒントに，図８－３に示す陸側法面被覆ブロック，天端被覆工の構造（厚さ50cm，重さ２t，法勾配２割〔１：２〕）とし，天端の高さも，それまでのT.P.＋４mからレベル１に相当するT.P.＋7.2mに変更して，順次整備が進んでいる（T.P.とは，全国の標高の基準となる東京湾平均海面高さ）。仙台から山元町の海岸部約30kmにわたり，砂浜と陸地との間に長大な壁が築かれつつある（写真８－１）。

図８－４に示す宮古市田老地区の場合には，明治三陸地震津波の高さ13.8mと昭和三陸津波の高さ8.9mを参考にして，X型の防潮堤の外側（海側）の高さを海抜よりT.P.＋14.7m（従来の高さ10m＋４m）とし，内側（陸側）は従来の高さT.P.＋10m＋１m（地震による沈下高さ）の堤防を再整備して，従来同様に二重の防潮堤で対策を講じようとしている。

さらに，併せて，面的な事業として，防災集団移転促進事業，被災市街地復

写真８−２　高台団地整備が進む田老地区

写真提供：2015年３月26日筆者撮影。

興土地区画整理事業が進められている。

特に，生活基盤の再建地となる住宅地は，背後の山の斜面を削って「高台団地」の整備が精力的に進められている（写真８−２）。ここは２つの防潮堤で挟まれた地区（野原地区と野中地区）や，レベル２の津波が来襲すれば，越流する津波で建物が流される危険があるため，災害危険区域に指定して居住を規制した地区からの，集団移転の受け皿となっている。また，従来の場所に住むことを希望する住民のために，山裾側の宅地地盤高を現状より１～３ｍ嵩上げ盛り土して，「嵩上げ市街地」として居住できる工夫が図られようとしている。

一般的に，「高台移転」の事業は，津波の到達しない高さの丘陵地や山裾を開発して宅地造成する自治体の単独事業で，津波の浸水被害を受けた低地部の住宅を移転させる「防災集団移転促進事業」（建物補償と用地買収）とセットで整備するケースが通常である。現在335地区で展開されており，ようやく完成した宅地を被災者に賃貸や分譲できる段階になりつつある。この事業は，絶対的に居住者の安全を確保できる「防災」事業と言えよう。

なお，「防災集団移転促進事業」は，震災前は10戸以上（移転しようとする住居の数が20戸を超える場合には，その半数以上の戸数）の住戸がまとまって移転を希望する場合にできる任意事業で，２分の１の国庫補助率であった。震災直後に多くの自治体が，「高台移転」のために同事業を活用しようとしたが，２分の１の裏負担（単独費）が財政上できないため，事業化に躊躇する自治体が続出した。

そのため，2011年12月の復興特別税及び復興交付金の創設とともに，補助率が４分の３に増え，残りの地方負担分の４分の１も，復興交付金（８分の１）と残り（８分の１）も自治体に起債を認め，それを地方交付税で全額補塡することで，全額を国の負担でできることとなった。

首長にとって，防災集団移転促進事業は，「高台移転」と合わせて居住の安全性も担保されて，しかも，自治体の負担０でできるため，財政面の心配がないという利点があり，また採択要件も５戸以上に緩和されることとなり，ほとんどの自治体で事業化が検討された。現在，341地区で大臣同意が済み，岩手県で93地区，宮城県189地区，福島県42地区，その他２地区計326地区で事業に着手されている[(5)]。

「津波防災地域づくりに関する法律」の制定

さらに，2011年12月14日に，「津波防災地域づくりに関する法律」が制定され2012年６月13日に施行された。将来起こりうる津波災害の防止・軽減のため，ハードとソフトの施策を組み合わせた「多重防御」による「津波防災地域づくり」を目指すものとして定められた。この法律は被災地だけに限定せず，全国で活用可能な一般的な制度を創設したものである[(6)]。

大臣が「基本指針」を定め，都道府県知事が，津波により浸水する恐れのある区域とその浸水深を設定し「津波浸水想定」として公表する。市町村が基本方針に基づき，かつ，津波浸水想定を踏まえて，津波防災地域づくりを総合的に推進するための「推進計画」を作成する。推進計画の策定によって，区域内で行われる土地区画整理事業に「津波防災住宅等建設区」の設定ができる。地権者が望めば換地の申し出ができ，「照応の原則」によらずにその建設区に優先的に換地を受けることができる[(7)]。また，津波からの避難のための「津波避難建築物」の建設に，防災上有効な備蓄倉庫や，自家発電設備室等の部分のために，容積率のボーナス（割増）を受けられることになった。

ただし，東日本大震災の被災地は，同時に定められた「復興特区法」による「復興整備計画」を作成した場合は，「推進計画」によらずに，津波防護施設の新設や改良と，容積率ボーナスの特例の適用を受けることができる。

さらに東日本大震災の津波により，住宅や業務施設だけではなく，学校や，医療施設，官公庁施設も甚大な被害を受け，地域の都市機能全体が失われたことを反省し，法律は，津波が発生した場合に必要な都市機能を維持するために，拠点となる市街地の整備を図る「一団地の津波防災拠点市街地形成施設」の概念を創設した。具体化のためには，どのような機能を有するべきかをあらかじめ明確にし，都市計画法に基づく「一団地の津波防災拠点市街地形成施設」を都市施設として決定する。それにより，決められた区域内の土地を全面買収方式（土地収用法適格事業）で買収して，整備することになる。

東日本大震災の被災地での具体的事例として，宮城県南三陸町では，震災復興計画の実現化を図る「津波復興拠点整備事業」の創設を受けて，2012年８月３日に全国で初めて「一団地の津波防災拠点市街地形成施設」として，被災市街地背後の高台に17.2haの住宅施設と4.2haの公益的施設及び3.0haの公共施設，計24.4haの都市計画を決定した。その後，同年の９月18日には，対象地区を増やし，計41.8haに都市計画を変更した。さらに2013年10月25日にも区域を拡大し，計47.6haが計画決定済となった。住宅施設として住宅団地と災害公営団地の計32.1ha，公益的施設として，津波で完全に水没し使えなくなった町役場等の行政施設の移転と，同様に津波で大半が水没した町営病院の移設，消防署，生涯学習センター，福祉施設などの10.5ha及び，道路・公園・上下水道などの公共施設計5.0haが計画されている。現時点では，樹木の伐採が終わり，整地工事が進んでいる。2015年から一部で住宅の再建が可能となり，全体で2017年度の完成予定となっている。(8)

このように「一団地の津波防災拠点市街地形成施設」の制度が創設され，都市計画法にも位置づけられ，被災地では18地区で都市計画決定済（2014年３月末）である。いわゆる津波による浸水の心配のない高台に，住宅地だけではなく，公共・公益施設や業務系の施設まで総合的に集約する市街地の造成が，土地収用法の適用（5,000万円までの譲渡所得税の免除，代替資産の購入の特典等）が受けられる公共事業として推進ができることとなった。単なる住宅地の高台移転事業は任意事業のため，候補地の土地の買収が地権者の合意や相続等で困難になった場合，強引的に収用ができないため，事業の進捗が大きく遅れることがあったが，この制度等の利用で土地収用法が適用されることでその懸念は大きく解消されることとなった。東日本大震災の被災地だけではなく，今後，南海トラフ地震の想定される地域でも，津波に備えた事業整備等の積極的な行政施策の展開の大きな支援となるものである。

一方で，知事は「津波浸水想定」を踏まえて，予防施策の１つとして，津波発生時に住民等の生命や身体に危害が生じるおそれのある区域を，「津波災害警戒区域」に指定できる。指定により，市町村には，防災訓練の実施，避難施設の確保，ハザードマップの作成等，住民等に対する周知など警戒避難対策の整備が求められる。さらに，「警戒区域」のうち，津波が発生した場合に，建物が損壊したりして，住民等の生命や身体に著しい危険が及ぶと想定される区域を，開発行為及び建築行為の制限を課す「津波災害特別警戒区域」に指定できる。これらは，1999年の広島市での集中豪雨による土砂災害を受けて2000年に制定された「土砂災害警戒区域等における土砂災害防止対策の推進に関する法律（土砂災害防止法）」に準拠する制度である。

被災市街地の復興事業の状況――被災規模が大きすぎる実態

東日本大震災被災地の復興の本丸は，本来の経済の中心であった港の機能の復興と，そこで生活をしてきた人々や生業をなしてきた事業者や従事者が，中心市街地に戻ることである。

被災した市街地を復興させるのに，どのような事業手法で対応ができるのか。その１つの指標は，復興事業を被災自治体が施行するために阪神・淡路大震災直後に制定された「被災市街地復興特別措置法」による「被災市街地復興推進

表8－2　主な都市の被災市街地復興推進地域と人口比

	市町村名	人口 (p)	被災市街地 復興推進地域 (s)	人口1万人当たりの 復興推進地域面積 (x)
宮城県	気仙沼市	73,154人	266.7ha	36.46ha
	南三陸町	17,378人	154.4ha	88.85ha
	女川町	9,932人	182.6ha	183.85ha
	石巻市	160,394人	449.4ha	28.02ha
	東松島市	42,840人	162.7ha	37.98ha
	名取市	73,603人	102.7ha	13.95ha
岩手県	釜石市	39,574人	168.6ha	42.60ha
	大槌町	15,277人	164.1ha	107.42ha
	陸前高田市	23,302人	621.2ha	266.59ha

注：人口は2011年3月1日現在。

参考	神戸市	1,520,365人	150.5ha	0.99ha
	震災復興促進地域（条例）		5,887.0ha	38.73ha
	芦屋市	86,630人	34.6ha	3.99ha
	北淡町	11,123人	20.5ha*	18.43ha

注：人口は1995年1月現在。北淡町は現在淡路市。＊は後に変更あり。

地域」（以下「復興推進地域」）として，都市計画で決定された面積である。目的は，被災市街地復興土地区画整理事業等について被災から2年以内に都市計画を決定し，その後に自治体が事業化するためのものである。

表8－2は東日本大震災時の宮城県と岩手県の都市（全地区ではなく抜粋）の被災時の人口と復興推進地域の面積（都市計画決定当初の面積）を，阪神・淡路大震災時の神戸市等と比較したものである。なお，復興推進地域には，被災していない地域に宅地を整備する高台移転の事業の面積は基本的には含まれていない。

表のx値は人口1万人当たりの復興推進地域面積を示している。x値の比較では，神戸市でほぼ1（ha／万人）に対して，東日本大震災の被災都市は13から266倍という数字になっている。これは，神戸市の「震災復興促進地域」という六甲山系南の被災6区の面積5,887haを全て事業対象にするイメージに近い。誰もがそんなことは不可能だと思うような数値である。しかも，現実的には決定した復興推進地域150haを復興事業で完成するのに16年も費やした。土地区画整理事業はそのうち125haで，事業に関わった職員数は120人程度であった。つまり，１人当たり１haという数字である。xが約４（ha／万人）の芦屋市では，市職員だけでは執行できないので，事業地区を芦屋市と現在のURで分けて担当し，約10年で完了している。北淡町では，町の職員だけでは事業ができず，URの支援を得て，15年かけて完了した。

現在のところ，東日本大震災の復興推進地域内で復興土地区画整理事業の計画は全50地区（100％）で決定され，全地区で事業化（事業認可済）されている。造成工事等は48地区（96％）で着手している（2015年３月時点：国土交通省ホームページ）。

阪神・淡路大震災の復興方式との単純な比較は意味がないが，東日本大震災の被災地域の規模と都市人口すなわち職員数（人口の約１％が職員数）から見ると，復興事業をするには，職員の数に比較してあまりにも規模が大きすぎると言えよう。事業が進めば，土地に関わる権利の調整や審議会の運営，設計コンサルタントとの打ち合わせ等で，多くの職員がいなければ対応できない。今後の本格的な事業の展開には，対応できる職員と，他都市から専門知識を持つ職員の応援を確保，もしくは事業業務を外部委託できなければ，阪神・淡路大震災の数倍の時間がかかると考えざるを得ない。

復興事業が進まない要因――人材不足

震災によって，被災都市の業務に新たな仕事が一気に増えた。自治体の職員の数は，税収の規模等から，人口の約１％程度である。圧倒的に増えた仕事に対して，震災で犠牲になった職員も多くいたために，対応できる職員数も絶対的に足りない状況である。

現状は，どの自治体（除く仙台市）も，全国各地の自治体や団体からの職員の応援やボランティアの協力で，何とか業務がこなされているのは旧知の通りである。現在全国から約2,000名の応援職員が派遣されているが，決して十分とは言えない上，原則的に1年が経過すれば派遣元に戻らなければならず，交代で新しい職員が派遣されてはいるが，どうしても業務の停滞があり，展望が描けないのは致し方ない状況である。

被災自治体の復興事業の現状は，高台移転のための防災集団移転促進事業が中心で，その他には復興公営住宅の建設事業が行われている。それらの事業を担当する職員が，全国からの応援を得ても，圧倒的に足りない。

現実の予算執行において，復興庁は2012年度の35.2％，2013年度の35.3％が未消化であることを公表した。その要因として，住民と自治体の調整の難航と人材不足を挙げている[(9)]。

復興事業を進める上で，さらに被災市街地の復興事業も動き出した中で，圧倒的に人材が足りない現状の問題解決がどのようにして図られるのであろうか。そのための課題は何なのか。

復興事業が進まない要因――補助制度の制度的欠陥

被災した地域の復興にかかる財源について，復興事業が国の補助金の割り増しや復興交付金・地方交付税等によって被災自治体の負担が0となったことは，被災地域に大きな推進力を与えることとなった。

しかし，増大した仕事の量を捌くだけの自治体固有職員数は，予算上，仕事量の増大に比例して増やせない現状がある。とりあえず，全国の自治体から派遣された応援の職員は，基本的には国（総務省）からの補助金で派遣元の自治体に補塡されている。しかし，その補助金を直接被災都市に回して，直接雇用を増やすことには使えていない現状がある。

これから，本格的に中心地区である被災市街地の復興事業を進めることとなるが，職員数から考えても，現実的には国が建前で示すような5年や10年で完了するものではない。少なくとも20～30年，場合によっては戦災復興事業のように半世紀以上かかるかもしれない。

そうであれば，被災自治体で正式に職員を雇用し，経験を積ませながら業務にあたらせるのが自明である。しかし，それが叶わない背景に，事務費がほとんど計上できていない問題がある。

遡れば，震災の１年前2010年度の民主党政権の時代に，国の直轄事業に対して地方は事務費の負担をしない，逆に，補助事業で地方自治体が使えた事務費に対する国庫補助制度は全廃され，その分は自治体で負担しなければならなくなった。[10]

そのために，震災後の復興事業の補助事業においても事務的経費が補助金から充当されなくなり，被災自治体の負担となった。少額の事業費ならば，大きな問題はないが，大規模な復旧や復興の場合には，莫大な補助金や復興交付金で事業が動くので，それに見合う事務費を自前で調達するのは被災自治体にとって大変厳しい課題となった。人件費に充当できないだけではなく，県庁や復興庁との打ち合わせや，新しい事業手法の勉強会・研修会の参加の参加費・交通費もバカにならない。

これらの苦しい状況に対して，一応，地方公共団体の事務経費として，地方財政上の措置として，事業の実施に直接必要な事務経費を対象に，総務省において必要な財源措置が講じられることとなった。しかし，現実的に2011年度について，国土交通省，農林水産省の事業7,292億円の措置額に対して，59億円が事務費として措置されたにすぎない。割合にすると，0.8％程度の低い数値になっている。[11]これが現実の姿である。

阪神・淡路大震災の復興事業の場合には，補助事業の事務費として毎年平均で３％程度計上することができた。神戸市の復興土地区画整理事業費が全体で2,500億円執行されているので，事務費は最低でも75億円ほどにはなると考えられる。神戸市の場合には，震災までに多くの地区で土地区画整理事業を実施していたこともあり，震災の翌年度から職制の見直しと経験のある職員の配置換えや，超過勤務等で何とか対応することができ，あらためて人材を別途雇用することもなく済み，事務費は事業遂行のために必要不可欠な備品の購入や，人件費，交通費等に活用できた。当時，補助金や起債の地方交付税負担で14％分の市単独費が必要となる財政事情下で，復興業務を円滑に進める潤滑油の機能を果たしたのは事実である。

震災復興事業は国民の命と財産を守る国の事業である。被災自治体にとっては復興事業はかつての機関委任事務をしていると考えれば，必要な事務費を事業費に応じて国庫補助金で認めるのが当然ではないだろうか。

復興事業には，数十年かかることも予想される。阪神・淡路大震災当時のように事務費の90％までを人件費に充てることができれば，地元の若者を何人も事業が完了するまで雇用でき，権利に関わる困難な仕事にも長期的な視点から携わることができる。これは他の自治体からの応援職員では絶対できない仕事である。そして，その人たちが地域で結婚して，子供を持つことができれば，地域にとって大きな活性化の原点になる。また，中途採用の道を開くことで，震災で職を失いながらも地域で生活をしなければならない人々の，新たな夢を開くことにもつながる。

現状で，職員が絶対的に足りないことや，専門的知識を持つ職員がいないことなどから，業務遂行のために1つの工夫がなされている。行政の業務をURやコンサルティング会社に委託し，そこで工事等の発注業務を，技術的な中立性を保ちつつ発注者の側に立って建設会社に発注する方法，つまりアウトソーシング（外部委託）する方法が定着しようとしている。この手法は，1960年代にアメリカで始まった建設生産・管理システムで，設計の検討や工事発注方式の検討，工程管理，コスト管理などの各種マネジメント業務の全部または一部を行うもので，CM（コンストラクション・マネージメント）方式と呼ばれている。

発注者側である行政に人材がなく，高台移転のための団地造成事業のように利害関係人が少ない場合には，資本力や専門的知識のある企業に外部委託することは1つの方法ではあるが，苦肉の策でもある。ただ，行政にしかできない個人情報の取り扱いや単価設定などの行政情報の取り扱いには，慎重にチェックしながら業務遂行がなされることとなるが，官民癒着の問題が発生することや，職員に専門的知識が蓄積されなければ，より難しい局面の判断まで受託者任せにならないとも限らない。その場合の責任は，業務発注のどの段階の誰がとるのか，果たして明確になっているのだろうか。

このような懸念や自治体の将来のことを考えれば，当然ながら，必要となる職員の雇用に伴う費用は，別途国からの直接の補助金で支援するか，補助金の事務費を復活させて，自治体の体制作りに寄与していかなければならない。現状の政府のやり方は，あまりにもその場しのぎになっていないだろうか。

4 「減災型」復興事業へ
——チャレンジしなくていいのか——

現在進められている復興事業は，防潮堤の整備や河川堤防の改修，そして高台への移転が中心である。さらに，高台を整備するために，土砂を削って被災地域を数ｍ嵩上げする盛土造成事業が2014年度から本格化し，道路を走行するダンプトラックの数が一気に増大した。また，土砂を大量に運搬するベルトコンベアが，写真8-3のように被災地を縦横にめぐり，瞬く間に造成が進みつつある。

ベルトコンベアが土砂採取場から延伸され稼働中

写真8-3　陸前高田市の復興事業（ベルトコンベアによる土砂運搬）の現状

写真提供：2014年9月9日筆者撮影。

これらの事業は，行政の一存で，しかも自治体の財政的な負担もなく進められる「金太郎飴」型の事業ばかりである。被災した住民とともにまちの将来を考えた，地域の個性にあったまちづくりはほとんど進められていない。それだけで果たしていいのだろうか。

津波で大きな被害が発生したところは，太平洋の西端部にあるとはいえ，暖流の黒潮（日本海流）と寒流の親潮（千島海流）の出合う世界最高峰の漁場を前にした地域である。暖流系のマグロ・カツオ・サバ・アジ・イワシなどと，寒流系のサケ・マス・サンマ・タラなどの多様な種類の魚で大量の漁獲が可能である。また，リアス式の三陸海岸では，海と里，森がつながる，まさに「豊かな森が豊かな海を育む[12]」ことで，ヒラメ，アワビ，ホタテ，カキ，ワカメ，コンブ，ウニ，ナマコなど水産動植物の宝庫となってきた。江戸時代，あるいは明治時代から，様々な種類の漁獲や貝類・海藻類の水揚げと加工業で，高い生産額をあげてきた。当然ながら，それらに伴う３次産業があり，生活の場や消費の場として地域の中心的な市街地を形成してきた地域である。しかし，それらの地域が，大津波の来襲で全てを壊され，そして流れ去ってしまったのであった。

被災前の地域経済の中心であった場所を，どのように復興させるのか。震災後は，がれき置き場や処理場所として，人が働き，トラックが走り回った。最近は，漁港の修繕事業，防潮堤の整備建設や，防災集団移転促進事業の用地買収事業で，経済が動いてきているように見えるが，決して永遠に続くものではない。地域経済の活性化のために，何らかの形で，恵まれた地理的条件を活かした漁業を中心とした産業の復活と，市街地自体の復興を果たし，蘇生しなければならない。

そのために，自治体として考えなければならない「減災型」事業の出番が近づいているのではないだろうか。レベル１として，防潮堤や，多重防御に必要な海岸堤防や河川堤防の整備が進んできた。次に考えるのは，レベル１でも，レベル２でも，津波襲来の際には「逃げる」ことで身を守る，ハードとソフトを組み合わせた事業によって，中心となってきた市街地を再生することである。

現状は，物理的かつ法制度的にできる事業だけをするという短期的な視点で復興事業が進められてきたが，あらためて，都市やまちの将来のことを考えた長期的な視点に立って，被災地域の経済の中心地を復興させていくことに，地域住民等を交えて取り組んでいく姿勢が必要な時期になっているのではないだろうか。

津波で被災した地域の周辺では，絶対安全な高台移転事業が，被災した住民の移転先の宅地を供給するため，整備が進んでいる。一方では，先に説明した「被災市街地復興推進地域」に指定した広大な地域もある。それらを加算すると，莫大な面積になる。少子高齢化が間違いなく迫ってくる。また，豊かな海を育てた森が伐採され，防潮堤で里と海が隔離される問題への対応策も必要であろう。

漁業とそれに関連する産業によって経済を維持する都市や地域では，人口が減る中で，どのように市街地を形成しようとしているのか。

まさに，リスクが発生するかもしれないが，住民自身で，海・里・森から発展してきたまちの，将来を考えたコンパクトな「減災型」の市街地の復興事業にチャレンジする時期に来ている。

注・引用文献

(1)　『日本経済新聞』2014年8月26日。
(2)　柳田邦男『「想定外」の罠―大震災と原発―』文春文庫，2014年，p. 21。
(3)　土木学会 東日本大震災特別委員会 津波特定テーマ委員会，2011年9月14日。
(4)　日本財政法学会編『東日本大震災後の財源調達の法の諸相』全国会計職員協会，2013年。
(5)　国土交通省2014年3月のデータ。
(6)　津波防災地域づくりに関する法律研究会編『津波防災地域づくりに関する法律の解説』大成出版社，2014年。
(7)　「被災市街地復興特別措置法」による，「被災市街地復興推進地域」内の「復興共同住宅区」と類似している。
(8)　平成25年度第1回『南三陸町都市計画審議会議事録』(2013年10月10日開催)。
(9)　復興庁，2014年7月31日データ。
(10)　都市・地域整備局所管『補助事業実務必携　平成22年度版』p. 50
(11)　180回通常国会　東日本大震災復興特別委員会　議事録　2012年8月27日，佐藤信秋議員の質疑より。

⑿「豊かな森が豊かな海を育む」とは，「海から蒸発した水が雨や雪となって，森を育みます。そこで広葉樹が葉を落とし，その葉が昆虫や微生物によって分解され腐植土となります。腐植土が長い年月をかけて厚い層になると，そこには酸素が行き渡らない還元層が形成されますが，そこでは鉄イオンはフルボ酸等の有機物と吸着して水に溶けた形で，川や地下水として海に流れていきます。この溶存態の鉄は海の植物である海藻，海草，微細な藻類などが増殖する際になくてはならない存在です。それを利用して，水際にはたくさんのプランクトンが増え，食物連鎖を通じてアミ類などの餌生物が増え，ヒラメの稚魚の生き残りや成長に繋がります。」（座小田豊・田中克・川崎一朗『防災と復興の知―３・11以後を生きる―』大学出版部協会，2014年，p. 30-31）。

第9章
災害対策基本法の大改正
——国・都道府県・市町村・住民の4者体制に——

1　防災行政の基本法「災害対策基本法」の制定を振り返る

日本は豊かな自然に恵まれるが「災害列島」

地球誕生時に火星規模の星が地球に衝突した際に，月ができ，地球の地軸が23.43度傾いたことで，太陽の周りを公転する上で地球上に四季の気候がもたらされている。その中でも日本列島は，四季の織りなす素晴らしい景観を満喫できる。しかし一方，その同緯度帯にはアフリカのサハラ砂漠，サウジアラビアの砂漠，イランの砂漠，中国のゴビ砂漠，そしてアメリカのシェラネバダ山脈東の砂漠地帯があり，乾燥地帯が多い。それは，なぜか？　日本列島は太平洋の西端に位置し，太平洋の赤道付近から北上してアメリカに向かう黒潮によってもたらされる湿気等によって，世界平均の2倍の降雨量に恵まれる温暖気候帯に属しているからである。その温暖多雨により四季ごとに織りなされる自然の環境の下で，春には新緑と新芽が息吹き，夏には酷暑の中で虫たちが新たな命を産み，秋には穀物や果実が豊かに実り，冬には雪が積もり，極寒の大地の下で新たな種が春に備えて命を育む四季が繰り返されている。

その一方で，暖かな太平洋上で誕生する熱帯低気圧が発達した台風が，日本列島を直撃するコースをとり，直撃するたびに，暴風，大雨，洪水，高潮による災禍が繰り返されてきた。

また，日本列島はその周辺で，太平洋プレートが北米プレートの下に，フィリピン海プレートがユーラシアプレートの下に潜り込む圧力で隆起を繰り返して誕生した地形である。しかし，プレート境界で摩擦で蓄えられたエネルギーが解放される際に，地震が発生し，時には津波を引き起こしてきた。さらに，

表9－1　東日本・首都圏・西日本（南海トラフ）地震と富士山噴火の歴史

東日本側	首都圏	西日本側	富士山
貞観地震 （M8.3–8.6） 869年	相模・武蔵地震 （M7.4） 878年	仁和地震（東海・東南海） （M8.0–8.3） 887年	貞観噴火 866年
慶長三陸地震 （M8.1） 1611年	慶長江戸地震 （M6.1） 1615年	慶長大地震（東海・東南海・南海） （M7.9–8.0） 1605年	—
—	—	宝永地震（東海・東南海・南海） （M8.4–8.6） 1707年（10/28）	宝永噴火 1707年（12/16）
明治三陸地震 （M8.2） 1896年	明治東京地震 （M7.0） 1894年	—	—
昭和三陸地震 （M8.1） 1933年	関東地震 （M7.9） 1923年	昭和東南海・南海地震 （M7.9–8.0） 1944–46年	—
東北地方太平洋沖地震 （M9.0） 2011年	首都直下地震 ? ?	南海トラフ地震 ? ?	富士山噴火 ? ?

その歪みがプレート内部で溜まり活断層を動かす地震も絶えず発生している。近年の大地震の例として，前者のプレート境界型が2011年の東日本大震災であり，後者のプレート内部の活断層型が阪神・淡路大震災である。表9－1に，プレートに蓄積されたエネルギーが解放されて起こった地震と，それが影響した富士山の噴火の歴史を示した[(1)]。大地震が発生すると，10年前後（最長18年）で，また大地震や噴火が発生している場合が多い（発生しないケースもある）。

また，阪神・淡路大震災以降，世界の地殻活動が活発化したり，あるいはプレート間のエネルギーの蓄積の解放で大きな地震が発生しているが，その中で1999年から2008年までの10年間にマグニチュード6以上の地震が世界で1,018回発生し，そのうち日本列島周辺が212回で，全体の20.8％と集中している[(2)]。

さらに，海底を構成する「海洋プレート」が潜り込み，約90〜130kmの深さに達したところでは，プレート上側の岩盤は溶けやすくなり，「マグマ」ができてまわりのマントルの岩より軽いので，何段階もの「マグマ溜り」を作りながら上昇して，地表に噴出するのが火山である[(3)]。日本列島は環太平洋火山帯に位置し，世界の7.0％にあたる110の活火山（気象庁2011年6月）が分布する「火山列島」でもある。プレート間の歪みで蓄えられたエネルギーによる刺激で，火山活動が活発化する懸念も出ている。事実，2014年9月27日に御嶽山が噴火（水蒸気爆発）し，死者57名，行方不明者6名の犠牲者を出した。

日本最高の独立峰である富士山は，フィリピン海プレート，ユーラシアプレート，北米プレートの3つの境界上に位置し，表9-1より，富士山の過去の貞観噴火と宝永噴火は東海・東南海地震との関連性が見られる。

このように，日本列島は自然環境に恵まれた一面と，対極をなす「災害列島」の一面を併せ持つ宿命を背負っている。

「災害対策基本法」の制定

1959年9月26日に潮岬付近に上陸し，東海地方を通過した台風15号は，風速40m/s以上の暴風が吹き荒れ，低気圧による「吸い上げ現象」による記録的な高潮（名古屋港で3.45m）と，本州の大半を覆うほどの大雨が降り，広い範囲で洪水等の被害をもたらし，死者・行方不明者が5,098人を数える戦後最悪の被害をもたらした。台風はその後に，「伊勢湾台風」と命名された。

日本の戦後の経済成長で，都市部に人口と産業が集中してきたため，台風が上陸し，通過するたびに，毎年1千人を超える犠牲者を生み，大きな経済的損失をもたらすこととなった。それは，戦後の治山治水に対する防備の遅れや，災害が起こるたびに，起こってから特例法を定めて対処してきたことなど，災害を未然に予防し被害を最小限にとどめる総合的な政策の欠如も，大きな要因であった。

甚大な被害を出した伊勢湾台風が契機となって，災害対策の総合化，計画化，そして国，都道府県，市町村や各種公共機関等が有機的に連絡調整を図り，総

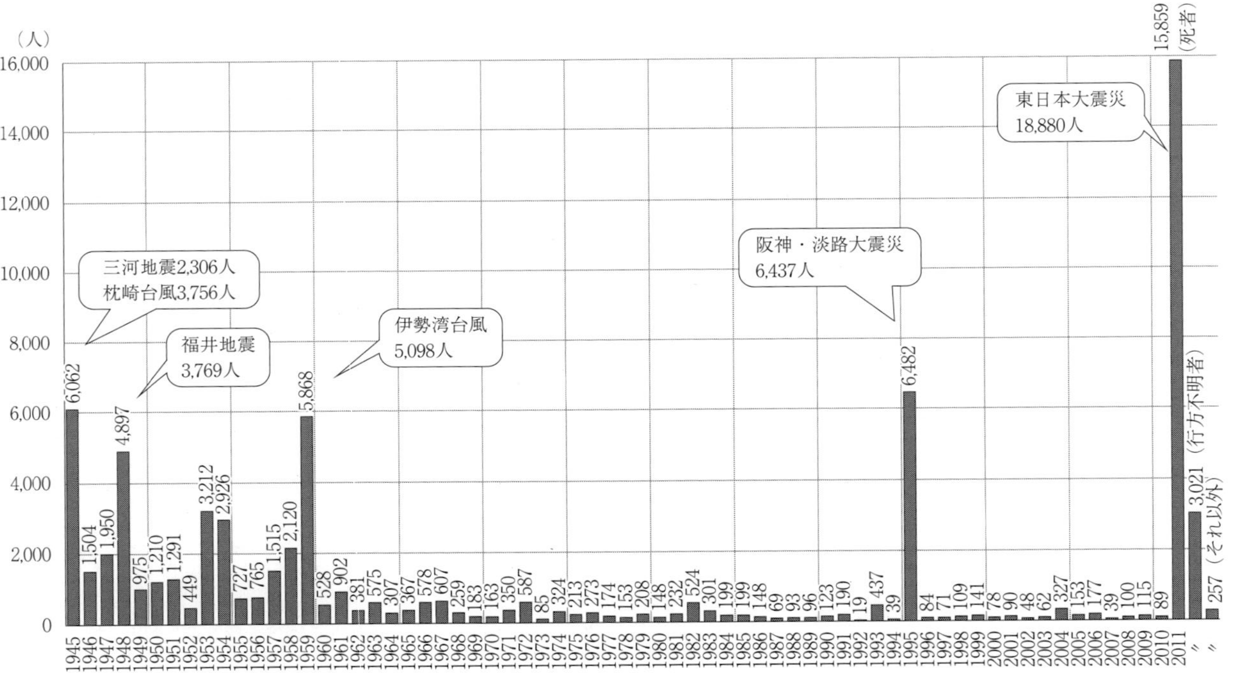

図９−１　自然災害による死者・行方不明者の推移

注：1945年は主な災害による死者・行方不明者（理科年表による）。1946〜52年は日本気象災害年報，1953〜62年は警察庁資料，1963年以降は消防庁資料に基づき内閣府作成。1995年の死者のうち，阪神・淡路大震災の死者については，いわゆる関連死919名を含む（兵庫県資料）。2011年の死者・行方不明者は速報値。2011年の東日本大震災の死者・行方不明者については，警察庁資料（平成24年５月30日現在）による。

出典：内閣府『平成24年版　防災白書』。

合的な災害対策を実施し，国民の生命と財産を守るための基本となる法律として，「災害対策基本法」が1961年に制定された。この法律で，住民の生命，身体及び財産を災害から守るのは，基礎自治体である市町村の任務であることが定められた。そのため，災害発生前には「市町村長に避難指示の権限を集中させ，責任の所在を明確にする」として，災害に対する予防や，災害発生後の対応については被災地となる地方自治体に権限が付与された。そして，市町村だけでは対処できない災害に対しては都道府県が，さらにそれを越える大規模災害の場合には国が対策を講じるという，責任体制の明確化が確立した。

法制定後に，法が想定していなかった災害が発生した後には，対象とする災害の種類[(4)]として明確にし，関連法も整備するとともに，災害対処の基本的・総合的な法律として拡充されていった。

災害対策基本法の施行によって，その後，地方自治体では「地域防災計画」が策定され，災害に対する事前の防御のためのハード整備が進められてきた。それによって，図9-1に示すように，法制定前には毎年のように1千人近くあるいはそれを超える犠牲者を生んできた悲劇も，1969年以降は徐々に緩和され，200人前後に改善されることとなった（『平成24年版防災白書』）。

2　阪神・淡路大震災の発生と政府の応急体制の見直し

1995年1月17日5時46分に大都市直下型の阪神・淡路大震災が発生し，神戸市をはじめ阪神間の都市と震源となった淡路島を中心に，震度7の激震が襲った。それまでの地域防災計画で想定していた震度5（強）を遙かに超える地震規模であった。老朽化した住宅に十分な耐震補強対策が実施されていなかったため，24万棟に及ぶ建物が全半壊し，柱や梁，家具等の下敷き等で，全体の死者6,437人のうち83.3%が圧死等[(5)]で亡くなっている。さらに直後に発生した火災では，地震動で消防水利が破壊されたため消火活動ができず，延焼火災被害が広域的に発生した。

被災現場の住民から，相当数の救援や応援の要請が出されたが，被災自治体や兵庫県では，未明の地震発生のためと，交通機関の寸断により，職員の登庁が難しく，地域防災計画に定められていた初動体制の確立ができなかった。また，登庁に時間がかかり，兵庫県知事から自衛隊への派遣要請が10時までできないという非常事態に陥った。災害対策基本法によれば，災害発生時の被災者の救出・救援活動の基本は，自治体職員や消防や警察によるのが主である。救出から救命の応急措置に1分1秒を争うことになるが，大規模災害のため，限られた人員では限界が生じた。本来このような事態になれば，最後の砦として国が動かなければならないが，当時の法制度の不備で，総理大臣直轄の「緊急災害対策本部」の設置ができず，自衛隊の出動も政府独自の判断ではできず，何ら抜本的な対策が打てないまま被災当日は時間がむなしく過ぎてしまった。

阪神・淡路大震災は，それまでの典型的な災害である台風による「水害」とは異なり，準備時間のない，突発的で大きな破壊力による地震災害であった。しかも，想定震度を遙かに超えた大都市直下型で，災害時の救援活動等で機能を発揮する道路や，鉄道，港湾施設も破壊され，また，活動の拠点となる役所，警察，病院等の施設まで被災し，全ての機能が混乱する状況となった。こうした事態の反省から，震災発生の1995年12月に法改正がなされ，著しく異常かつ激甚な災害が発生した場合は，総理大臣直轄の対策本部を設置すべく，法が規定していた災害緊急事態の布告がなくとも，総理大臣直轄の「緊急災害対策本部」を設置可能とし，さらに全閣僚が災害対策本部の構成員になるなど，政府の応急体制の不備の改善が図られた。また，自衛隊への派遣要請は都道府県知事に限定されていたが，新たに法第68条の2が追加され，市町村長からも，知事に対して自衛隊に災害派遣を要請できるようになった。また，知事に対して要求できない場合には，防衛庁長官（現：防衛大臣）に通知し，長官は緊急事態と判断すれば，知事からの要請がなくとも，部隊を派遣することができることとなった[(6)]。

また，その後の全国の都道府県および市町村の地域防災計画では，想定震度も震度7を前提に見直されることとなった。

3　東日本大震災による災害対策基本法の大改正

大規模災害に備えていなかった災害対策基本法の見直し

東日本大震災までの防災行政の基本となる「災害対策基本法」では，災害の発生時に被災者の救出・救援・生活維持の役割を担うのは市町村等の基礎自治体であり，それを都道府県が，そしてさらに政府が支える仕組みであった。

法は制定以来，新たな種類の災害の発生や多様な被害形態の発生によって，実態に即した対策を講じられるよう，2011年の東日本大震災の発生前までに47回改正[(7)]を行い，制度や仕組み等が順次改善され，防災行政の基本としての役割を担ってきた。

しかし，東日本大震災は千年に一度という自然の強大な破壊力による，超大規模な災害であった。大津波が来襲した太平洋側のリアス式の海岸部には，湾奥部にかつての漁村から発展した市町村が点在する形で自立してきた。被災した自治体の規模は，図9－2に示したように，人口が5万人にも満たない市町村が7割も占め，そのうち2万人未満は4割を占める。これらの市町村のうち，岩手県の大槌町，陸前高田市，宮城県の南三陸町をはじめ22の庁舎が被災し，14の市町村で職員が犠牲になった。さらに，災害発生時に命令や指示を出さなければならない首長が，津波で行方不明になった自治体もある。被災者を救護する病院も機能不全となった。

災害対策本部の置かれた県庁には，大規模な被災をした自治体からの情報が入らなくなり，必要な救援物資の配送や応援職員の動員ができない事態が続いた。被災者が命からがら避難した学校等の避難所が，道路の分断と電気や電話線の破断で，情報の発信や受信ができず孤立化した。そのため，生活を維持するための食糧や，暖をとるための灯油，乳幼児の粉ミルクやおしめ，病人の医薬品が枯渇する事態が，場所により数日間も続いた。

被災地の状況は，警察や消防，さらに応援に来た自衛隊や，緊急応援で駆けつけてきた全国の自治体の消防ヘリコプターが上空から確認することで，驚く

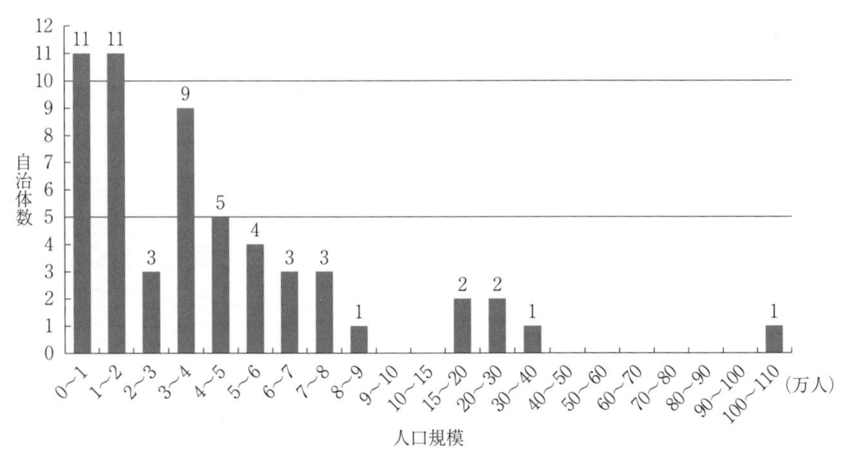

図9－2　東日本大震災で被災した震災前の人口規模別都市の分布

べき惨状が少しずつ明らかになったというのが現実であった。これまでの災害でほとんど経験のない，異常な事態であった。

超大規模災害発生直後の行政の初動体制の構築を，災害対策基本法の体系下では準備できなかった反省から，法の見直しがなされた。

2011年の10月に，大震災の教訓を総括し，大規模災害に備えた防災対策の充実・強化を図ることを目的に，中央防災会議では，各専門調査会や政府内の各種審議会，研究会等の検討結果を踏まえて，2012年３月に「当面の取組方針」が決定された。災害対策の法制に関わるものとして，大きな課題が多く抽出されたため，緊急に措置を要するものと，時間をかけて措置を考えるものの「２段階」にわたって，防災対策の全般的な見直しが行われた。

第１弾の改正として，2012年６月27日に「災害対策基本法の一部を改正する法律」及び関連法が公布・施行された。さらに，時間をかけて検討を進める課題について，第２弾の改正法が2013年６月21日に公布・施行された。

政府・自治体の役割分担の見直し

第１弾の改正で，大規模で広域な災害が発生した場合の即応力が強化された。

仮に，被災自治体からの報告や情報が発信されなければ，都道府県は自ら情報収集に行き，必要な情報を伝達・共有できることを強化することとした。被災自治体への人的支援の強化のため，被災していない自治体が応援できる（国が応援した自治体の費用を補填する）緊急性の極めて高い限定された対象業務に，避難所運営支援などを拡大した。また，市町村から県への応援要請に対して，県に応諾義務を課した。さらに，災害によって道路等が寸断されて，必要な物資が届かない場合には，被災自治体からの要請がなくとも，県や国は自らの判断で物資を供給できることとした。加えて，被災区域が行政区域を越えたり，区域の中では被災住民を受け入れられない場合には，市町村や県域を越える広域避難ができることになった。

そして，第2弾の改正で，国と自治体の役割の大きな転換として，災害によって本来市町村長が行う災害復旧事業の応急措置を，国が代行できる仕組みが創設された。

また，災害時の行政の責任は大きいものの，行政だけでの対応には限界があるのが事実であった。それを教訓として，災害時の企業の果たすべき役割や責務も検討され，被災地域やその周辺に立地する企業の能力や保有資源を活用することで，社会的機能の維持が図れるとした。法改正で，企業等の事業者に，災害時における事業活動の継続と，国や地方自治体が実施する防災に関する施策に協力する努力義務の規定が創設された。

また，法改正と併せて，新たに「大規模災害からの復興に関する法律」が制定され，東日本大震災の教訓を踏まえて，災害対策基本法では対応できない大規模災害が発生した後の迅速な復興に関して，政府の復興対策本部や復興基本方針，都道府県復興方針，市町村の復興計画などの法制化を図る措置が完成した[(8)]。これにより，先の第1弾の改正と併せ，大規模で広域的な災害に対する即応力の強化が明確にされた。

これは，基本法である災害対策基本法が1961年に制定されて以来，常に新たな災害の種類や規模の発生ごとに，後手後手であるが逐次改正されてきた経過の中で，半世紀以上かかってようやく1つの基本姿勢を確立したものといえよう。

やはり，国民の命を守る「国防」と「防災」は，国家の重要な業務である。戦後続いてきた「平和ボケ」「安全神話」からの完全な脱却が求められる時代になってきている。

今後発生が想定される首都直下地震や，南海トラフ地震に備えるべき，国・県・市町村の役割分担のあり方が一応準備できたといえよう。

「受援計画」の必要性

東日本大震災の発生時には，災害対策本部になった被災市町村では，膨大に増えた業務が，職員等の処理能力を遙かに越えたため，復旧・復興の責任を果たせず，都道府県や国に全面的な支援を頼らざるを得なかった。しかしながら，今後は同様の場合には，その職員数や財政の規模等に応じた支援を受ける体制の事前計画，すなわち「受援計画」を定めておくことが，災害対策基本法第40条第３項，第42条第３項で規定された[(9)]。都道府県と市町村のそれぞれの「地域防災計画」を定めるにあたって，災害応急対策の計画の中に，実施できるものと，支援を仰ぐものを事前に整理しておくこととなった。

逆に，支援する自治体も，被災地が受け入れやすい支援力，たとえば，交通手段，宿舎，食事は支援する側で確保する自己完結型の支援や，自治体間の相互応援態勢の円滑化として，待ちの姿勢を払拭し，要請がなくとも動ける想像力や行動力を身につけることも求められることとなった[(10)]。

結果的に，被災直後に被災した住民を支援する速やかな体制が敷かれることも可能となる。

4　災害への対応は国・都道府県・市町村・住民の４者体制に

減災理念の導入と住民責務の強化

災害対策基本法の大改正の中で，行政の役割分担の見直しと併せて，災害時や災害に備えるために，被災者となるかもしれない住民の役割について，大きく改正された。

改正前までは，防災においての被災者となるかもしれない地域住民は，法第7条第2項で「……地方公共団体の住民は，自ら災害に備えるための手段を講じるとともに，自発的な防災活動に参加する等防災に寄与するように努めなければならない」として，自助による備えと，自発的な防災活動への参加が責務になっていただけだった。

法改正の第1弾で，いわゆる「釜石の奇跡[(11)]」が示すように，住民自らが主体的に判断し，行動することと，防災意識の向上を図るために，「災害教訓を伝承すること」が明記され，また，防災教育の努力義務化が明らかにされた。さらに，自治体の防災に関する基本となる「地域防災計画」に住民等の多様な主体の意見を反映するよう，地方防災会議の委員に，自主防災組織を構成する者が追加されることとなった。

それまでの災害対策の基本は，行政の責務を基本としてきた結果であった。しかし，2つの大震災の結果，もはや全ての災害対策を行政だけの力では講じられないことが判明した結果，主権者である国民や住民の責務を問い直した。

そして，第2弾となる法改正で，「減災」の定義が明文化された。新たな条文として「第2条の2」が追加され，これまで定められていなかった「基本理念」が6項目にわたり明文化された。災害対策の基本的な考えを関係者が広く共有し，一体的に取り組む体制を整えようとするものである。

基本理念の内容は，2014年7月の中央防災会議防災対策推進検討会議最終報告をふまえたものである[(12)]。

その第1項は総論で，「我が国の自然特性に鑑み，人口，産業その他の社会経済情勢の変化を踏まえ，災害の発生を常に想定するとともに，災害が発生した場合における被害の最小化及びその迅速な回復を図ること」（傍点は筆者による）と明文化された。「被害の最小化」すなわち「減災」が，法律上初めてその意義も含めて位置づけられた（条文上は「減災」の意義として「迅速な回復」も含まれるが，本章では「被害の最小化」の部分のみを意義として進める）。

すなわち，世界有数の災害立国として，震度7の揺れや，数百年から千年に一度の確率で発生する大津波を経験した。少子高齢化による人口構造の変化，都市部・沿岸部への産業の集積等の社会経済情勢の変化をふまえた対策を考える必要がある。しかし，行政の力だけで全ての災害を防げないことを直視し，その場合には，行政の努力と住民の協力により，命だけは守る「減災」の概念が打ちだされた。

第２項では，行政による「公助」は当然のこととして，住民一人ひとりが自発的に行う「自助」や，地域の防災力向上のための自主防災組織などによる居住者が連携して行う「共助」なくしては災害に対処できないとして，自助，共助，公助の役割分担と，それぞれの連携を図るべきことを定めた。

第３項では，数百年から千年の確率の津波に対しては，構造物だけで津波を防ぐことはできないとして，これまでの災害対応から得られた教訓を活用し，ハードとソフトを組み合わせた一体的対策を講じることと，改善を絶えず図る重要性を定めた。

（第４項から第６項については省略する。）

これらの関連から，基本理念における「減災」を含み災害に備えるため，第５条で「市町村の責務」として，住民の自発的な防災活動による「共助」を一層促進する責務が加えられた。

「住民の責務」に関しては，２回にわたって第７条が改正され，第７条第３項（旧第２項）で「……地方公共団体の住民は，基本理念にのつとり，食品，飲料水その他の生活必需物資の備蓄その他の自ら災害に備えるための手段を講ずるとともに，防災訓練その他の自発的な防災活動への参加，過去の災害から得られた教訓の伝承その他の取組により防災に寄与するように努めなければならない」（傍点部は第１弾の改正で追加，下線部は第２弾の改正で追加された部分）と，住民の「自助」の範囲内でできる責務がより具体化され，拡大された。

大規模災害の発生には，政府や自治体の対応では限界があり，「減災」の思想を位置づけ，被災するかもしれない地域の住民として「自助」の観点から備えるべき責務を明確にすることで，大規模災害に対応していく姿勢に転換したのである。

地区の居住者を中心とする「地区防災計画」の提案

改正になるまでは，防災対策は基礎自治体の「市町村地域防災計画」（第42条）に定めることとなっていた。しかし改正で，市町村の一定の地区の防災活動に関する計画として，地区内の居住者及び事業者（以下「地区居住者等」という）が中心になって，共助による防災活動の推進の観点から「地区防災計画」を定めることができることになった。

地震動やそれに伴う火災，さらに津波の被害は，被災地の地形や地質によって大きく異なる。津波の場合，海岸の形状により波動や波高が異なる。その対策には，より地域を細区分した，地区限定した防災対策，あるいは減災対策など，事前の地区ごとの計画の必要性が明確化された。

しかも，新たに条文化された「第42条の２」の第１項で，「地区居住者等は，共同して，市町村防災会議に対し，市町村防災計画に地区防災計画を定めることを提案することができる。この場合においては，当該提案に係る地区防災計画の素案を添えなければならない」と明記され，いわゆる地区居住者等からの提案型の地区防災計画を素案として提出できることとした。結果的には，素案が地域防災計画に抵触しない場合で，その必要性が認められれば，地域防災計画に地区防災計画を定めることを義務づけた（第２項及び第３項）[13]。そして，地区防災計画が認められたときは，地区居住者等は防災活動を実施することの努力義務が明確にされた（第５項）。

災害予防としての指定緊急避難場所の指定

これまで豪雨や地震等の災害が発生した場合に，一定の期間，避難生活を送る場所として，市町村において避難所が定められていた。しかしながら，東日本大震災の津波の場合には，それまでの避難所では，津波による浸水により多くの犠牲者を出したことから，災害の種類や状況によっては緊急の避難所としての適格性に問題があることとなった。

こうした反省から，改正では新たな条文の第49条の４として「市町村長は……（中略）……洪水，津波その他の政令で定める異常な現象の種類ごとに，指定緊急避難場所として指定しなければならない」が追加された。津波災害の場合には，高台にある公園や広場といった，災害の危険が絶対及ばず住民等の安全が確保される場所や施設を指定することになる。

その上で，行政は，指定緊急避難場所の所在地，避難経路，避難情報の入手・伝達方法等の災害に関する情報を，住民等に，防災マップなどを作成して周知徹底することが必要になった。

「減災」と「地区防災計画」の関係

２回にわたる災害対策基本法の改正で，自然の持つ凄まじい破壊力に対しては，「いかなる対策を講じても，被害は生じざるを得ない」という基本認識を法的に認め，国・県・市町村のそれぞれの役割を見直し，さらに，被災者になるかもしれない住民の役割を高め，それによって「被害を最小化」する「減災」の方策を打ち出した。

問題は，地区居住者等からの提案型の「地区防災計画」の内容に，「減災」対策は含めるのかどうかである。

内閣府の職員が著した「地区防災計画ガイドライン」の解説とQ&A[14]では，地区住民の役割には自発的な防災活動，自助・共助の役割の重要性は説明されているが，残念ながら「被害の最小化」あるいは「減災」の言葉は出ていない。また，災害対策法制研究会の『災害対策基本法改正ガイドブック[15]』の解説では，「地区防災計画は，地区居住者等が協働して行う防災活動に関する計画であり，……（中略）……内容としては，計画の対象範囲，活動体制のほか地区居住者等による防災訓練，物資及び資材の備蓄，地区居住者等の相互の支援等各地区の特性に応じて地区居住者等によって行われる防災活動が挙げられる」となっている。

そうすると，住民等の自発的な防災活動は，自治体の「地域防災計画」の範囲の中にあって，新たに「災害発生に備えた生活必需品の備蓄」「防災訓練」「過去の災害からの教訓の伝承」行為を加えた程度の地区の防災計画の詳細版を作りなさい，ということになる。

今回の法改正では，平たく言えば次のように判読できる。

災害の中には国や自治体の対応能力を越えた規模のものが発生し，被害の発生は避けられません。国としては，言いにくいことですが，災害が発生した場合には，安全な緊急避難場所を指定しておりますので，普段から「自助」の役割として理解し，「共助」として，生活必需品の備蓄と，防災訓練や防災教育を通じて避難することを工夫して実施してください。その防災活動のあり方は，地区ごとに異なります。地区の実情に合わせた住民自身ができる自発的な対応策を「共助」として，自治体行政と協働でできる「公助」を含めて「地区防災計画」の中に書き入れて，それを自治体側に提案してください。自治体はその提案内容を尊重し，それを具体的に「地域防災計画」に反映して，必要ならば「地域防災計画」を変更して，自治体としての責任で実施・施行していくことにします。地区でできることは住民や事業者の皆さんにお願いします。

これが，国・県・市町村に次ぎ「命の安全を守る」第4の主体者としての「住民等の役割」として与えられるものだろうか。行政はその前提として，レベル1の防潮堤等の整備を責務として終えていることと，安全な緊急避難場所へ走って逃げることが可能な距離内に整備することが前提になろう。その条件が整ってこそ，行政の考える「被害の最小化」，すなわち「減災」として地区住民等が考える「逃げる」ための「地区防災計画」の内容ということになるのである。

東日本大震災の被災地では，レベル1の防潮堤の整備が進みつつあるが，南海トラフ地震のケースでは，計画すらなく，その前提は全く崩れてしまう。また，臨海部の市街地のすぐ裏に高台が確保できればいいが，仙台平野のように安全な場所が海岸から4～5km のところでは，安全な緊急避難場所の確保と，そこまでの避難道路の整備が必要である。しかし，いつになればできるのか疑問である。

一生に一度遭遇するかどうかの大規模災害の場合には，行政の対策には限界があると明言するならば,「減災」は，地区の住民や事業者が中心になって考え，実践することが求められなければならない。しかしながら，主権者である国民自身に，リスクを覚悟しながら，責務として「減災対策」を考えてほしいとは，法律上明記することはできない。

ガイドブックでは,「地区防災計画に関する計画提案」として,「地区防災計画は，上述のとおり,『自助』・『共助』の精神に基づく自発的な防災活動を促進し，各地区の特性に応じて，ボトムアップ型で地域における防災力を高めることを目的としており，地区居住者等がより主体的に，計画策定段階から積極的に参加することが求められることから，地区居住者等は，共同して，市町村防災会議に対し，市町村地域防災計画に地区防災計画を定めることを提案することとしたものである」と説明が付けられている。

さらに,「運用上の留意点等」として,「上記のような計画提案の趣旨を踏まえ，市町村防災会議においては，地区居住者等からの発意を積極的に受け止めていく姿勢が望まれるものであり，計画提案が行われた場合には，当該計画提案で示された地区居住者等の自発的な防災活動の内容を最大限尊重して，当該地区にかかる地区防災計画を定めるように努めることが期待される」との説明が付加的に書かれている。

この2つの説明を，あえて法律が触れていない「減災」と住民の防災活動について積極的に解釈をすると，次のようにできないだろうか。地区居住者等が「自助」・「共助」の精神に基づき，ボトムアップ型で主体的に積極的に計画策定段階に参加し，あえて「減災」対策を，リスクを覚悟（被災者になる危険を覚悟）した，自発的な防災対策（活動の中に含める）として計画提案ができる。それを，市町村防災会議は積極的に受け止めて，内容を最大限尊重し，当該地区の「地区防災計画」として定め，協働の精神でその実現に努力することができるとする理解である。

市町村が,「減災」内容を「地域防災計画」の中に一方的に策定して，それを実践することは難しい。しかし，あくまで地区の地区居住者等が主体的に参加して「減災」のまちづくり案を考え，責任を持って行動することを前提とする「減災計画」を含む提案をすることで，「地区防災計画」を定めて，行政と住民が協働で「減災対策」を実践する努力ができる。

そうしなければ，「減災」を目指す法律はできた。しかし，被災者になるかもしれない住民がリスクを考えて行動しない限り，「絵に描いた餅」としか言えない。

どのようにすれば，地区の住民が主体的に考え，「地区防災計画」を策定して提案できるか。そのためのヒントは，阪神・淡路大震災の復興まちづくりで明確になった「住民主権型」のまちづくりの事例であり，進め方である。次章で，新たに問われることとなった「減災」の住民主権型のまちづくりのガイドラインとなる実践的な考え方を説明する。

注・引用文献

(1)　藤井聡『列島強靭化論』文藝春秋，2011年，p. 52。
(2)　内閣府『平成21年度防災白書』。
(3)　島村英紀『火山入門』NHK 出版新書，2015年，p. 16-17。
(4)　現在の災害対策基本法で定義される災害は，「暴風，竜巻，豪雨，豪雪，洪水，崖崩れ，土石流，高潮，地震，津波，噴火，地滑りその他の異常な自然現象又は大規模な火事若しくは爆発」である。また，政令で定める原因により生ずる被害として，「放射性物質の大量の放出，多数の者の遭難を伴う船舶の沈没その他の大規模な事故」となっている。
(5)　兵庫県監察医，1995年。
(6)　武田文男他「災害対策基本法の課題と展望」『減災　Vol. 5』2011年。
(7)　上妻博明『災害対策基本法の解説』一橋出版，2007年，p. 88。
(8)　佐々木晶二「大規模災害からの復興に関する法律と復興まちづくりについて」http://www.minto.or.jp/print/urbanstudy/pdf/u57_04.pdf
(9)　災害対策法制研究会編『災害対策基本法改正ガイドブック』大成出版社，2014年，p. 11。
(10)　神谷英之・桜井誠一『自治体連携と受援力』公人の友社，2013年。
(11)　東日本大震災発生時に，釜石市のほとんどの児童生徒が避難して助かったことが「釜石の奇跡」と呼ばれることとなったが，学校に残って犠牲者となった遺族の心情に配慮するとともに，防災教育の成果だったことを強調する市は，2013年3月から公式文書を含めて庁内では「奇跡」を使わず，「釜石の出来事」と表現している（出典：『河北新報』2015年1月31日記事）。
(12)　災害対策法制研究会編，前掲書，p. 12-13。
(13)　内閣府・消防庁・厚生労働省局長級通知「災害対策基本法等の一部を改正する法律について」2013年6月。

⒁　西澤雅道・筒井智士『地区防災計画制度入門―内閣府「地区防災計画ガイドライン」の解説とQ&A―』NTT出版，2014年。
⒂　災害対策法制研究会編，前掲書，p. 15。

第10章
住民主権型「減災」のまちづくり

1 「減災」のまちづくりとは

行政だけでは「減災」対策ができない

国家や行政の使命は，繰り返すが，国民や住民の生命と財産を守ることである。そのためには，災害発生への備えは，その時代の最高の技術や材料を用いて，対策を講じる必要がある。

たとえば，阪神・淡路大震災で，それまで経験したことのなかった震度７の激震を経験した。そのために，被災した構造物の設計法が見直され，波動の物理的な挙動特性やエネルギー伝播を徹底的に解析し，同じ地震動で被害が発生しないハード対策を施すことを可能にした。

ただし，破損した全ての施設で，震度７に対抗できるように復興が実施されたのではなかった。復興に充てる財源の面から，不特定多数の多くの住民が利用した際に被害が発生しないように，選択的に順序を付けて対策を講じた。このときに用いられるようになったのが「減災」という概念であった。

それは，いかなる対策をとったとしても被害は生ずるという認識に立ち，災害時において被害を発生させた課題に対して，限られた予算や資源を集中的にかけ，結果的に「被害の最小化」を図ろうという発想であった。

「減災」という言葉は，阪神・淡路大震災を契機として使われるようになった。しかしそれは，技術的な課題というより，財政的な課題の調整が求められた際に，復興事業での大学関係者や行政の内部で便宜上使用してきた１つの考え方であった。2000年を過ぎて，復興事業の進め方の説明で，「被害は生ずるもの」という新たな考え方とともに「減災」という言葉が一般的に使用されるようになった。

また，阪神・淡路大震災からの復興事業そのものも，安全で安心して暮らせるまちに復興することを目的としたが，震度7の揺れや火災の発生に対して，全ての建物に耐震化や不燃化するRC造を義務づけたものではない。火災が発生した場合には，共助による初期消火の設備の拡充，大規模火災での避難道路の確保や，第1次避難場所の整備によって，「逃げる」ことにより命を守ることを奨励している。また，1981年の建築基準法の改正で定められた「(新）耐震基準」も，震度6強から7程度の地震動で1階が倒壊しない構造にして，命だけは守る思想で建物が再建されている。要するに，当時は「減災」という言葉がまだ浸透していなかったが，被災した住民と協働でまちづくりが進められたのも，思想的には「減災」を基底として復興事業が行われたと言えよう。

しかしながら，東日本大震災の発生で，地球規模で発生する自然の超大な力の前には，生命や財産への被害は完全に防げないという前提に立つことで，あらためて「減災」の必要性が強く問われることとなった。

すなわち，完全「防災」は，技術の問題ではなく，財政面から生じる限界のためと考えざるを得ない。つまり，仮に，長大で大規模な防災施設を造ることは可能だが，災害発生確率を考えると，一度も効用を発揮しなくても，耐用年数を過ぎると造り替えなければならないからである。

それでは，「被害を最小化する」という「減災」の努力は，誰がすることになるのか。

その努力は，基本は行政が担うが，災害の発生に対して，犠牲者が生じるかもしれないことが懸念されるのに，行政の長や議会だけの政策判断だけでは担えないのである。減災は行政だけが担うのではなく，災害が発生した場合には，リスクを知りつつ，自己責任で被害を回避する努力を，地域の住民と行政が協働で対応することが必要になる。

もし，地域の住民と何ら相談せずに行政が単独で減災対策を行ったとして，大規模災害が発生し，大きな被害が発生した場合，被災者となった住民から損害賠償を裁判等で訴えられれば，国や自治体は，減災対策の危険性を説明しなかった責任を問われることも考えられよう。これまでのように，大規模災害は想定外であったと認める判断はなされない。

そのため，津波対策の現状では，津波の到達高さ以上のところの絶対安全な「高台」で生活維持する選択ができる「高台移転」の事業を，行政が単独で積極的に進めている。為政者として当然の政策であるが，居住者の「命だけを守る」とする「ワン・フレーズ・ポリティクス」[(1)]になっていないだろうか。少子化・高齢化・人口減少といった従前からある問題を先送りにしていないのだろうか。

では，「減災」と定義する政策を行政が進めていくためには，どのような政策をベースに取り組んで実施していけばいいのかを考えていきたい。

「減災」は住民参加による住民提案型のまちづくりで

東日本大震災の発生を受けて，南海トラフ地震の発生メカニズム等が2012年の中央防災会議の専門調査会で見直され，想定津波高さが，2003年の想定高さの倍，あるいはそれ以上になる見直しが行われた（第8章　図8−1参照）。対応策はまさに待ったなしの状態になった。

一方で，レベル1の津波対策について，南海トラフ地震の津波が想定される地域での防潮堤整備の計画は，ほとんどが緒に就いたばかりで，具体化までには至っていないのが現状である。

そのような現状下で，仮にレベル1の対策を講じたとしても，大津波発生時に津波が来襲すれば，浸水はまず避けられない臨海地域や漁港周辺の土地で，日常の生活や生業を営む人々がいる。

リスクのある地区に土地の権利を持ち，住みたい，生業をしたいと主張する人々の意向は阻止することができない。彼らは災害発生時の危険性，つまり，リスクがあるが，何らかの利益を期待して，あるいは先祖代々受け継いできた土地を守りながら生活や生計を立てていると考えられる人々である。リスクを自己責任で負う限り，財産権への関与や，居住選択の自由を阻害することはできない。

リスクを背負う職業は，漁師等の漁業従事者が端的な事例で，急激な天候異変や，船舶の故障やトラブルなどにより，場合によっては陸から遙かに離れた海上で生死の境をさまようかもしれない職業である。その他にも，生命保険に入れない職業も多々ある。このような職業についても，国家は職業の選択の自由から禁止することができず，自己責任を原則として認めている。

一方で，このようにリスクを覚悟するこれらの人々の家族のことも考慮しなければならない。子供，配偶者，高齢で現役を引退した親などである。リスクを負いながら生計を立てる人の被扶養者的な関係で，家族労働を重視し，コミュニティを大切にするため，必ずしも自己責任で生活する場所を選択できない人たちである。

津波が発生すれば犠牲者になるかもしれないのを覚悟で，古くから津波の常襲地帯である三陸地方で伝承されてきた「(津波) てんでんこ[(2)]」の知恵（“各自めいめい” の意味で，津波が来たらまず，高台へ避難するということ）を伝えながら，家族と共に生計を営んでいる人たちであろう。

いつ発生するかわからない津波を心配して，国民の生命や身体の安全を守ることだけを目的に，国家権力で人々を強制的に絶対安全なところに移転させることはできない。

できるのは，その地区で生活や生業をしている人々が，大規模な津波が発生した時に，被害を最小化できる対策，すなわち安全なところへ必ず「逃げられる」ようにすることである。

しかし，居住地や従業地の近くに，絶対安全と言える高台がなければどうするのか。

その場合，人々は自分自身や家族の命を守ることを最優先に考え，逃げるための対策を重点的に考えておかなければならない。

いったいどうすれば，行政の施策が順次実行されるのを待つだけでなく，被災者になるかもしれない人々やその家族自身がリスクを理解し，納得できるような対策を住民側で考え，住民自身でできる対策を順次１つずつ進めていくという方向になるのだろうか。

さらに地域や地区には，迫り来る問題として，地震対策だけではなく，高齢化の問題，人口減の問題，産業の持続性の問題など，将来を見据えると課題は多いはずである。日本の成長時代のように「人口ボーナス」と呼ばれた人口が増え続けることで問題が解決できる時代ではない。じっとしていれば，課題は確実に深刻な問題になる。

いまできることは，行政に一方的に頼るのではなく，住民自身が「自助」として考えることである。住み続けるために，地震発生時の対策と合わせて，これからの社会を見据えた際にリスクと考えられる課題について考え，解決に向かう道を地区全体で「共助」として考えて行動する。それが，「減災」のまちづくりである。ただし，まちづくりは住民だけではできない。実践できるまでには行政の支援が必要になろう。

地域や地区の住民等が「減災」を考えるためには，行政側はまちづくりの進め方の仕組みを用意し，示された手順で住民自身が参加して活動すればプランをまとめられるように，支援体制を作るべきである。そして，まとめられた案が首長に提案されれば，行政はその内容を尊重して，住民との協働で実現の方向に動く。こうした住民提案型のまちづくりのシステムを準備しておくことも重要である。

地区防災計画の策定に組み込む

災害対策基本法の改正で，基本理念の中に，被害を最小化する「減災」の理念の導入と，災害の備えに対する住民の役割を重視する考え方について修正が行われた。また，津波災害の場合，平野地形とリアス式海岸部の地形では大きく異なる。地形や地質と災害の種類や災害の性質によって，被害の想定は大きく異なる。そのため，行政区域全般の地域というより，地区ごとにそこの地区住民等が自主的な防災活動を提案し，市町村の防災会議はそれを尊重し，「地区防災計画」として「地域防災計画」に定めることとなった。

ただし，法は地区住民等が自分たちにできる防災活動を提案し，「地区防災計画」に定めるための法制度上の「外枠」の意味を明確にしたにすぎない。具体的な内容をどうするかは，住民からの提案を受け，「地域防災計画」に反映する場合に，同計画に書き入れることとなる市町村防災会議に任されることとなった。要するに，提案に至るまでの手続きをどのように進めるかは，実質的に市町村が決めなければならない。

住民や事業者の定義をどうするか。地区とはどのような範囲を示すのか。地区防災計画は実質的には誰が作るのか。それを地区の住民等は承認するのか。提案は誰がするのかなどの手続きや定義である。それと，提案を受け入れる市町村の姿勢も明確にしなければならない。単なる住民の任意の提案なのか，行政との協働作業の一環なのか。要するに提案の内容，目的，意義と役割の明確化である。

そこで，「減災」のまちづくりの住民提案を，「地区防災計画」を定めるプロセスに組み入れることを市町村当局に提案する。まちづくりは，単なる避難のための計画ではなく，被害を最小化するための，地区の総合的なまちづくり計画である。しかも，「減災」を前提としたもので，被災者になるかもしれない地区の住民や事業者が，リスクを理解した上で，自分たちがいかに安全に逃げることができるかを判断できる，実践型で住民主権型のまちづくり計画である。

そのために，住民が参加して，提案する計画が実現し，実践できることを明確にできる手続き等を定めた制度も必要である。そのためには，どうすれば防災やまちづくりの素人である住民等が，自分たち自身が納得できる「絵」を描けるか。また，その進め方の具体的な道筋も示さなければならない。住民等が自主的に考えて参加して，リスクを考慮した地区の減災のプランを作る手順と，必要になる組織やその意思決定のプロセス等である。その現実的な道筋を住民自身が探りながら進め，住民間で意見の調整が必要な事象やその解決の手法等を，住民自身で解決することができるプロセスである。

そこでまず，住民が自主的に活動し，「減災」のまちづくりを提案・実践する方法の基本について説明していきたい。

2　「減災」のまちづくりの提案までの手順

神戸市での住民提案型まちづくりを参考に

住民提案型まちづくりの１つの典型的な事例になるのが，本書で紹介してきた神戸市の震災復興事業でのまちづくりの方法である。「２段階都市計画」の手法と「神戸市まちづくり条例」を活用して，日常のつながりを重視して町内会や商店街を中心とした地域ごとに，被災した地域の住民が参加して「まちづくり協議会」を結成した。協議会は，市側の費用で「まちづくりコンサルタント・専門家派遣」制度により派遣された専門家から意見やプランのたたき台の提示を受け，協議会のメンバーが復興のための地区のまちづくり計画を検討し，専門家が図面や構想案をまとめた。その上で，地区住民全体に意見を求めた。意見を反映しまとめられた案は，最終的には，住民の総意によりまちづくり構想案として決められた。そして，それを協議会から市長に「まちづくり提案」として提出し，市長はそれを行政の事業計画に反映し，復興事業を実施・施行した。

これらの手順や進め方を参考にして，まず，「２段階ステップ」を踏むことを提案したい。すなわち，「第１段階の計画」は，市町村が災害対策基本法による津波災害を想定した「地域防災計画」が該当する。そして「住民提案型の減災のまちづくり」の場合には，「第２段階の計画」は「地区防災計画」とすればよいのではないか。しかも，「地区防災計画」は完成形ではなく，できることから１つずつ実現し，それをフィードバックし，修正を前提に次の段階に進むことも考えておきたい。

「地区」は，災害により利害を共有する日常の生活圏を基礎とする区域として考えればよい。その地区内に居住する住民，あるいは生業をする事業者やその就業者などの住民等が，自主的に参加し，具体的な活動をするための組織として，「まちづくり協議会」のような組織を結成する。

協議会の性格も，第４章で説明したように，自主的に参加して地区の計画をまとめたいとする「有志の会」であり，市町村から助成を受けるための組織の規約や役員をもつ「機関」であり，そして有志と専門家間の協議，さらに行政との協議，そして地区を構成する住民や事業者，その従事者と協議するための「場」になることが望ましい。

この場合の協議会を「意思決定機関」と考えてはいけない。性格上，「有志の会」であり，「意思決定機関」とするなら，構成員の定義や，代表者の選出方法，定足数，議決方法などの細かい事項を決める規約が必要となることに留意する必要がある。地区の「意思決定」は，全体集会での賛否やアンケートの賛否などで決めればよい。ただし，地区の住民等の総意を得るには，過半数の賛成ではなく，大多数の賛成，数字的には5分の4程度の賛成が望ましい。これは，顔の見える地区で，決定後の「しこり」を残さない日本的な方法である。

そして，重要なことは，協議会を構成する住民の積極的な活動を引き出すために欠かせない，まちづくりに精通したコンサルタントや専門家等の派遣を，行政が準備することである。どうすれば，迫りくる津波や火災等の災害から安全に避難できるか。それには，防災やまちづくりのプロとしての専門家の意見が不可欠である。協議会は専門家から，様々な事例やその地区の性格に合った対策の紹介を受け，協議会内での議論，住民集会での議論では，専門的な知識が必要な質問の場合には回答の助言をしてもらう。

要望の羅列では困る。現実的に実践可能なまちづくり案を作り出せなければ，リスクに対応できる「減災」の対策ができないことになる。

さらに，地区防災計画を地域防災計画の一部に位置づける必要があるとすれば，協議会の構成員には市町村等の行政の職員は除外する方が望ましい。必要に応じて，オブザーバーとして，意見を聴けばよいだろう。

「減災」のまちづくり計画の策定

まちづくり協議会の結成と，専門家の派遣を受けて，地区の課題が整理され，専門家から提示されるまちづくりの案に協議会のメンバーから意見が出され，修正を繰り返し，集約された案を「減災のまちづくり構想案」として作成する。

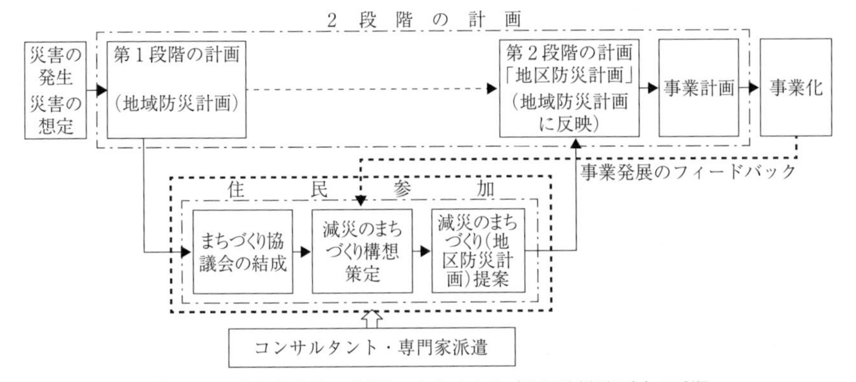

図10－1　住民提案型の「減災のまちづくり（地区防災計画）」の手順

津波が発生した場合には，その規模により，まちづくりに伴うリスクも含まれるため，それらを専門家から具体的に説明した上で住民の理解を得ることを，協議会と住民との間で進めなければならない。また，実現化のためには行政側と事前の協議の確認も必要である。その上で，地区住民の総意（大多数の賛成）を得ることができれば，総意に基づく「減災のまちづくり（計画）」を策定して，「地区防災計画」として首長に提案する。提案を受けた市町村は，それを「地域防災計画」の中の「地区防災計画」として位置づけるために市町村防災会議に諮る。承認されれば，具体的な事業計画が策定され，「減災のまちづくり」の事業が開始される。その中には，単なる防災対策事業，まちづくりと併せて実現する減災対策事業，そして純粋なまちづくり事業の3種類が入ることとなる。住民側と行政は「協働」の精神で，事業途上の「減災」対策の進捗を確認しながら事業を進める。

神戸市の事例を参考にした住民提案型の「減災のまちづくり」の手順を示すと，図10－1のようになる。

図について補足すれば，「事業化」から「減災のまちづくり構想策定」へ，「事業発展のフィードバック」の流れがある。減災のためのまちづくり事業は，できるものから順次実施することとするため，事業化できることで次のステップに進むことを意味している。結果的には，フィードバックが数回繰り返されることによる数段階の提案により，着実に減災のレベルを上げていくことができるものである。

できるならば，市町村はこれらのプロセスを明文化した「まちづくり手続き条例」あるいは，「同要綱」などを制定しておく。それにより，まちづくり協議会のリーダーたちには，活動のプロセスとゴールのイメージが描きやすい。また，地区の住民にも，進めているプロセスの段階を説明しやすい。既存の「まちづくり条例」の運用がない自治体のために，条例制定のたたき台となる「まちづくり（手続き）条例」の骨子の案を本章の末に参考として示している。

3 「減災」のまちづくりの具体的な仕組み

「逃げる」ために最低限必要なものは何か

まちづくりに津波対策を含めて考える必要がある「減災」のまちづくりの場合は，まちづくりが進んだとしても，被害を最小化するためには「逃げる」ことで命を守ることが常に最低限の条件である。

では，それにはどのような方法があるのか。

基本は，津波の到達する時間内に，津波の到達しない高さの場所や空間まで避難しておくことに尽きる。それには，水平避難と垂直避難がある。場合によっては，地下のシェルターも，数日間避難できる十分な空間と環境が担保できれば1つの案であるが，ここでは特殊な方策としておく。

現実的に可能な対策は，やはり，津波到達の想定時間内に，できれば歩いて，安全空間に到達できることである。近くに安全な高台があれば，そこまで避難できるルートの整備改善が第1である。

しかし，高台まで水平距離があると，車で高台を目指すことになるため，乗車のために集まる時間や，地震による建物や門やへいなどの工作物の倒壊による道路閉鎖，想定しない出来事による道路の渋滞の発生を考慮すれば，あくまで第3の方策，あるいは，補助的方策と考えた方がよいであろう。

第2の方策は，近くに高台がない場合に，居住あるいは就業する地域の中に

表10－1　津波対策推進の基本的事項（津波対策の推進に関する法律第2条第2号）

二　津波は，その発生に際して国民が迅速かつ適切な行動をとることにより，人命に対する被害を相当程度軽減することができることから，防潮堤，水門等津波からの防護のための施設の整備と併せて，津波避難施設（津波により浸水すると想定される地域における一時的な避難場所としての機能を有する堅固な建築物又は工作物をいう。以下同じ。）の着実な整備を推進するとともに，津波に関する防災上必要な教育及び訓練の実施，防災思想の普及等を推進することにより津波及び津波による被害の特性，津波に備える必要性等に関する国民の理解と関心を深めることが特に重要であること。　（下線は筆者による）

ある，高いビルの安全な階まで上って逃げる垂直避難の方法である。それができる建物を「津波避難ビル」と呼ぶ。そのためには，「津波避難ビル」をまず第1に整備すること，あるいは，既存する建築物の中から「津波避難ビル」の要件[3]を満たすビルを活用することが考えられる。

東日本大震災後に制定された「津波対策の推進に関する法律」(2011年6月24日法律第77号）は，津波対策に限って，国や自治体がもっと強力に対策を進める必要があるとして，議員立法でできた。堤防などのハードの対策ばかりではなく，避難を重視したソフトの対策に重点を置いている[4]。表10－1に示す第2条（津波対策を推進するに当たっての基本的認識）第2号で，津波避難施設または津波避難ビルの着実な整備推進と，附則第2条で「必要な財政上及び税制上の措置について検討を加え，その結果に基づいて必要な措置を講ずるものとする」と支援について明らかにしている。

木造住宅とは違って，堅牢な津波避難ビルによる「津波に強いまち」が実現できれば，①命を守る，②建物が流失しない，③津波の翌日から生活できる，④財産を失わない，⑤火事にならない，と利点が挙げられている[5]。

津波避難ビルの条件

本書で述べる「津波避難ビル」は，まちづくりの一環であるため，津波避難タワーのように津波災害時だけに利用する専用施設と違って，通常時は居住用ビル，あるいは業務用のビルとして活用し，日常は通常の管理の下にあるものであり，津波来襲時には，高い階に上がって避難できる建物である。ビルの高さは，レベル２で想定される津波浸水深の最低でも２倍程度の高さとする。居住階は津波浸水深の高さ以上の階が望ましい。浸水深が10m ならビルの高さは７階（21m）以上で，居住用は４階（12m）以上の階を，浸水深が20m なら14階（42m）以上の高さで，居住は７階（21m）以上の階を前提とする。浸水深が30m の場合には，計算上はさらに20階程度の高いビルを考えればよいが，現実的ではなく，抜本的で総合的な対策を講じた上での，補助的な対策として活用を検討することを進める。

当然，海岸に近いほど高い建物にする必要がある。避難ビルという性格上，高いほど望ましいので，容積率を緩和することも必要になる。すでに第８章第３節で紹介した「津波防災地域づくりに関する法律」の施行（2012年６月13日）により，「推進計画」区域内では，津波からの避難に資する防災用備蓄倉庫や自家発電設備室を設ける場合には建築審査会の同意は不要として，特定行政庁の認定で，容積率の緩和が可能になっている（第15条）。津波頻度の高いレベル１の浸水深以下の階は，駐車場，業務系や店舗，あるいは業務用倉庫（または居住者用の倉庫）に利用すればよい。防災用備畜倉庫や公益施設の利用でもよい。なぜなら，夜間時，特に真夜中に津波が来襲した場合に，津波浸水深以上の高さで居住・就寝していれば，逃げる準備をするだけでよい。昼間時には，下層階にいる人は，津波警報が出れば，上層階や高台への避難ができる。ただし，現実的にレベル１とレベル２の浸水深の高さの差が10m 以上もあれば，レベル２の津波の確率から，ほとんど空き室になることが懸念されるので，安全な階まで逃げることを前提にして，居住用に使うことも考える必要はある。各階の利用の具体化は，住民と行政で協議して，現実的な利用を考えればよい。

まちづくりをする上での津波避難ビルの利点は，行政が実施する「レベル１」の対策としての防潮堤のビルの建設整備が緒に就いていなくても，地区の地権者と行政が協働でビルの建設に動けば，計画づくり，事業の実施が全く別途にできることである。津波避難ビルが１棟でも完成し供用していれば，地区の住民の津波に対する最低限の備えとなり，次のまちづくりの対策を考える力強い後ろ盾となるであろう。

「伊勢神宮方式」による持続可能な津波避難ビルの仕組み

もうひとつ重要な点は，「津波避難ビル」は，いつなんどきにも，存在していなければならないことである。建築物には耐用年数がある。年数が来たら，通常は解体した後に，同じ場所に建築される。その仕組みでは，解体から建物完成までの間に津波が発生した場合に，安全な避難場所が足りなくなる。

津波避難ビル（建築敷地面積2,000m^{2}程度）が常時存在するためにはどうすればよいか。それには，津波避難ビルの隣接地に，将来建て替え時に建設できる空間を確保しておくことである。基本は同容積の建物が建つだけの面積が必要となる（両者併せて5,000m^{2}あれば望ましい）。建て替えが必要になるまでの期間は，広場や多目的利用の用地（たとえば公益施設や商店への来客駐車場等）として，行政側が管理する。ビルの耐用年数に近くなると，共同ビルの場合には区分所有者間で，公営賃貸ビルの場合には行政と賃借人が話し合い，新しい津波避難ビルの形態を決めて，隣接地に建設する。完成したら，相互の土地を交換し，住民は転居して，古いビルを解体し，その後を多目的広場の用途にして供用を開始する。このやり方を，永遠に続ける。喩えて言えば，式年遷宮になぞらえて津波避難ビルの「伊勢神宮方式」と称するものである[(6)]。いつの時点でも津波避難ビルは存在し，建て替えの際の仮住居費は必要なく，引っ越しは１回だけで済ますことができる。

また，隣接の空閑地は，災害発生時には緊急避難者の駐車場として使う。高台に逃げ遅れた人や，歩いて避難ができず車利用となった人の車の駐車に使う。要するに，建物と空地を併せて「津波避難ビル」としての性格を持たせることが重要である。そのために，空閑地の土地は行政で保有する。津波避難ビルも性格上，不特定多数の人々が避難できる公共性の高いビルとして，できれば建物用地も行政で所有する。建物自体を公営住宅とするか，あるいは，所有権等の権利を維持したい人々には，定期借地権を設定して，建物だけを区分所有，あるいは，建物のスケルトン部分は公共が津波避難ビルとして所有し，インフィル（内部空間）だけに定期借地の権利を設定することも可能である。土地は行政が保有すれば，入居者の費用負担（賃料や借地権料）は軽減でき，入居に関する１つのインセンティブとなろう。また建築の形態は様々な形が可能であろうから，時代に応じた工夫を凝らすことが重要である。さらに，建物敷地と空閑地は建て替え時以外はセットで存在するので，空閑地の容積率を建物側に移転して，高容積の高い避難ビルにすることができる。ただし，建て替え時には２つの土地の容積率を同時に使用しているので，建築基準法上，特別の許可が必要になる。建築行政の窓口との調整に際し，津波避難ビルの公共性・公益性を「地区防災計画」に位置づけていることを含め，理解による許可を得ることになる。あるいは，行政側での特別の配慮を定めておくことも必要である。

要は，津波避難ビルが常時存立し，「持続可能な」避難空間であることが重要である。

市街地が広い場合には，津波避難ビル（＋空閑地）の配置は，最低でも半径250m（避難エリアは約20ha）に１棟整備することで，高齢者・妊婦・車椅子の人でも５分以内の避難が可能である[(7)]。ただし，避難エリアの全ての人（約1,000人，人口密度50人 /ha として）が避難することを想定する場合には，大規模なビルでなければ収容できないので，需要に応じて数棟を順次整備することも考えなければならない。その場合は，必ずしも距離を離さなくてもよく，まとまって建設する方が，生活の利便性は高くなるとともに，建て替えの時の空閑地の輪番的な活用が図れる。

津波の到達が想定される地域を全てカバーする津波避難ビルが整備できれば，地域住民や業務従事者が，昼夜を問わず容易に避難できる防災機能を持つこととなる。津波のリスクを覚悟している人の家族も，安全確保のために「高台移転」を選んで分離居住をしなくても，避難ビルの高い階に住むことで安全は確保され，家族そろって居住可能になる。

東日本大震災の被災地を訪問した際に，被災した漁師（漁業関係者）の方から次のような発言があった。「もし次に，大津波警報が出たら，自分は船を沖出しするために，（家族はおいて）船を操縦して港の外に出す。船は造るのに6,000万円～7,000万円かかる。家は2,000万円程度だから，生活のために船を守る。大きな津波が来たら，２～３日は港には戻れないだろう。その時，家族のことが心配になる。高台まで避難となると，家族が安全なところまで到達できたか心配だ。しかも，携帯電話もつながらないだろうから，船の上で悶々としていなければならない。だから，港のそばに，津波が来ても問題のない高さの建物を造って，そこに家族を住まわせてほしい。間違いなくそこに逃げていると信じることができれば，沖で港に帰れるときまで待つことができる」。まさに，リスクを背負いながら海とつきあい，生活の糧を求めなければならない，漁業を主たる仕事とする人の気持ちを代表する弁であろう。

漁業関係者が津波の来襲を心配しながらも仕事に出る際，津波発生時に家族や関係者の身の安全を守ることができる対応策の基本となるのも，津波避難ビルの役割である。

一方で，まちづくりの面でも，居住者の高齢化に対しても，日常時はエレベーターで上の階に移動ができ，下層階に商業や業務の施設が入居していれば，ほとんど歩いて生活できるので，車椅子生活になっても安心できる。津波避難ビルが適切に配置されれば，最も確実な交通手段，つまり歩いて確実に避難できる。それは，車社会から人間中心社会を目指す「コンパクト・シティ」の実現にもつながるまちづくりの１つでもある。

さらに，多くの人々が津波避難ビルに一時的に避難することができれば，高台への避難の車の量も減るため，災害時の道路の渋滞は緩和され，人命を守る効果だけではなく，救急車の移動や，緊急物資の運送のスムーズさも期待できる。

4　「減災」のまちづくりの条件

「減災」のまちづくりに対する行政の姿勢

住民が主体となって，まちづくり協議会のような組織を作り，専門家の知恵も借りながら，「減災のまちづくり計画」を策定する。それを行政と協働で実現することは，住民自身にも災害発生時に，率先的に「逃げる」行為を実践する責務を自覚してもらうことになる。要は，行政が押しつけたものではなく，災害のリスクを自覚しながらも，生活や生業を続けることを選択することになるからである。

そのためには，行政は基本的には口を挟まず，策定過程を見守る姿勢が必要である。ただし，物理的あるいは財政的に不可能な内容には，逐次その理由を明確にして説明し，住民側の理解を得なければならない。また，そのためにも，財源の補助者である都道府県や国にも，住民の提案であることを充分に説明して，理解を求める必要もある。

東日本大震災の復興計画策定時の事例だが，復興計画案で，避難道路の性格を持つ幅員30m 程度の４車線の都市計画道路について，某市の職員が某県庁の職員に説明したが，県の担当者から４車線が必要な交通量があるのかと問われ，人口規模による交通量からは説明できず，結果的に２車線道路の計画になったケースがあった。避難道路は，日常時の交通量に合わせて造っても全く意味がない。災害時には，短時間に車で安全な場所に避難するには，渋滞を避けるため，何車線あってもよい。それを平時の発想で進める限り，災害時への対策にはならない。少子化が想定され，これから土地の需要が減少する時代である。いつまでも高度成長時代のような，交通量の増加を想定した道路設計ではなく，「逃げる」ことで命を守る「減災」の発想に切り替えない限り，住民が提案した計画は「絵に描いた餅」だと言われることとなる。災害発生時に，命が懸かっていることを考えた対応や姿勢が必要となる。

場合によっては，「減災のまちづくり計画」に地区住民が合意した場合に，「第１段階」で示した「地域防災計画」にフィードバックした変更・修正に，市町村だけではなく，県や国も応じることを迫られよう。その例は，「防潮堤」の高さである。景観面や観光業の生業を重視したい地区において，「レベル２」の津波が発生しても，「逃げる」対策，たとえば津波避難ビルの適切な配置や地盤の嵩上げなどが実現できるなら，「レベル１」で進めようとする防潮堤の高さを減じることを認めるかどうかである。行政側は，安全性の確保と災害時の責任分担のあり方を協議するべしである。一切協議に応じないとする姿勢を崩さず，変更の可能性も与えないとするならば，「提案型」の計画はできないことも理解するべきである。現実的にも，各地で整備する防潮堤の高さに関して，住民との間に不協和音が発生している。行政側が高さを減じる要望に応えにくいのは，住民側に津波発生時の現実的な避難対策が講じられていないこともその大きな要因になっていると考えられる。

「減災」は住民自身の納得が得られる形で

一方で，「減災」のまちづくりを進めようとする「まちづくり協議会」自体も，自分たちの提案が絶対ではなく，地区で生活や生業をする全ての人の合意が得られるまで，計画の修正に応じる姿勢は欠かせない。子供や高齢者のいる家庭にとって，「逃げる」ことは決して容易ではない。そのために，必要であれば一定の期間，絶対安全な「高台」での居住（公営賃貸住宅等）や「津波避難ビル」の高層階での居住などの幅のある選択肢を行政と協議して準備し，地区住民の納得の得られるプランにすることは不可欠である。

5　住民主権型の津波避難ビルの建設

津波避難ビルの入居希望者の確保

住民が主体的になって進めるまちづくりで津波避難ビルを建設するには，必要な入居希望者を集めることから始めなければならない。協議会は，「減災」のまちづくりの核となるビルの建設の目的や性格について，勉強会等で専門家から説明を受け，ビルの必要性を理解して，入居を希望する住民や権利者を増やしていかなければならない。必要となる入居者数は，津波避難ビルは一般的なビルと違い，津波による浸水時に安全を確保することが目的のため，レベル２の浸水深が10mならビルの高さは７階以上で，居住用は４階以上，浸水深が20mなら高さは14階以上で，居住は７階以上の階が望ましいと説明してきた。そのため，居住用は，１フロアに６戸分入居できるとすると，最低限のビルの高さでも，浸水深10mで４階分24戸，浸水深20mなら８階分48戸程度必要になる。レベル１以上の階にも居住を認めると，さらに多くの入居戸数になる。

協議会としてこの戸数以上を集めることができなければ，住宅部分に空き室がでることになり，管理上問題となる。要するに，津波避難ビルとしての必要性は認めても，入居者が集まらなければ，総論賛成，各論反対のようになり，津波避難ビルそのものが「絵に描いた餅」となり，「減災」のまちづくりは当初から挫折することになる。

津波避難ビルができなくなり，津波避難タワーの整備だけになれば，単なる要望型になってしまう。住民主権型は，主体的に減災のプランを作るだけではなく，将来を見つめたまちづくり全体の考え方を地区住民に理解してもらった上で，入居希望者を着実に確保する努力をし，さらに管理にも責任を持たなければならないからである。

まちづくり手法の多様さの活用

協議会として津波避難ビルへの入居希望者の確保ができれば，どこにどの程度のビルを建てるかの作業になる。避難を想定するためには，1カ所にまとめるのではなく，半径250mの徒歩避難圏を考慮すると，500mメッシュに最低1棟，できれば数棟を確保することが望ましく，第2次，第3次の段階を考えた計画を考える。その上で，地区内にビルの規模に応じた建築敷地を探し出すことが，次の仕事になる。敷地は，ビル建設のための敷地と，隣接する空閑地(数棟の津波避難ビルでも順番に活用すれば1カ所でよい）の敷地も必要になる。

そして，津波避難ビルの公共的な性格を行政に認めてもらう必要がある。それができれば，市町村が保有する土地の活用も考えられる。1筆あるいは連続する数筆で5,000m^{2}程度，あるいはそれ以上の土地があれば，協議会は行政側と，その土地の活用ができるかどうかの協議に入る。活用ができるとなれば，具体的な検討に入ることとなる。この場合，建設される津波避難ビルは公営住宅としてもよく，また，土地を借地として貸し出し，協議会を通じて地権者が，組合方式で建物だけを建設する方法もある。

行政側にまとまった土地がない場合には，一般的な建物共同化，再開発・まちづくりの手法を活用する。ただし，津波避難ビルに入居希望する地権者の土地がまとまっているか，分散しているかによっても異なってくる。

入居希望する地権者の土地がまとまっている場合には，その土地と，隣接する土地を含めた範囲で，必要な規模になる区域を確定する。入居を希望していない地権者には，代替地の斡旋とそれに伴う移転補償の内容について，地権者と協議・検討する。希望者と非希望者の両者から合意が得られれば，建物共同化と同じ手法を用いた事業化の検討に入る。

入居希望する地権者の土地が分散している場合には，土地の交換分合の手法が必要となり，一般的には土地区画整理事業の手法の適用が条件となる。土地区画整理事業の手法を用いれば，換地手法が使える。具体的な進め方は，本書第7章の4節で説明した共同住宅建替事業の手法の応用ができる。また，行政側がビルの公共性を認めるならば，入居希望地権者の土地を行政側で取得し，換地手法で集合換地し，公共用地にする。ただし，そのための事業の新たな仕組みや制度を国に認めてもらう必要があるので，国との協議を進めておくことも必要である。

土地区画整理事業によるまちづくりは，一般的には「減歩」や「換地」などの専門用語が難しく，誤解されることが多いが，「都市計画の母」と呼ばれるように，その利点が多いので，協議会のリーダーや役員は専門家に説明を求め，まず理解を進める必要がある。「土地神話」の崩壊を受け，安全なまちを目的とする限り，宅地の利用増進により宅地の評価を上げる必要もなくなっており，「減歩率」が大きくなることもないので，その点についても理解し，住民に説明ができるような工夫も必要である。

まちづくりでは，単に津波避難ビルを整備するだけではなく，地区全体をどのようなまちにするかのビジョン・構想を持って進める総合的な課題に取り組むことが必要となる。津波避難ビルのためにまちづくりを考えていくか，あるいは，まちづくりの中で津波避難ビルを考えていくか。アプローチに違いはあるが，結果的には次世代のためのプロジェクトとなるため，地区の中で住み続けることを考える住民が積極的に参加して，将来のまちの姿を描かなくてはならない。これまで，海に接し，海からの恵みを糧としてきたまちの強みは何か。

それを次世代につないでいくにはどのようにすればいいか。それに必要な公共施設や公益施設，土地利用や規制などを，背伸びするのではなく，身の丈にあった都市像としてしっかりと描く。またそれだけではなく，津波対策としての防潮堤の高さ，多重防御の機能を持つ施設とその高さについても意見を出しまとめる。意見が出されれば，場合によっては，まちと海を分断する高い防潮堤は，津波避難ビルを数棟建てれば不要だという考え方も出てこよう。

どちらにしても，まちづくりの経験のない住民がまちづくり協議会のメンバーであるため，専門家の知識や経験をベースに出されたたたき台を提示し，住民の間でリスクをどう負担するかを納得できるまで話し合う。ただし，行政の権限に触れたり，権限がないとできない部分については，慎重にかつ十分行政と協議を進めながら取り組まなければならない。

まちづくりに住民参加が進み，より具体的になり，住民がリスクを負担し，まちづくりの責任の一部を担うことになれば，住民主権型「減災」のまちづくりに発展していくことになる。

6　住民主権型による「減災」のまちづくり実現のために

自然災害の発生は，地形や地質，過去の災害の経験等によって，同じ市町村の中にあっても，地区が変われば異なる状態で発生する。そのために，「減災」に備え，地区ごとに防災計画を検討し，対策を考え，それを提案することは，理にかなった方法である。

住民が提案する，住民主権型の「減災」のまちづくり計画を作成し，現実の計画として実現できるための条件を整理しておきたい。

実現可能であること

理想的なプランであっても，物理的，財政的に実現できなければ意味がない。しかしながら，住民提案型になると，要望の羅列になることがしばしばである。個人の思いは十人十色と言われるように，住民の考える案を並べれば，膨大になり，単に夢にすぎなくなる。

津波対応の「減災」型の地区防災計画を策定する上で最も重要なことは，いつ災害が発生しても「逃げる」ことで安全が確保される体制ができていなければならない。明日にも発生するかもしれない。基本は平時から安全な避難場所を決め，いかに逃げるかの現実的プランを構築することである。しかしそれも，時代とともに変わる。たとえば，安全な場所までの避難道路が完成すれば，避難ルートやアクセスの方法も変わる。「レベル１」の防潮堤が完成すれば，安全な場所は，必ずしも高台ではなく市街地に近い避難地になろう。また，津波避難ビルの建設が実現できれば，居住地によっては歩いて避難できることになる。そのために，できれば歩道の幅をゆったりととることも検討内容に含めておく。歩道が広いことは，単に非常時の避難だけではなく，日常時の子供の通学や，車椅子の走行，雨天時の傘を差してのすれ違いなど，生活する上でも欠かせない。

津波避難ビルは永久に建っていることはできない。耐用年数が来れば，解体・除却する必要が生じる。ビルがなくなれば，その間は別の避難場所に変わる。それでは困ることになるので，津波避難ビルが永続的に同じところで建て替えが可能となる「伊勢神宮方式」の仕組みを計画しておくことも，実現可能性からも必要な措置である。

津波避難ビルが持続できることと，配置面からも，誰もがいつでも避難できる状況を訓練を通じて自信が持てるようであれば，前節で取り上げた「レベル１」の防潮堤の耐用年数が来る際には，その時点であらためて防潮堤の高さや規模を，住民側からの提案で見直してもらうこともできよう。

コンパクトなまちづくりを目指すこと

少子高齢化は現実的には人口減少化という避けられない課題である。20世紀の成長型の都市とは異なり，郊外の人口が減ると都市の縮退が求められる。災害時において，避難の誘導やその確認をするためにも，都市の規模や形態はコンパクトであることが望ましい。それには，都市を平面的に活用するのではなく，立体的に活用し，かつ，用途複合型の土地利用[8]とすることが望ましい。その典型が，津波避難ビル仕様の建物の共同利用である。下層階に住民ニーズに合致する商店や公益施設が入れば，日常は，住民，特に高齢者や身体障害者にとって，万一車椅子の生活となっても，エレベーターを利用すれば，すぐ近くで日常の用事や娯楽が楽しめる。津波等の災害時には，高層階の居室にいれば，「逃げる」必要がない。仮に津波が発生しても，到達するまでに数十分あれば，非常用電源の装備でエレベーターで安全な階まで避難できる。万一停電になった場合には，支援者の力を借りなくてはならないが，抱き上げてもらえれば，安全なところまで避難は可能である。

これまで，接地型の戸建て住宅にしか暮らしたことのない住民にとって，共同住宅に住むことには抵抗感があることは当然である。しかし，高台居住を望まず，津波が来襲するかもしれない地区で減災型のまちに住むためには，被害を最小化にするために欠かせない選択肢であることも理解し，まちづくりのプランに積極的に参加を考えるべきである。ただし，無理に共同住宅に住むことでストレスが生じる懸念もあるため，高台の接地型の住宅地の開発も含め，地域や地区が全体としてネットワークでリンクすることで，必要な施設等が容易にアクセスできる範囲内に配置されるような，総合的でコンパクトなまち（7節参照）の空間を設計することも忘れてはならない。

持続可能であること

時代は変わり，地区の住民も変わっていく。今後，少子化，そして人口減少も避けられない。しかも，災害はいつ起こるとも限らない反面，長期にわたって発生しない可能性もある。高台に住むか，津波避難ビルに住むか。災害が長期にわたり発生しなければ，大半は利便性の高い中心地域の共同ビルに住んだり，そこで業務をすることになろう。

人間は年を重ねることはできるが，いつか必ず命を全うする時期が来る。同様に，全ての構造物も，耐用年数が来ればその機能を果たせなくなる。災害の発生は予見することが難しいのだから，防災対策あるいは減災対策自体も，年を重ねることで，一部で耐用年数が来て，災害時に機能を果たせなくなるのでは困る。この点から，考える対策も，常にチェックをして，耐用年数が近くなれば，それに代わる代替施設等の準備，そして再整備も怠ってはならない。そのためにも，コンパクトな形態でコストも配慮した，持続可能な対策にしておく必要があろう。

住民側が「減災」型のまちづくりの計画を進めるための条件は以上であるが，それに付帯して行政側も準備しておくべき条件が下記の点である。

常時相談できる専門家の存在

「素人」である住民が，時代時代に応じたまちづくりを考えるために相談できるコンサルタントや建築家，法律家等の専門家を，地域や地区の住民等から要請があれば，要請に応じて派遣できる仕組みを行政側で確立しておくことが必要である。

住民は，日常の生活や生業を通じて地域や地区を一番知っているが，防災や減災の対策を講じる上では「素人」である。「減災」のまちづくりは，実現可能で，持続的でなければならないが，時代の流れや，技術の進歩，法整備による対策の進捗の中で，「逃げる」対策は常に変貌してくる。まさに，その時代のベストな対策は何かを考えておかねばならず，それに対する備えを怠っては「減災」ではなくなる。そのためには，住民側で何がベストかを読み取れないときには，常に相談に応じられる専門家を派遣できるような仕組みを，行政が用意しておかなければならない。

地域や地区によっては，県の中心都市からかなり離れた位置に存在し，そこの市町村に専門家の事務所がないことも多い。そのため，専門家の在駐する中心都市や東京や関西などから専門家に来てもらうのは大変なため，どうしても遠慮の気持ちが働くこともある。そうしたことがないように，自治体は専門家の派遣を1回いくらの契約ではなく，1年間の契約で「顧問弁護士」のような形で派遣できるように契約形態を考えることも必要である。情報だけであれば，インターネット等を通じて相談に乗ることも可能となる。あるいは，専門家側も，突然呼び出されても，ほかの業務との関係があるので対応が難しい場合もあろう。そこで，必要に応じて呼び出しに応じる体制ではなく，定期的に地区を訪ねて，その時に相談に乗り，対策を講じる「ホームドクター」的な存在になってもらう方法もある。

また，専門家は，得意とする専門分野についての相談には対応できるが，全く違う分野の相談には応えられない。そのような場合に，別の専門家の派遣の要請が容易にできる仕組みや体制を整えておくことも必要である。さらに，協議会のメンバーの考え方と異なる意見の専門家の場合には，意見の調整に軋轢が生じることもあり，円滑な関係が維持できなくなる。そのような場合には，協議会からの申し出により，専門家を変更できる仕組みも必要である。得てして，派遣費用は行政の負担であることや，専門家を客人扱いや「先生」と呼ぶ場合もあり，協議会として率直に専門家の更迭を求められないケースもある。住民が納得できるプランを作成するには，専門家とは忌憚のない意見交換ができ，遠慮が生じないような仕組みを組み込んでおくことも必要になる。専門家の登録については，人口規模によっては自治体ごとにできないことも多いので，県のレベルで登録を行い，できる限り，地域や地区が自由に専門家を選べるように制度を構築しておくことも重要である。

7　住民主権型による「減災」のまちづくり
――「コンパクト・シティ」の実現へ――

「コンパクト・シティ」とは

今後，東日本大震災の被災市街地で，あるいは南海トラフ地震への備えを考える市街地において，住民「主権型」で，共通のリスクを考え行動する「減災」のまちづくりを提案して，行政との協働で事業を推進することが持続できれば，結果的にまちは「コンパクト・シティ」に変貌していく可能性がある。

「コンパクト・シティ」の概念は，1990年代のEC（ヨーロッパ共同体：EUの母体となった組織）の地域戦略である「サスティナブル・シティ（持続可能な都市)」の空間的な表現として，ECがリードし，各国政府，特にイギリス政府が実現を目指した都市像として登場した。背景には，都市部での環境汚染を防ぎ，丘陵地での緑地の新規開発を抑え，持続的な経済開発を進めるには，都市計画の役割が重要であり，最もエネルギー効率がよく，サステイナブル（持続可能）な都市像が求められた。[9][10]

阪神・淡路大震災の復興のテーマとして，神戸市でも1997年に，神戸市長の（故）笹山幸俊氏の３期目に入った市政方針の中で，震災の教訓をふまえた震災復興のまちづくりに「コンパクト・シティ」が提案された。

21世紀に入り，失われた20年からの脱却を目指して，日本の各都市でも「コンパクト・シティ」を目指した都市づくりが，富山市や青森市，高松市をはじめ全国各地でも追求されてきている。求める都市像として，基本は，都市の拡大区域を抑制，あるいは縮退させることを基本として，持続可能な都市を実現するためサブ・テーマとして，市電やLRT（Light Rail Transit）による脱自動車による交通手段網の整備（富山市）や，かつての中心市街地を再活性化することで活力を取り戻す（青森市），社会移動（流出）が少なく，中心部では地権者が中心となったまちづくり会社が，にぎわいを創出する（高松市）など，多様なサブ・テーマによって実現を図ろうとするものである。[11]

国の「コンパクト・シティ」政策

東日本大震災の被災地の復興にあたっても，「コンパクト」なまちづくりを目指し，政府として支援する方針として，東日本大震災復興対策本部が2011年７月29日に発表した「東日本大震災からの復興の基本方針」の中の，「5．復興施策」の「(1)災害に強い地域づくり」として表10－2のような考え方が提示された。

さらに，国（国土交通省）では，震災復興対策だけではなく，人口減に対応するため都市中心部に都市機能を集約する「コンパクト・シティ」を進めるため，新たな施策の方針を発表した（『読売新聞』2015年２月23日)。2014年７月には，2050年を見据えた指針「国土のグランドデザイン2050」を発表し，①地方

表10－2　「東日本大震災からの復興の基本方針」（抜粋）

①高齢化や人口減少等に対応した新しい地域づくり （i）復興に当たっては，高齢化や人口減少等の経済社会の構造変化を見据え，変化する宅地需要に段階的に対応するとともに，選択と集中の考え方で必要なインフラの整備に重点化を図るなど，地域づくり，インフラ整備を効率的に推進する。 （ii）高齢者や子ども，女性，障害者などに配慮したコンパクトで公共交通を活用したまちづくりを進める。また，暮らしやすさや防犯，景観，再生可能エネルギー・省エネルギー，環境・リサイクル，安心・安全等に配慮したまちづくり，地域資源の活用と域内循環により地域の自給力と創富力を高める取組みなど，東北の地が新しい地域づくりの具体的なモデルとなるよう，地域主体の取組みを支援する。 ②以降省略　（アンダーラインは著者による）

都市でコンパクト・シティ化を進める，②山間部での過疎地では生活に必要な施設を徒歩圏内に集めた「小さな拠点」を全国に5,000カ所程度作るとした。さらに，同年８月に改正・施行された「都市再生特別措置法」で，コンパクト・シティを進める市町村は「立地適正化計画」を作り，「必須」の区域として，居住を促す「居住誘導区域」，病院や商業施設を集める「都市機能誘導区域」を設定する。さらに「任意」の区域として，住宅建設を抑制する「居住調整地域」や「特定用途誘導地区」などの設定もできることとした。これらの方針と2015年度予算でコンパクト・シティ推進のための補助金や施設移転の税制優遇策を打ち出し，現段階で54市町村が計画策定方針を表明している（読売新聞社調べ）。

「成長時代」すなわち「人口ボーナス」の時代が去り，今後30年間で人口は２割程度減少すると想定されている。人口増を前提に「市街化区域」の拡張を繰り返してきた都市の形態を，人口減に見合い「縮退」化させるために，機能の集約化や小さな拠点化を土地利用計画面から推進する「コンパクト・シティ」政策が重要かつ不可欠となった。

しかし，最も必要なことは，都市で生活する住民がコンパクト・シティ化を理解し，政策に主体的に関わることである。

「コンパクト・シティ」実現のための3つの要素

筆者は「コンパクト・シティ」のサブ・テーマとして，中世時代のヨーロッパに展開され，近代まで数世紀にわたり持続的に存在した「中世城壁都市」や，アメリカの入植時の「タウン」の「タウン・ミーティング」などの直接民主制による「住民の活動」を基軸とした3つの要素[12]に基づく，「コンパクト・シティ」の実現を提言したい。

東日本大震災の被災地や，今後想定される南海トラフ地震の臨海部で漁業を中心としてきたまちが，住民主権型の「減災」のまちづくりで，建物の共同化や公営住宅などの津波避難ビルをできるだけ多く整備し，そこに居住する，あるいはそこで働くことで，災害からの被害を最小化する。それにより，市街地の土地利用が，平面から立体的利用になり，まちづくりで必要と考える様々な機能をビルの低層階に集めれば，その結果，必然的に市街地が，第1の要素である「コンパクト化」することになる。人口が1～2万人の市街地なら，100ha程度の市街地で充分である。そこに津波避難ビルを5棟程度以上建設できれば，災害時の安全性は確実に確保できる。ただし，建物は過密に建ててはいけない。立体利用によって空いた土地は，集約化して道路や公園などの公的空間に活用し，災害時には避難空間として利用する。

まちの持続可能性は，これまで営々と続けてきた天然資源に恵まれた漁業を中心とする第1次産業に，加工や付加価値をつけた製品化による第2次産業，そしてリアス海岸の湾内や，大きな河川と海の接点の浜で育てた海の幸を活かした地域独自の製品の通販や，現地での小売り販売等の第3次産業を総合した「第6次産業」によって，生産から消費までの一貫性のある産業形態を目指すとともに，雇用需要を発生させる。

収穫された漁獲に付加価値をつけられる第2次産業と第3次産業の担い手がこれからの中心となろう。漁業の零細化の問題や後継者の問題があるが，単なる漁獲のための組合組織から，付加価値商品として生産販売する会社化によって，第2次，第3次産業の生産額を増やすことを目指すが，工場の大規模効率化を目指すものではなく，小売りはインターネット等の通信技術や宅配便を活用することで，漁業をまちの主要産業として持続的に維持管理することが可能となるはずである。それには，都市やまちの拡大は必要なく，コンパクト・シティの第1の要素である「都市の規模」は常に安定的でコンパクトとなる。

次に，「住民主権型」のまちづくりの第2の効果として，住民の関係性が高まることが期待できる。土地利用が平面から立体に変わることや，共同利用できる場所が増えることで，個人が空間を独占的に利用するのではなく，共同で利用しながら便益や快適性を増すことが必然的に生まれてくる。エレベーターや廊下，階段，さらにはエントランスなど，居住者が出会うことで会話が生まれ，また譲り合いの精神も醸成されていく。大都市では希薄だと言われるが，人口が1～2万人の都市や町，あるいは地域では，本来祭りなどで住民自治が培われており，顔が見える社会であり，そんな心配は無用である。居住者と事業者との関係にも，様々な形で共通に利用することも多くなり，多くの関係性が生まれる。こうした関係性でつながるのが，いわゆる「コミュニティ」である。英語で書くと“community”であり，それは“common”＋“unity”とも解される。つまり，共通の目的を持つ人の集まりである。同じ棟の居住者であり，子供を持つ親の集まりであり，ゲートボールやカラオケを楽しむ集まりであってよい。もともとは，漁業を中心としたまちであり，漁獲作業，水揚げ作業や，市場産業，流通加工産業，販売業務，さらにそれらを支えるサービス業の第3次産業につながる様々なコミュニティが存在していた。こうした「コミュニティが幾重にも重なり，地域内で活発に活動するまち」に，住民が主権者として動き，まちを管理したり，ルールを作って運用することで，「自治能力の高い」まちへと進化することができる。

事例となるヨーロッパの中世城壁都市[13]は，中世時代にアルプス以北の都市で神聖ローマ皇帝の領土に商人や工業者が集住して生業とともに暮らした都市である。特徴の第1は，軍事的防衛施設としての城壁や市門，監視塔などによって固められた城塞都市としての姿である。第2は，定期的に“市”が開かれる広場が中心にあって，商工業が営まれる商工業都市としての機能を有する。第3は，教会を中心とする精神と信仰の中心地である。周辺の農地での食糧生産に加えて，商人が，別の都市で余剰作物や加工器具や別の商人が運んできた物資を仕入れて，それに付加価値をつけて都市の“市”で売ることで，利益を獲得するとともに，都市に住む住民や近傍の農民の生活を豊かにした。その商工業者が，皇帝に莫大な税を支払い自治権を得て，新たな身分の「市民階級」として城壁都市の主権者となった。

中世城壁都市が何世紀も継続できたのは，堅牢な城壁を維持管理する費用を市民が負担したことと，“市”の開かれる広場の周りに市役所や教会を建て，そこに遠くを見渡せる高い鐘楼や，教会の塔を建設することに市民がこぞって費用を出したからだ。それは，単に敵の攻撃を早期に発見して，堅牢な門を閉めて防衛するだけではなく，豪華で立派な鐘楼や塔を遠くから見えるようにすることで，その都市の発展ぶりを示し，城壁の堅牢さや籠城[14]しても十分な蓄えがあることを示すことで，繁栄する城壁都市を攻める敵方の気持ちを萎えさせるためでもあった。

アメリカのタウン[15]は，イギリスの植民地時代のニューイングランドの定住地で，宗教的信条，血縁的関係，経済的利害，その他の共通目的によって結びつけられた一団の人々による孤立経済体制による生産と消費の単位としての自治体であった。広範な自治権を持ち，タウンの主要課題は，直接参加方式の「タウン・ミーティング」によって，ルールや負担を決めた。タウンでは，迫ってくる敵には集会での決議で全員が守備隊として迎え撃つ防衛負担をし，また，犯罪者の捜索には，警察隊を組織して，危険を覚悟で戦った。一方で，高い自治能力を維持するためには，コミュニティとしての活動に異論を持つ人々は，まちから退去させるというきわめて排他的な厳しいルールを全員が覚悟することで，共同体としての持続性を保ったのである。

こうしたヨーロッパの中世城壁都市やアメリカのタウンの例のように，自分たちのまちは自分たちで労務や費用を負担して維持管理し，安全のための行動をする。この高い自治能力が，コンパクト・シティの第2の要素である住民主権型の「減災」のまちづくりを進めることで，こうした意識が醸成されることとなる。

そして，住民主権型のまちづくりが進めば，自分たちが提案した施設が現実のものとなる。公園や街路樹など，施設によっては地区が行政から有償で管理を受託できる。あるいは，「ルールづくり」によって，地区内の建築行為や用途制限をかけたり，日常の行為にも一定の歯止めを効かせることも可能になる。それらを地区で，責任を持って維持管理し，わずかながらの利益を住民自身でアイデアを出した花壇やデザイン性の高い案内板の設置などに費やすこともできる。そのことで，時間が経てば経つほど，清潔で，美しいまちの景観が形成され，さらに施設への愛着心も強くなる。こうした活動を通じて，さらに住民の関係性が高まり，コミュニティが活発化するだけではなく，住民や事業者，事業従事者の自主的なボランタリーな活動が実践される。大都市と違い，人口が１～２万人の都市では，定住している限り，何らかの形で関係性が自然に発生することになる。関係性の中に，潜在的なサービスの需要者がいて，それに対し，無意識あるいは潜在的にサービスを提供する供給者が発生し，金銭を伴わずに解決できる。その結果，地域の福祉能力を高め，生活面での豊かなサービスを享受しながら生活を満喫できるようになる。いつまでも住み続けたくなり，自分たちのまちを誇りとすることができる。若い世代が戻れば，という条件はつくが，漁業を中心とした関連産業で雇用が確保できれば，どの世代も均等に分布するような年齢構成になり，まさに「持続可能な」地域・地区になる。

コンパクト・シティの「コンパクト」の意味の第１義として「契約」がある。つまり，地区のコミュニティと行政（シティ）が，それまで行政でカバーしていた行為の一部を無償・有償でコミュニティと「契約」して，管理委託する。行政はそれによりコストが抑えられ，余剰予算は別の福祉の向上に回せる。

これらの，地区やまちに必要な管理や福祉の活動を，コミュニティが行政から契約で受託して，ボランタリーでできる住民が参加して，責任を持って遂行する。「コミュニティが市と契約するまち」，英語で表現すると，“Communities Compact with the City” である。もうひとつの “Compact City” と言える。これがコンパクト・シティの第３の要素である。

これまで，これらの関係性が嫌になり，大都市の匿名性にあこがれて，若い世代は，大学進学，あるいは就職のため，故郷から離れていった。しかし，成長神話が崩壊し，右肩上がりの時代ではなくなり，雇用面や生活面での大都市の魅力も低下して，故郷の良さやコミュニティを見直す人も増えている。今や地方も，かつてのような地方ではない。新しい情報はスマートホンで簡単に取得でき，読みたい本や商品も，宅配便サービスの向上に伴い，１日程度で入手できる時代になった。

レベル２の大津波が来れば，まちは被害を受けるかもしれない。そのような地区では，土地の所有権にこだわるのではなく，共同利用することを中心にすればいい。そのために，地区と行政で土地の共同使用について新たな形の契約をして，時代の変化に合わせ，防災や地域活性化のテーマに合わせて土地を活用することを目指す。まさにまちをコンパクトにすることの終着点だとも言えよう。

以上，非常に単純化して述べたが，住民主権型の「減災」のまちづくりによって，形態をコンパクトにすることだけではなく，「減災」という共通目的のもとでコミュニティが育ち，「住民の活動」が活発化して，それが自主的に日常から安全を考えることとなり，災害時にはスムーズな避難活動を実践できるようになる。

これまでも自立してきた地域や地区だからこそ，住民が連帯して，コミュニティとして雇用や教育や災害などについて考えることで，持続可能な「コンパクト・シティ」が生まれてくることを目指していただきたい。

注・引用文献

(1) 小泉純一郎元総理大臣が多用して有名になった。政治活動を行う場合に，政治家がキャッチフレーズのような一言を多用し，有権者の支持を得ようとする政治手法（参考：『実用日本語表現辞典』）。

(2) 矢守克也『巨大災害のリスクコミュニケーション―災害情報の新しいかたち―』ミネルヴァ書房，2013年，p. 81-99。

(3) 国土交通省住宅局長「津波に対し構造耐久上安全な建築物の設計法等に係る追加的知見について」(技術的助言)，2011年11月17日。

(4) 山崎登『防災から減災へ―東日本大震災の取材ノートから―』近代消防社，2013年，p. 181。

(5) 田中礼治『津波に負けない建物づくり・まちづくり』相模書房，2012年，p. 37。

(6) 中山久憲「阪神・淡路大震災の経験を南海トラフ地震への備えに活かす」『区画整理士会報』Vol.170（一社）日本土地区画整理士会，2014年９月号，p. 11-18。

(7) 津波避難ビルから半径250m の地点として，ビルまで実質歩行距離350m（途中に段差２m の傾斜路がある）と避難階４階までを避難訓練した時の避難所要タイムの結果がある。通常の速歩で男性２分前後，女性は２分20秒程度，ハンデ10kg（妊婦対応）を持つ女性で３分50秒程度，ハンデ20kg（高齢者対応）で３分30秒程度である。車椅子の場合は，非常時として，車椅子を押してもらって階段は抱きかかえてもらった場合で３分10秒程度である。訓練は神戸学院大学ポートアイランドキャンパス付近で実施した。

(8) 箕原敬『地域主権で始まる本当の都市計画まちづくり』学芸出版社，2009年，p. 95。

(9) マイク・ジェンクス他／海道清信監修訳『コンパクトシティ―持続可能な都市形態を求めて―』こうべまちづくりセンター，2000年，p. ⅱ。

(10) 海道清信『コンパクトシティ―持続可能な社会の都市像を求めて―』学芸出版社，2001年，p. 24-39。

(11) 参考図書として，海道清信，同前書；鈴木浩『日本版コンパクトシティ―地域循環型都市の構築―』学陽書房，2007年；玉川秀則『コンパクトシティ再考―理論的検証から都市像の探求へ―』学芸出版社，2008年；増田寛也編『地方消滅―東京一極集中が招く人口急減―』中央公論新社，2014年。

(12) 中山久憲「コンパクトシティを考える」『月刊きんもくせい』阪神大震災復興　市民まちづくりネットワーク，2003年～2006年（隔月21回連載），No.32，No.34，No.36で詳述している。

(13) 大久保昌一『有機的都市論―都市計画におけるパウダイムシフト―』都市文化社，1989年，p. 42-51。

(14) 大久保昌一，同前書，p. 42。

(15) 渡辺俊一『アメリカの都市計画とコミュニティ理論』技報堂出版，1977年，p. 65-85。

(16) 野口和雄『まちづくり条例の作り方―まちをつくるシステム―』自治体研究社，2002年。

表10－3　「まちづくり（手続き）条例」の骨子案

○○市□□のまちづくり（手続き）条例（案）

第1章　総則

（目的）

第1条　この条例は，住民等の参加による安全で安心して暮らせるまちづくりを推進するため，まちづくり協議会及びまちづくり提案等に関する事項について定めることを目的とする。

（定義）

第2条　この条例において，次の各号に掲げる用語の意義は，それぞれ当該各号に定めるところによる。

(1)　まちづくり協議会　第4条の規定により認定された協議会をいう。

(2)　まちづくり提案　第7条の規定により策定された提案をいう。

(3)　住民等　地区内の居住者，事業者及び土地又は家屋の所有者をいう。

（市長の基本的責務）

第3条　市長は，安全で安心して暮らせるまちづくりを推進するための基本的かつ総合的な施策を策定し，及びこれを実施しなければならない。

第2章　まちづくり協議会

（まちづくり協議会の認定）

第4条　市長は，まちづくり提案の策定等により，専ら，地区の安全で安心して暮らせるまちづくりを推進することを目的として住民等が設置した協議会で，次の各号に該当するものをまちづくり協議会として認定することができる。

(1)　地区の住民等の大多数により設置されていると認められるもの

(2)　その構成員が，住民等，まちづくりについて学識経験を有する者その他これらに準ずる者であるもの

(3)　その活動が，地区の住民等の大多数の支持を得ていると認められるもの

（まちづくり協議会の認定申請）

第5条　前条の規定による認定を受けようとする住民等の協議会は，規則で定めるところにより，市長に申請しなければならない。

（まちづくり協議会の認定の取消し）

第6条　市長は，第4条の規定により認定したまちづくり協議会が，同条各号の一に該当しなくなったと認めるときその他まちづくり協議会として適当でないと認めるときは，その認定を取り消すものとする。

第3章　まちづくり提案

（まちづくり提案の策定）

第7条　まちづくり協議会は，安全で安心して暮らせるまちづくりを推進するため，住民等の総意を反映して地区のまちづくりの構想に係る提案をまちづくり提案として策定することができる。

（参考）住民主権型「まちづくり（手続き）条例」の骨子案

住民主権型の「減災」のまちづくりを進める上での，まちづくりの手続きについて，法制度的に示しておく必要がある。そこで，最後に，阪神・淡路大震災の復興を果たした神戸市の進め方を提示した神戸市の「神戸市地区計画及びまちづくり協定等に関する条例」を参考に，住民主権型の「まちづくり（手続き）条例」の骨子を参考として提案する（表10−3）。

基本は，神戸市の条例の「まちづくり協議会」と「まちづくり提案」の手続きの流れをシンプルに示したものである。

ただし，活動はまちづくり提案で終わるのではなく，まちづくり協議会と住民等は，自らもその施策の実現及び行政との協働の実践に努力する責務を明確にした（第9条）。さらに，まちづくり協議会や住民等の活動を補佐するまちづくり専門家等を，自治体が積極的に派遣することを条文上で明記した（第12条）。

また，神戸市条例の目的に書かれていた，「住み良いまちづくり」を，防災・減災を目的とするため「安全で安心して暮らせるまちづくり」と置き換えている。

これらを骨子に，自治体で必要となる項目や条文を付加した形式[16]で，独自の条例を策定することが望ましい。

なお，補足すれば，第10条は，まちづくり協議会の認定前の準備の活動においても，条例の目的に合致する組織やグループに対して，市長は積極的に専門家派遣等の技術的援助や，活動資金の助成等をすることを規定したものであ

（まちづくり提案への配慮）
第8条　市長は，安全で安心して暮らせるまちづくりを推進するための施策の策定及び実施にあたっては，まちづくり提案に配慮するよう努めるものとする。
（まちづくり協議会及び住民等の責務）
第9条　まちづくり協議会及び住民等は，自ら安全で安心して暮らせるまちづくりに努めるとともに，まちづくり提案に沿って市が実施する施策に協力するよう努めなければならない。

第4章　助成等
（まちづくりに係る助成等）
第10条　市長は，住民等のうち安全で安心して暮らせるまちづくりの推進のために必要な行為を行うと認める者に対し，技術的援助を行い，又はその行為に要する経費の一部を助成することができる。
（まちづくり協議会に係る助成等）
第11条　市長は，まちづくり協議会に対し，技術的援助を行い，又はその活動に要する経費の一部を助成することができる。
（まちづくり専門家等の派遣）
第12条　市長は，安全で安心して暮らせるまちづくりを推進するため，まちづくり協議会から要請されたとき，まちづくり専門家等を，まちづくり協議会に対し派遣することができる。
2　市長はまちづくり専門家等を派遣したときは，その業務に要する経費の一部または全部を負担するものとする。

第5章　雑則
（施行の細目）
第13条　この条例の施行に関し，必要な事項は規則で定める。

附則
この条例は，規則で定める日から施行する。

結びにかえて

本書で追求したテーマは「住民主権型のまちづくり」である。「住民主権型」という言葉は，憲法で国民が主権者であることが自明のことであるように，地方自治においても住民が主権者であることは自明のことであり，特段不思議な言葉ではないだろう。しかし，この言葉に「まちづくり」が付加されると，少し首をかしげる人も出てこよう。

住民が主権者になってまちづくりができるのか。都市計画法においても，決定権者は地方自治体であって，住民ではない。ものづくりとしての施設づくりには，工事費のような物理的な資金や，土地を買収するための権限が必要だが，住民には認められていない。ルールづくりとしての，地区計画や建築協定による制限は建築基準法によるが，住民にはその権限は認められていない。要するに，間接民主主義の政治形態である日本では，主権者である住民は，選挙で首長を選んだり，地方議会の議員を選ぶことしかできない。あるいは，条例を作ったりすることもできない。住民主権としてできるのは，ギリシャやローマ時代から始まった直接民主主義の形態のように，主権者である市民が直接議会で投票して，予算や法律等を決定する場合に限られている。

そのために，結論的には，住民主権型のまちづくりは理想であるが，現実には難しいと言わざるを得ない。ではなぜ，この言葉を本書の題名の一部に用いたのか。

それは本書の各章で説明してきたように，阪神・淡路大震災の復興事業を進める過程で，徐々にではあるが，布石のようなものが打たれ，いつのまにかそれがつながり，１つの形に成長していったからである。

そのきっかけとなったのが，行政の責務で都市計画事業で始めようとした時に，法による建築制限が２カ月しか課せられなかったことに端を発している。

その際に，震災発生から２カ月で都市計画を決定し，必要な都市計画の手続きを完了するには，充分に住民参加の機会を持つことができなかったため，やむを得ず都市計画の手続きを２段階に分けた。「第１段階の都市計画」として，行政の責務で行う都市基盤が脆弱で大規模被災地となった密集市街地の，復興事業の区域と手法を決めた。そして，２カ月では不十分であった住民参加を補完するため，「第２段階の都市計画」としての詳細計画には，事業地区となる住民等の参加によって住民の考える構想案を提案してもらい，それをベースに定めることとした。これが，「住民主権型」まちづくりを進めることにつながる第１の布石となったのである。

この前例のない２段階都市計画の方式を国との間で決める際に，神戸市から，「創造的復興」の事業を進めるための支援を要請した。従来型の，被災前の状態に戻すだけでは，脆弱な都市基盤が抜本的に改善されず，あらためて密集市街地を再生してしまう。そこで，災害に強い安全な市街地に必要な公共施設を整備できるだけの予算獲得を要請し，結果的に「被災市街地復興特別措置法」の制定によって補助対象の拡大が認められ，必要になる予算の確保が約束された。予算枠については，細かな施設計画の積み上げではなく，被災直後ということもあって，単位面積あたりの額を算定して要望することとし，詳細計画を住民に主体的に考えてもらった上で，行政が事業計画を定め，事業化し，予算執行できる方向性が約束されたのである。これが第２の布石となった。

そして，第１段階の都市計画をめぐって，２カ月という短期間では充分な住民参加ができなかったことに反発した住民から，都市計画案の縦覧で3,500通を超える意見書が提出された。この事態に，都市計画決定権者である知事より，「第１段階の都市計画は住民の合意が不十分であっても一応決定する。……（中略）……。住民全体で詳細な都市計画を充分協議する。そこで，もし第１段階の都市計画を修正しなければならないようであれば，さかのぼって修正して最終的な都市計画決定してはどうか」という発言があった。この発言が第３の大きな布石となった。結果的に，住民の考える地区の詳細計画に合致するように，都市計画の変更や新たな決定が行われた。地区を限定し，第１段階で定められた都市計画の大枠の範囲に限られたが，実質的には地区住民が都市計画を決定する形となり，「住民主権型」につながっていったのであった。

この２段階都市計画の仕組みに，神戸市まちづくり条例，そして専門家派遣制度が加わって，住民主権型まちづくりを進めるプラットフォーム（布陣）となったことは第６章で説明した。その上で，住民で構成する「まちづくり協議会」が，専門家の知恵を借りて主体的に動き，住民自身が考える復興後のまちづくりの姿を構想案として構築した。それを条例による流れに沿って，住民の大多数が支持する総意として「まちづくり提案」することとなった。

地区を限定すれば，構成員には顔の見える関係性が生じ，賛否をとるのに民主主義の原則の過半数の論理を用いると，決定後にいわゆる「しこり」を残すという日本人特有のウェット性が働く。それを回避するために，大多数が賛同するまで時間をかけて話し合うことで，住民総意で決定し，その後のまちづくりを円滑に実施できた。これは，かつてのアメリカの植民地時代の「タウン」や，ヨーロッパの城壁都市の市民階級の決定方式，すなわち直接民主主義型の決定方式と同様であった。つまり，地区を限定してまちづくりを進めるには，住民主権型には欠かせない総意による意思決定方式になったのであった。

市長はまちづくり提案をほぼそのまま受け入れ，必要な都市計画の変更・追加の手続きと事業計画の認可によって，「第２段階の都市計画」を完成させることができた。

ここまでが，窮余の策とはいえ，非常時の進め方として，行政が「手段」として採用した「２段階都市計画」の原型であった。その中で住民の意見が尊重されて，都市計画の変更がなされたことは，第１段階の都市計画の大枠の範囲内という条件はつくが，都市計画の権限を一時的にではあるが住民側に「委譲」したとも言えるもので，「住民主権型」都市計画の１つの形を示したものであった。

ただし，ここで終われば，行政が求めた創造的復興としての，安全で安心して暮らすための道路や公園を拡充整備する復興土地区画整理事業が，「住民参加」によって事業化できたにすぎないものであった。現実に，まちづくり提案をして，活動を収束化の方向に向け活動停止になった協議会も出てきた。

しかしながら，大半の協議会は，まちづくり提案の意義をしっかりと理解し，活動の方向を，より快適で，住環境の素晴らしいまちづくりを実現する取り組みへと深化させることとなった。しかも，それは単に行政への要望型の内容ではなく，行政との間により実践型の「協働」を前提とする内容に変化させた。第7章で説明したせせらぎの整備，シンボル道路の整備，建物共同化事業，受皿住宅事業などのものづくり事業であり，まちづくり協定によるルールづくりであった。専門家の知恵と経験を借りてアイデアを考え出し，住民間で必要な意見調整をし，時には住民が住民を説得し，完成後の施設の清掃や管理などを労働ボランティアで行うことによって，必要なランニングコストは住民が負担することを条件として実現できたものである。主権者である住民側の信託を受けた行政側は，法律上の手続きの遂行や，必要な財源の確保，工事の施工を実施した。まさに住民が主権者として考え行動する「住民主権型」まちづくりの事実上の展開を支えたのである。

このように，阪神・淡路大震災からの復興プロセスで，住民参加から，住民主体型を経て生まれた「住民主権型」まちづくりは，2段階都市計画の条件付きとはいえ，具現化したのである。それは，最初に行政側で描いた「創造的」な内容を遙かに超える，より個性的で「超創造的」なまちづくりへの発展でもあった。しかも，それまでの都市計画の視点を，広域的かつ効率性追求から，地域性を重視した安全性の追求へ転換させる道筋を開いた。それは，まさに都市が産業を主体とした成長指向の場から，住民の生活を主体とした人間性追求の場へ変貌しつつあることを意味するものであろう。

阪神・淡路大震災から16年が経過し，被災したまちの復興事業が完成しようとした直前の2011年3月11日に，東日本大震災が発生した。千年に一度の確率の超巨大な自然の破壊力を前に，復興にあたっては，超巨大災害に対しての防災対策は，たとえ技術的には可能でも，国家財政的には対応しきれないという現実を突きつけられた。その現実的な対応策として，限られた予算や資源を集中的にかけ，結果的に人命だけは守るために「被害の最小化」を図る「減災」という考え方を導入することとなった。それは，対策をとったとしても被害は生ずるという認識への転換であった。

「災害対策基本法」も改正され，減災の思想の導入と，住民の責務が強化された。「公助」だけではなく，「自助」と「共助」の積極性が求められることとなった。さらに，一定の地区内の居住者及び事業者は，防災活動に関する「地区防災計画」を市町村の「地域防災計画」の中で定めることを，市町村防災会議に提案できることとした。

つまり，「減災」対策は，巨大津波が襲来した場合に被災するかもしれない地域や地区の住民が，リスクを理解して，行政と協働でハードとソフトを組み合わせて考えた「逃げる」ことで命だけは守る対策を，住民自身が納得した上で講じるという条件がつけられた。

一方で，個々の地域や地区では，減災対策だけが課題ではない。居住環境，高齢化や少子化による人口減，医療や福祉，交通・情報システム，地域経済や活力，地域の持続力など，多くの課題を抱えている。それらの課題の解決を考えるには，行政だけではなく，地区の住民を主体とした「まちづくり」として対処することが求められている。そのために，津波災害時の「逃げる」ことを中心とした「減災」対策も，地域や地区の抱える多くの課題の１つとして，考えていかなければならない。まして，巨大災害は明日起こるのか，100年後に起こるのか，予見するのは難しい。「減災」のまちづくりへの取り組みは，「まちづくり」の一環として，解決すべき課題に優先順位をつけるとともに，平常時と災害時の施設やサービスの利用のあり方にも留意しながら，工夫を凝らして考えていくべきだと言える。

これこそが，「住民主権型」の「減災」のまちづくりである。被災者になるかもしれない住民自身が，責任を自覚して，自助や共助をベースに行政と協働して臨むべきものであろう。

阪神・淡路大震災での復興の事例の中に，住民主権型まちづくりで進めてきた様々な形のまちづくりの事例がある。進め方の参考になる制度もある。ぜひ，これから「減災」のまちづくりを進める中で，住民主権型の事例を参考にしていただきたい。

1968年に「都市計画法」が全面改正され，都市計画の権限は国から都道府県知事に委譲され，住民参加の制度も創設された。そして，1980年代末からの「失われた20年」の方向性が見えなくなった時代に，中央集権型の制度疲労からの脱却のため，1998年の「地方分権一括法」により機関委任事務は廃止され，1999年の「都市計画法」改正で，決定権限がようやく基礎自治体である市町村に委譲された。

そして，両震災からの復興過程で，「2段階型計画」の定着と，住民と行政の協働によるまちづくりの制度や仕組みが浸透すれば，第2段階という条件はつくが，「住民主権型都市計画」も実現することにもなろう。

これにより，これまで都市計画決定をめぐって，住民と自治体との間にあった問題，すなわち，自治体で考え作った計画が住民側に素直に受け入れられない問題や，住民参加を推進しても，それは自治体案に意見を述べるだけのものであったなどの問題に対する答えになろう。広域的視点から，第1段階で都市計画の決定権限のある市町村が，大枠の事業手法や根幹となる施設の都市計画を決め，第2段階は，大枠計画の範囲内について，その地区内の住民が，専門家の協力で，自分たちが考える未来のまちを実現する詳細計画を話し合って決める。その過程で，住民同士が意見を交換し，総論と各論を時間をかけて議論することで，広域的視点と地域的視点がしっかりと整理され調整される。場合によっては，大枠の計画の修正の必要性を提案することで，自治体と住民の間で調整され，必要なら変更されるであろう。こうしたプロセスをしっかりと踏むことで，住民側で合意，あるいは妥協ができれば，事業化に進む。事業化すれば，行政と住民が協働の精神で進めることができる。

このような「2段階型計画」の仕組みを，都市計画法を改正して，都市計画制度の中に組み込むことができれば，それによって「住民主権型都市計画」の仕組みが誕生することとなる。地方への財源の委譲などの，地方分権が求める課題も解決できれば，近い将来，日本の人口が減少し，都市の縮退も懸念される中，安定型の社会を求める過程で，「住民主権型都市計画」の必要性が自明のこととなる時期が必ず到来することを期待したい。

あとがき

神戸で生まれ，神戸で育った私は，1975年に神戸市役所に奉職し，以後，神戸市の都市計画の様々な分野の仕事に関わってきた。

今からちょうど20年前の1995年1月17日に阪神・淡路大震災が発生した。私は，神戸には大きな地震は起こらないと信じてきたため，多くの市民と同様に，悪い夢を見ているのではないかという思いで，愛するまちの被災の惨状を見ることとなった。そして，その日をもって，私の人生は大きく変わることとなった。

それ以来，復興までの過程を，次に述べる部署で様々な業務を担当し，それぞれで震災に関係する多くのことを学んだ。兵庫区役所まちづくり推進課長（1994-1996），都市計画局計画部まちづくり支援担当主幹（1997-2000），同計画課長（2001），㈶神戸港埠頭公社工務部長（2002-2004），都市計画総局区画整理部長（2005-2006），同市街地整備部長（2007），同参与（2008-2009）である。

そして，2010年に神戸市を定年退職したのを機に，1年間をかけて，震災発生から復興事業が完成に至る（2011年）までのプロセスについて，都市計画論的・政策論的見地から『神戸市の震災復興事業―2段階都市計画とまちづくり提案―』としてまとめ，2011年9月に学芸出版社から上梓した。

しかし，出版準備をしていた2011年3月11日に東日本大震災が発生した。これは震災復興事業を自分のライフ・ワークとしてきた私にとって，運命的と言わざるを得ない出来事になった。

震災から1カ月も経たない4月7日には，宮城県名取市の復興計画のために，神戸市からのアドバイザーとして被災現地に立っていた。7月からは国土交通省の直轄調査の作業監理委員を委嘱され，引き続き名取市の復興アドバイザーとして関わらせていただいた。委嘱期間の翌年の3月まで，合計10回出張し，初動期の復興計画の策定に関わらせていただいた。そして，現地で仕事が終わった後，時間があれば宮城県・岩手県・福島県下の被災地に足を踏み入れた。

10m を遙かに超える大津波が残した跡の凄まじさには言葉を失った。阪神・淡路大震災の大規模火災の跡のがれきの状況とは比べものにならない，基礎を残し建物全てが流されて無くなったという悲惨な状況であった。その後も，毎夏には3県の被災地の復興状況を自分自身の目で見ることとし，毎春には県庁や UR の事務所を訪ね，復興の進め方等をヒアリングさせていただいている。

このような形で東日本大震災の被災地の現場と復興の進め方を知る中で，阪神・淡路大震災の復興プロセスがほとんど活用されていない現状に落胆した。両震災は，規模も全く違うし，被災も火災によるものと津波によるものとで全く様相は異なる。しかし，まちづくりの原点となる主人公は住民であるはずだ。東日本大震災の復興では，行政だけで千年に一度規模の大規模災害を全て対処できるものではないとして，住民と行政が協働して「減災」の理念で取り組むことが打ち出された。まさに「減災」は，被災者になるかもしれない住民自身が主人公として，自助・共助として取り組み，行政の公助と協働で対応しなければならないはずだ。

その知見から，あらためて神戸市で進め実践してきた復興過程を，住民が中心になって「創造的復興」を実現したまちづくりのプロセスを，実践面から捉え直してみた。すると，被災者である住民が「主権者」として活動できた実態が浮かび上がってきた。「減災」という言葉が使われるきっかけとなった阪神・淡路大震災の復興は，住民が主権者として動くことで，「被害を最小化する」まちづくりにつながっていたのだ。しかも，それは単純に復興を目的としたのではなく，今後の世代を越えたまちの課題の1つとして，「災害」を住民自らで考え，まちづくりの一環として対策の工夫と努力が凝らされてきた。

本書は，その意味で阪神・淡路大震災の復興過程を，あらためて「住民主権型まちづくり」というこれまでにない新たな視座で捉え直したものである。それは決して過去を分析しただけではなく，東日本大震災から4年を経過した現地でまだ定着していない住民が主体となるまちづくりや，今後想定される南海トラフ地震の被災地になるかもしれない地域で，これからの「減災のまちづくり」を考える1つの材料になればいいという思いを込めたものである。

震災復興事業のプロセスの分析を「ライフ・ワーク」としてきた者として，縁あって2013年度より神戸学院大学で教鞭活動に入り，防災を学びたい学生に「防災行政学」「防災まちづくり論」等を教えている。学生に教える過程で，自分自身が常に学び，新たなことを発見する日々を送らせていただいている。本書はまさにその成果であるとも言えよう。

最後になるが，本書を神戸学院大学現代社会研究叢書の１冊として発行する機会を下さった現代社会学部長の中村恵先生，現代社会学会編集委員長の金子勇先生をはじめ編集委員の先生方には深く感謝を申し上げる。さらに，本書の構成や論点に貴重な意見をいただいた阪神・淡路大震災復興の立役者の一人である兵庫県立大学大学院特任教授の小林郁雄先生には厚く御礼申し上げる。さらに，私が神戸市職員として震災復興事業に関わった際に，ご指導，励まし，協力をいただいた先輩，同輩，後輩の皆様にも，この場を借りて謝意を述べさせていただきたい。そして，出版に際して，表現の細かな点まで意見をいただきお世話になったミネルヴァ書房の堺由美子さんに心よりお礼申し上げる。

2015年３月　大学の研究室にて

著　者　中山久憲

参考文献

（50音順）

・稲田倍穂『技術者からみた日本列島の地震と地盤』鹿島出版会，2014年
・内海麻利『まちづくり条例の実態と理論―都市計画法制の補完から自治の手だてへ―』第一法規，2010年
・遠藤薫編『大震災後の社会学』講談社現代新書，2011年
・大西隆・城所哲夫・瀬田史彦編『東日本大震災　復興のまちづくり最前線』学芸出版社，2013年
・学芸出版社編集部編『東日本大震災・原発事故　復興まちづくりに向けて』学芸出版社，2011年
・片岡英俊『3・11複合被害』岩波新書，2012年
・片田敏孝『人が死なない防災』集英社新書，2012年
・神戸市『阪神・淡路大震災　神戸復興誌』神戸市，2000年
・小滝晃『東日本大震災　緊急災害対策本部の90日』ぎょうせい，2013年
・小林重敬編『地方分権時代のまちづくり条例』学芸出版社，1999年
・佐藤滋編『東日本大震災からの復興のまちづくり』大月書店，2011年
・マイケル・サンデル『大震災特別講義　私たちはどう生きるのか』NHK 出版，2011年
・清水修二・松岡尚敏・下平裕之『災害復興学入門』山形大学出版会，2013年
・土木学会『東日本大震災～3.11あの日を忘れないでほしい』丸善出版，2013年
・P.F. ドラッカー／上田惇生他訳『ポスト資本主義社会』ダイヤモンド社，1993年
・P.F. ドラッカー／上田惇生訳『ネクスト・ソサエティ』ダイヤモンド社，2002年
・中山久憲『苦闘　元の街に住みたいんや！』晃洋書房，2008年
・西山康雄『「危機管理」の都市計画』彰国社，2000年
・牧紀男『復興の防災計画―巨大災害に向けて―』鹿島出版会，2013年
・御厨貴・飯尾潤編『「災後」の文明』阪急コミュニケーションズ，2014年
・山崎登『防災から減災へ―東日本大震災の取材ノートから―』近代消防社，2013年

索　引

あ　行

か　行

さ　行

た　行

な　行

は 行

ま　行

や　行

ら　行

わ　行

欧　文

〈著者紹介〉

中山久憲（なかやま・ひさのり）

1949年　神戸市に生まれる

1975年　大阪大学大学院工学研究科博士前期課程修了，工学修士。

1983年　埼玉大学大学院政策科学研究科博士前期課程修了，政治学修士。

1975年～神戸市役所採用後，神戸市都市計画局・土木局・兵庫区役所，神戸港埠頭公社，神戸市都市計画総局，神戸市都市整備公社，神戸市開発管理事業団などを経て，

現　在　神戸学院大学現代社会学部社会防災学科教授

著　書　『苦闘　元の街に住みたいんや！』晃洋書房，2008年。

『神戸の震災復興事業』学芸出版社，2011年。（2011年度日本都市計画学会「石川奨励賞」受賞）

神戸学院大学現代社会研究叢書①

住民主権型減災のまちづくり

――阪神・淡路大震災に学び，南海トラフ地震に備える――

2015年８月31日　初版第１刷発行　〈検印省略〉

定価はカバーに
表示しています

著　者　中　山　久　憲

発行者　杉　田　啓　三

印刷者　藤　森　英　夫

発行所　株式会社　ミネルヴァ書房

607-8494　京都市山科区日ノ岡堤谷町１

電話代表　(075)581-5191

振替口座　01020-0-8076

©中山久憲，2015

亜細亜印刷・兼文堂

ISBN978-4-623-07389-4

Printed in Japan

市町村合併による防災力空洞化
A５判・264頁
本体　3,500円
――東日本大震災で露呈した弊害
室崎益輝／幸田雅治 編著

巨大災害のリスク・コミュニケーション
A５判・234頁
本体　3,500円
――災害情報の新しいかたち
矢守克也 著

東日本大震災とNPO・ボランティア
A５判・232頁
本体　2,800円
――市民の力はいかにして立ち現れたか
桜井政成 編著

東日本大震災と社会学
A５判・364頁
本体　6,000円
――大災害を生み出した社会
田中重好／舩橋晴俊／正村俊之 編著

検証　東日本大震災
A５判・328頁
本体　3,800円
関西大学社会安全学部 編

事故防止のための社会安全学
A５判・328頁
本体　3,800円
――防災と被害軽減に繋げる分析と提言
関西大学社会安全学部 編

防災・減災のための社会安全学
A５判・250頁
本体　3,800円
――安全・安心な社会の構築への提言
関西大学社会安全学部 編

リスク管理のための社会安全学
A５判・288頁
本体　3,800円
――自然・社会災害への対応と実践
関西大学社会安全学部 編

ミネルヴァ書房
http://www.minervashobo.co.jp/